1° V.
167 (21)

École Royale des Ponts et Chaussées.

Cours de Minéralogie, Rédigé d'après les Notes prises aux Leçons de Mr. Dufrénoy, 1829—1830.

1re Leçon.

Généralités sur les caractères distinctifs des Minéraux et sur les propriétés sur lesquelles la classification minéralogique est fondée.

Les caractères principaux des substances minérales, en les considérant suivant l'ordre dans lequel ils se présentent naturellement à l'observateur, sont : la Couleur, la Transparence, la Texture qui peut être cristalline, fibreuse, grenue, saccharoïde, compacte ou terreuse ; la Dureté, la Ténacité, qu'il faut se bien garder de confondre l'une avec l'autre ; la Dureté étant la résistance qu'oppose un corps à être rayé par un autre, par une lame d'acier, par exemple ; tandis que la Ténacité est la résistance au choc du marteau. Souvent une substance qui jouit d'une grande dureté n'est pas tenace, comme la pierre à fusil ; une substance peu dure au contraire qui reçoit l'empreinte du marteau ne cède pas facilement au choc : la Pierre à Plâtre est dans ce cas. La Cassure qui peut être lamelleuse, ou esquilleuse, ou compacte, &ca. . . . . est toujours en rapport avec la Texture : La Forme des Cristaux, la Composition Chimique, qui sont les derniers caractères, sont ceux que l'on constate, sont les plus importants.

Je n'ai pas compris dans cette nomenclature le Son, que rendent quelques minéraux par la percussion, l'Odeur qu'exhalent certaines substances, &c. . . . . parce que ces caractères n'apparaissent qu'à très peu de minéraux.

Si nous discutons l'importance de tous ces caractères, nous reconnaissons bientôt que la Couleur, la Transparence, la Texture, la Dureté, la Ténacité, &c. ne peuvent être regardées comme des caractères Spécifiques ; car souvent ils sont extrêmement différents dans les divers minéraux, que tout d'ailleurs force à considérer comme des variétés d'une même espèce : Ainsi la substance la plus répandue dans la nature, la Pierre calcaire appelée en Minéralogie Chaux Carbonatée possède tous les genres de texture indiqués ci-dessus. En effet on la trouve fréquemment cristallisée dans les fentes et les cavités de presque tous les terrains ; elle a une texture saccharoïde, c'est-à-dire, semblable à celle du Sucre en pain ; dans le Marbre blanc statuaire; sa Texture est compacte dans la plus part des marbres employés en Architecture; enfin elle est terreuse dans la Craie et dans le calcaire grossier qui fournit la pierre à bâtir employée à Paris.

Ces observations sont applicables à plusieurs autres substances également très répandues dans la nature, comme le feldspath, le Quartz, etc.... il est donc impossible de prendre la Texture pour base de classification, mais on s'en sert fréquemment avec avantage pour sous diviser une même espèce en plusieurs sous espèces; ce qui est d'autant plus convenable que ces divisions sont le plus souvent en rapport avec les différences dans la position géologique.

La Couleur est encore un caractère moins spécifique que la Texture: On conçoit qu'elle peut varier suivant les mélanges accidentels, qui souillent les substances minérales; et cela a lieu en effet dans la Chaux Carbonatée, le Quartz et toutes les autres espèces minérales non métallifères, qui dans certaines variétés cristalines sont incolores, tandis que dans d'autres elles offrent des teintes, plus ou moins foncées, des différentes couleurs. A la vérité, dans les minéraux métallifères, la Couleur est géné-ralement assez caractéristique, parce que chaque combinaison métallique affecte une couleur qui lui est propre; ce qui est prouvé par le grand nombre de belles couleurs que les oxides et les sels métalliques fournissent aux arts; mais il est impossible même dans ce genre d'espèces de tirer de la couleur un caractère spécifique attendu qu'elle n'est constante et bien distincte que dans les variétés entièrement pures et sans mélange; et que dans les autres elle subit des altérations qui tendent à la faire confondre avec celles qui appartiennent à d'autres espèces.

La Dureté et la Ténacité sont également des caractères très variables dans la même espèce, dont les variétés peuvent être plus ou moins dures, plus ou moins tenaces, quoique dans certaines limites, soit par le résultat des mélanges, soit par la nature de leur Texture, leur gissement ou les altérations qu'elles ont subies.

Les formes que présentent les substances minérales peuvent être classées en deux: Les formes imitatives et les formes géométriques.

Les premières sont dues aux circonstances dans lesquelles les substances minérales se sont déposées. Ainsi, de la Chaux Carbonatée dissoute dans de l'eau qui suinte à la voûte d'une Grotte, forme, par l'évaporation de l'eau, des Stalactites; si la substance dissoute remplace, par une cause quelconque, les différentes parties du tissu d'un corps organique, ou si elle se moule à l'entour, elle en prend la forme, et donne ainsi naissance à des Pseudomorphoses connues sous le nom de Pétrifications. Ce genre de forme n'a aucune relation avec la substance qu'il affecte.

Il n'en est pas de même des formes Géométriques appelées formes Cristallines, elles sont toujours intimement liées à la composition des substances minérales, à l'exception toutefois de ce qu'on appelle les Épigénies car il est fort rare que nous ferons connaître plus tard ces Pseudocristaux qui rentrent dans les Pseudomorphoses ci-dessus, à étant autre chose que le produit du moulage d'un minéral dans les vides laissés par les cristaux détruits d'une autre espèce.

Les formes Cristallines qui se présentent dans la matière sont très nombreuses; une même substance en présente quelquefois plusieurs, en tenant compte de toutes les combinaisons qu'elles forment entre elles. Mais toutes les formes d'une même espèce peuvent se rapporter géométriquement à une forme unique à laquelle on a généralement donné le nom de Forme primitive et elles s'en déduisent par des loix assez simples. L'ensemble de ces formes cristallines d'une même espèce, y compris sa forme primitive et les loix symétriques qui les lient entre elles, constituent ce que l'on appelle son Système cristallin.

Cette forme primitive est souvent celle qui s'obtient par la Cassure Lamelleuse, lorsque les substances admettent une ou plusieurs joints naturels suivant lesquels elle se divise: On l'appelle alors aussi Solide de Clivage, du mot Cliver que les Lapidaires emploient pour indiquer l'opération de fendre les cristaux de Diamant. La Chaux Carbonatée présente un clivage très facile qui mène à un Rhomboèdre; on l'obtient en cassant un morceau Lamelleux, même, avec un couteau.

Il est rare que les substances minérales jouissent d'un Clivage aussi facile, que celle dont on vient de parler; souvent il faut beaucoup d'habitude et de dextérité pour l'obtenir et quelquefois même, on ne reconnaît les joints naturels que par le chatoyement que l'on observe en faisant jouer le minéral à la lumière; plusieurs espèces ne présentent aucun clivage.

On a remarqué que deux substances, qui ont des formes primitives ou des systèmes cristallins différents (en exceptant les formes régulières de la Géométrie), ont une composition chimique différente et réciproquement, ce qui a engagé plusieurs savants à considérer le système cristallin comme base de la détermination des espèces minéralogiques. Mr. Haüy, qui a eu la gloire de faire sortir la Minéralogie de l'espèce de cahos où elle était avant ses importants travaux, s'est toujours servi de ce caractère pour déterminer les espèces: cependant des observations récentes ont prouvé que quelques substances chimiquement différentes, l'une de l'autre ont un système cristallin sensiblement identiques, et au contraire qu'une substance, sans cesser d'avoir la même composition chimique, pouvait se présenter sous des systèmes cristallins tout à fait différents et incompatibles entre eux; à la vérité ces cas sont très rares dans la nature et peuvent être regardés comme des exceptions; néanmoins leur découverte a atténué la généralité du principe indiqué ci-dessus, et a entraîné des Minéralogistes à rejetter le caractère de la cristallisation comme caractère spécifique et à préférer de prendre uniquement pour base la composition chimique.

Il n'est pas douteux que ce dernier caractère ne soit le plus essentiel de tous, et dont on devrait partir pour former une dénomination exacte de chaque espèce: Mais, comme la détermination de la composition chimique d'un nombre assez grand de substances minérales est encore fort incertaine tant à cause des nombreux mélanges qu'elles peuvent présenter, que par la difficulté de reconnaître exactement comment les divers éléments s'y trouvent combinés entre eux, il en résulte que le Minéralogiste est forcé de continuer de recourir pour la formation des espèces à l'observation du système cristallin, et avec une sûreté si non aussi complète qu'on l'avait cru, au moins infiniment probable dans le très grand nombre des cas.

En résultat il est aujourd'hui généralement reconnu tant par les Chimistes que par les Minéralogistes, que, pour la formation des espèces minérales, la Composition Chimique et la Cristallographie doivent être également consultées et se prêter un mutuel secours. En effet, nous pourrions citer des exemples où la Cristallographie seule a indiqué la différence qui existait entre deux substances jusqu'alors regardées comme essentiellement identiques, la Baryte Sulfatée et la Strontiane sulfatée, par exemple, différence qui a été constatée postérieurement par la Chimie. Mais d'un autre côté c'est la Chimie seule qui nous a éclairés sur la nature de beaucoup de substances non cristallisées comme les Agathes, les Pierres à fusil, etc... qu'elle fait rentrer dans l'espèce Quartz; c'est elle aussi qui a prononcé la séparation de substances cristallisées que des rapports Géométriques apparents dans des cristaux assez imparfaits avaient conduit à réunir dans une même espèce

Ce que nous venons de dire, indique la manière de grouper les substances minérales en espèces, mais, nous n'avons pas encore parlé de la méthode à suivre pour les réunir en familles ou en classes; afin de bien comprendre les méthodes suivies également par les Minéralogistes, il faut savoir que toutes les substances minérales sont ou des corps simples comme les métaux à l'état métallique, ou des oxides purs, ou des sels, c'est-à-dire, des combinaisons des bases avec les acides, ou avec des corps que l'on peut considérer comme tels.

Pour citer un sel qui est dans ce dernier cas, nous prendrons l'Éméraude qui est composée de silice d'Alumine et de Glucine, et que l'on regarde comme étant un silicate d'Alumine plus un silicate de Glucine; la silice y joue le rôle d'acide par rapport aux deux bases alumine et glucine.

Mr. Haüy et presque tous les Minéralogistes français, excepté depuis quelques années, ont groupé les substances minérales d'après leurs bases. Ainsi ils ont réuni dans une même famille toutes les espèces qui contiennent de la Chaux, comme par exemple la Chaux carbonatée ou pierre à chaux, la chaux sulfatée ou pierre à plâtre, la chaux phosphatée, la chaux fluatée, et la chaux arseniatée.

Ils ont formé autant de familles qu'il y avait de bases.

Cette classification qui jouit d'un grand avantage, surtout pour l'Ingénieur des Mines, parce qu'elle réunit les combinaisons d'un même métal, combinaisons qui se trouvent presque toujours ensemble dans la nature, n'est pas la plus philosophique; Elle a été abandonnée depuis quelques années surtout par les Chimistes. La classification adoptée par eux consiste à grouper les espèces par les acides: Ainsi au lieu de réunir toutes les espèces contenant de la chaux pour base, ils ont associé toutes celles qui contiennent un même acide; par exemple, les Carbonates ensemble, les sulfates, les phosphates &c, &c..... La raison qui les a conduits à adopter cette méthode est qu'en général les espèces minérales qui contiennent un même acide ont des formes analogues et plusieurs autres propriétés communes. Dans la classification par bases, au contraire, deux espèces placées l'une à côté de l'autre n'avait aucune analogie.

Nous avons un trop petit nombre d'espèces à parcourir pour qu'aucune classification nous soit utile, mais j'ai pensé utile de vous indiquer ces principes nécessaires à l'intelligence des livres de Minéralogie.

Nous allons maintenant entrer dans quelques détails sur la forme des Cristaux.

J'ai dit plus haut que les substances minérales se présentent dans la nature sous un très grand nombre de formes différentes;

mais que ces cristaux peuvent se réduire à un très petit nombre de formes primitives, c'est à dire de formes dont on peut déduire les autres par des loix très simples. Ces formes primitives sont souvent données par les joints naturels ou clivages que présentent les substances minérales; mais quelquefois aussi elles sont déduites par des considérations géométriques. Dans quelques cas une substance présente un plus grand nombre de clivages qu'il n'est utile d'en connaître pour déterminer la forme primitive; dans ce cas on cherche quels sont ceux qui donnent les résultats les plus simples et on regarde les autres comme supplémentaires: On remarque que ceux qui mènent au résultat le plus simple sont presque toujours les plus faciles.

Les formes primitives des cristaux peuvent se réduire à six genres qui sont:

1°. Les formes régulières de la géométrie dont la plus simple est le Tétraèdre; nous indiquerons plus tard comment les autres formes en dérivent.

2°. le Rhomboèdre.

3°. le Prisme droit à base quarrée.

4°. le Prisme droit à base rectangle.

5°. le Prisme droit à base obliquangle.

6°. le Prisme oblique à base obliquangle.

Le Tétraèdre régulier est une pyramide à trois faces dans laquelle tous les angles et tous les côtés sont égaux; il est donc composé de quatre faces, quatre angles solides et six arrêtes. Le solide étant régulier, toutes les parties sont également placées par rapport au centre de la sphère circonscrite. On peut obtenir les différentes formes régulières par des modifications soit sur les angles soit sur les arrêtes. Ces modifications sont toujours disposées d'une manière symétrique; et en effet si comme tout porte à le croire, ces modifications sont le résultat de forces qui ont agi sur les molécules du cristal à l'époque de sa formation, toutes les parties du cristal étant semblablement disposées, les modifications qui ont eu lieu sur une partie doivent s'être répétées sur toutes les autres. Supposons d'abord que les modifications aient eu lieu sur les arrêtes, et que nous menions

un plan sur chaque arête du tétraèdre de manière que les faces qui
en résultent soient également inclinées par rapport aux deux faces
contiguës; nous obtiendrons un solide composé de six plans également
disposés les uns par rapport aux autres et nous démontrerons faci-
-lement que ce solide est un parallélépipède régulier ou autrement dit
un cube. La valeur des angles seule suffit pour faire voir que ce
solide est un cube; en effet dans un tétraèdre régulier les arêtes
sont inclinées de 35°, 15', 51" sur chacun des quatre axes du cristal
et cette inclinaison est précisément celle des faces du cube et de la
diagonale. Ces plans ainsi menés s'appellent Troncatures par-
-ce qu'on peut supposer qu'au lieu d'appliquer un plan sur une arête
on a enlevé cette arête au moyen d'un plan coupant. Cette troncature
placée ainsi également, inclinée sur les deux faces adjacentes s'ap-
-pelle Troncature tangente parce qu'effectivement elle produit le même
effet qu'un plan tangent placé sur une arête.

Si nous supposons des modifications sur les angles du solide,
par exemple, qu'il naisse un plan sur chaque angle solide de ma-
-nière que ce plan soit perpendiculaire à l'axe et par conséquent
parallèle à la base opposée, nous aurons un octaèdre régulier,
car il se composera de huit faces également distantes d'un centre
et parallèles deux à deux. Dans cet octaèdre, la moitié des faces
appartiendra aux faces du tétraèdre, l'autre moitié sera donnée
par les plans de troncature sur les angles du tétraèdre.

Si au lieu d'une troncature sur chaque angle solide du tétraèdre
nous concevons qu'il naisse une pyramide à trois faces, ce qu'on
appelle pointement en minéralogie nous aurons un solide composé
de trois fois autant de faces qu'il y en a déjà, c'est-à-dire, de douze
faces; ce sera donc un Dodécaèdre régulier.

Nous déduirions ainsi du tétraèdre toutes les formes régulières
de la géométrie, mais elles se déduisent encore plus facilement du
cube ou de l'Octaèdre.

Si nous considérons le premier de ces solides, par exemple, il
est composé de six faces perpendiculaires entre elles, de huit angles
solides et de douze arêtes. Toutes ces parties sont également dis-
-tantes du centre du cristal qui est celui de la sphère circonscrite
ou inscrite.

Si l'on suppose qu'il y a une troncature tangente sur chaque angle solide, on aura un solide à huit faces qui sera l'octaèdre régulier; une troncature tangente sur les douze arêtes donnera le dodécaèdre régulier.

Un pointement à trois faces sur chacun des huit angles solides donnera un solide à vingt quatre faces, &c, &c.......

D'après ces deux exemples, on conçoit facilement que les corps réguliers de la Géométrie dérivent tous les uns des autres; ainsi on voit que déjà nous réunissons en un seul groupe ces formes assez nombreuses; souvent ces différentes formes se combinent 2 à 2, 3 à 3 &c...... On conçoit alors que les formes régulières peuvent offrir et offrent effectivement dans la nature un très grand nombre de cristaux: La <u>Pyrite de fer</u>, combinaison de soufre et de <u>fer</u> affecte un grand nombre de ces formes; il y a quelques cristaux de cette substance qui ont jusqu'à 120 facettes.

Le second système de formes est ce que nous appellons système rhomboëdrique, c'est-à-dire, que tous les cristaux qui le composent peuvent se déduire par des Loix très simples d'un rhomboëdre.

Le Rhomboëdre est un parallélépipède à six faces dans lequel toutes les faces sont des rhombes losanges égaux et également inclinés les uns par rapport aux autres; d'après cette définition qui est celle donnée par la Géométrie, on voit qu'il n'y a que deux manières d'assembler ensemble six rhombes pour en faire un solide.

1° En réunissant trois angles plans aigus pour former un angle solide; les trois autres ne pourront alors être placés que de manière à former un angle solide semblable au premier et opposé, les six autres angles solides seront égaux entr'eux et composés de deux angles plans obtus et d'un angle plan aigu.

2° En réunissant trois angles plans obtus pour former un angle solide qui en entrainera un autre semblable opposé et six autres angles composés chacun de deux angles plans aigus et un obtus. Il résulte de là qu'il y a toujours deux angles solides opposés égaux, et que, si on les joint par une ligne toutes les faces du rhomboëdre seront symétriquement disposées autour de cette ligne que nous appelons l'axe du Rhomboèdre. Considéré de cette manière ce solide est d'une grande symétrie; en effet, les angles ne sont plus alors que de deux espèces.

1°. Les sommets sont placés aux extrémités de l'axe.

2°. Les six autres angles sont placés symétriquement autour de cet axe; il en est de même des arêtes.

Ainsi l'on voit que le Rhomboèdre présente deux sortes d'angles et deux sortes d'arêtes: Il y a donc dans le Rhomboèdre quatre choses différentes; il pourra donc y avoir quatre genres de modifications, et en effet elles ont lieu.

Examinons les succinctement.

Si nous supposons, 1°. une troncature tangente sur les arêtes du sommet, comme il y a six arêtes de cette espèce, on voit que le solide qui résultera de cette modification aura six faces; en outre chacune des arêtes du rhomboèdre primitif étant également inclinée par rapport à l'axe, les nouveaux plans seront aussi également inclinés relativement à cet axe; on aura donc un nouveau solide dans lequel les angles au sommet seront égaux et les faces seront symétriquement placées autour de l'axe; ce sera un nouveau rhomboèdre. En faisant sur ce solide les mêmes suppositions que sur le premier on aura des rhomboèdres successifs tangens les uns aux autres. Ces formes se trouvent dans la nature; ainsi la chaux carbonatée la plus féconde en cristaux, de même qu'elle est la plus abondante dans la nature, présente une série de cinq rhomboèdres tangens les uns aux autres.

2°. Si l'on suppose des troncatures tangentes sur les six arêtes latérales on aura un prisme à six faces régulier.

3°. Un biseau sur les arêtes du sommet donnerait un solide à douze faces qui serait un dodécaèdre triangulaire scalène; forme très abondante dans les cristaux de chaux carbonatée.

Modifications sur les Angles.

1°. Sur les angles du sommet elles donneront une face horisontale qui sera la base du prisme à six faces.

2°. Des troncatures sur les angles latéraux qui sont au nombre de six donneront un prisme à six faces régulier.

En résumant on voit que le système rhomboèdrique donne trois formes différentes.

1°. Des Rhomboèdres.

2°. Deux prismes à six faces réguliers.

3°. Des Dodécaèdres triangulaires scalènes.

Chaque rhomboèdre pouvant donner des Dodécaèdres différents on voit que le nombre des cristaux qui se rattache à ce système est considérable surtout quand on réfléchit que souvent dans la nature plusieurs rhomboèdres sont combinés ensemble avec plusieurs Dodécaèdres.

Le 3ᵐᵉ Système cristallin est le prisme droit à bases quarrées, la définition de ce solide se trouve toute entière dans sa dénomination; on peut y distinguer,

1°. Les angles solides qui sont au nombre de huit et deux sortes d'arêtes, les huit arêtes des bases et les quatre arêtes latérales; les premières sont placées horisontalement et les secondes verticalement: Il peut donc y avoir trois genres de modifications. Si l'on suppose d'abord qu'il y ait une troncature tangente sur les huit angles solides on aura un solide à huit faces et ce sera un octaèdre à base quarrée mais non régulier; les faces au lieu d'être des triangles équilatéraux ne seront que des triangles isocèles; les diagonales de la base du prisme primitif seront les apothèmes de la base de l'octaèdre dérivé. Des troncatures sur les arêtes de la base qui sont également au nombre de huit donneront un octaèdre dans lequel la base sera la même que celle du prisme.

Si nous supposons au contraire que les arêtes latérales soient celles sur lesquelles ont eu lieu les modifications nous obtiendrons un prisme à huit faces, et si ces facettes atteignent leur limite, elles formeront un nouveau prisme quarré dont les côtés seront parallèles aux plans diagonaux du premier prisme.

Nous pourrions supposer qu'au lieu d'une troncature sur les arêtes soit latérales, soit de la base, il y en a deux ou trois, nous pourrions faire la même supposition pour les modifications sur les angles solides et l'on voit que l'on aurait un assez grand nombre de cristaux, nombre qui s'accroît beaucoup lorsque tous ces cristaux se combinent ensemble, ce qui arrive dans la nature.

Le 4ᵐᵉ Système est le prisme droit à base rectangle; dans ce solide la symétrie n'est plus aussi grande que dans tous ceux que

que nous venons de parcourir successivement ; les huit angles solides sont égaux mais quant aux arêtes nous en distinguerons également de deux sortes, les arêtes de la base et les arêtes latérales.

Les arêtes latérales sont également placées par rapport à l'axe et sont par conséquent semblables, mais, il n'en est pas de même des arêtes de la base ; il y en a deux d'une espèce, et deux de l'autre. D'après les loix de la symétrie les modifications ayant toujours lieu sur des parties semblables, on voit que relativement aux angles on aura une troncature sur les angles, d'où, il résultera un octaèdre à base rhombe ; les côtés du rhombe seront parallèles aux diagonales de la base du prisme.

Une troncature tangente aux arêtes latérales donnera un prisme droit rhomboïdal, dont la base, sera précisément la même que celle de l'Octaèdre rhomboïdal que nous venons d'obtenir par les modifications sur les arêtes.

Si nous supposons maintenant des modifications sur les arêtes de la base, ces arêtes étant de deux espèces, elles peuvent être tronquées successivement ou simultanément. S'il n'y en a que deux, on a le prisme surmonté d'un biseau ; s'il y en a quatre, on a un prisme surmonté d'un pointement à quatre faces. Si ce pointement atteint sa limite, c'est-à-dire si les faces du prisme disparaissent on a un octaèdre à base rectangle.

Le prisme rhomboïdal que nous avons obtenu peut être regardé lui même comme forme fondamentale, et donner des prismes à six faces par des troncatures de deux arêtes latérales seulement.

Enfin, ainsi que nous l'avons dit déjà pour les autres systèmes cristallins, il peut y avoir à la fois plusieurs troncatures sur les arêtes et sur les angles.

La Baryte sulfatée, combinaison de Baryte et d'acide sulfurique, en présente jusqu'à six sur deux des arêtes de la base.

Le 5ᵐᵉ Système est celui que j'ai désigné par prisme droit à base oblique.

Dans ce solide la symétrie est beaucoup moins grande que dans tous ceux que nous venons d'examiner successivement. Parmi les huit angles solides, il y en a 4 d'une espèce, et 4 de l'autre ; il en est de même pour les arêtes de la base et les arêtes latérales. On prévoit donc qu'il peut y avoir six genres de modifications : 2 sur les angles solides, 2 sur les arêtes de la base et 2 sur les arêtes latérales.

Les troncatures sur les angles solides donnent deux biseaux différents: chacun de ces biseaux forme avec les quatre faces latérales des octaèdres rectangulaires dont les bases sont les plans diagonaux du prisme.

Des troncatures sur les arêtes de la base donnent, si elles sont succes-sives, des prismes à base oblique surmontée d'un biseau, et si elles ont lieu simultanément, le même prisme avec les pointements à 4 faces. Si l'on suppose par la pensée les faces du pointement prolon-gées, les faces du prisme disparaissent et l'on a encore un octaèdre mais entièrement différent des autres. Il est à base de parallélogram-me obliquangle.

Des troncatures sur les arêtes latérales donnent des prismes à 6 faces. On peut obtenir aussi des prismes à 12 faces &,&c.....

Le 6ème et dernier système de cristallisation que nous avons indiqué est le prisme oblique à base obliquangle. Dans ce cristal tous les angles solides sont inégaux et toutes les arêtes sont différemment placées. Il peut donc se faire sur ce solide beaucoup plus de modifications que sur les précédents: Mais, il faut beaucoup de conditions pour que ce solide donne de nouveaux solides simples. La nature se refuse-t-elle à cette complication? Il y a très peu d'espèces qui affectent cette forme et les espèces sont en outre très peu importantes; Il suffira donc d'indi-quer simplement cette forme.

Il arrive quelquefois que plusieurs cristaux se pénètrent; on dit alors qu'il y a croisement; on en voit un exemple dans la figure suivan-te où l'on représente deux prismes se croisant à angles droits.

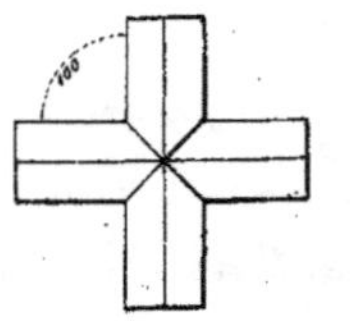

Quelquefois les cristaux se croisent sous un angle de 60°. Les cristaux ne présentent jamais d'angles rentrans si ce n'est lorsqu'ils sont dans un état particulier auquel on a donné le nom d'Hémitropie: Dans ce cas les angles rentrans sont toujours disposés avec une grande symétrie.

Pour expliquer ce phénomène M.ᵣ Haüy supposait que le cristal étant divisé en deux par un plan, une moitié de ce cristal avait fait une demi révolution autour d'un axe perpendiculaire à ce plan. Cette opinion représente parfaitement le phénomène; mais elle ne l'explique pas et elle est hors de toute vraisemblance.

Il est plus naturel de supposer que les hémitropies sont produites par le rapprochement de deux cristaux disposés symétriquement par rapport à leur face de contact.

Les cristaux de la nature étant très souvent surchargés de facettes la forme primitive est voilée. Elle pourrait être mise à découvert ainsi que nous l'avons dit en cassant le cristal suivant les faces de clivage; mais quelquefois la substance présente des clivages difficiles et l'on aurait détruit le cristal sans aucun résultat; d'autres fois également la substance est rare et l'on désire la conserver; mais il est aisé de concevoir que par la même raison qu'on pourrait facilement passer de la forme primitive aux formes qui résultent des modifications, formes appelées secondaires, on peut aussi conclure la forme primitive de l'examen des formes secondaires. Ainsi, supposons un prisme surmonté d'un pointement à quatre faces, il est évident que l'angle compris entre la face du prisme et celle du pointement qui le surmonte donnera facilement la base du prisme; la seule chose qui soit indispensable, c'est de mesurer exactement cet angle; M.ᵣ Haüy se servait pour cela d'un instrument particulier auquel il a donné le nom de Goniomètre. Cet instrument est composé d'un demi-cercle analogue au rapporteur, et de deux diamètres qui peuvent glisser l'un sur l'autre de manière à se raccourcir, à s'allonger à volonté. Ces deux diamètres sont fixés au demi-cercle par une virole placée au centre. On place le cristal entre les deux diamètres et on fait varier leur angle de manière qu'ils s'appliquent exactement sur le cristal et que l'angle qu'ils font entre eux soit le même que celui que l'on veut mesurer; leur position sur le demi cercle indique la valeur de cet angle.

Quelque soit la perfection de cet instrument et le soin que l'on apporte dans cette opération, il est impossible d'obtenir des résultats rigoureux; car tout se fait par tâtonnement: Quelqu'habitude que l'on ait on ne peut savoir si les deux diamètres du Goniomètre sont bien perpendiculaires à l'arète du cristal, et si l'application est parfaite.

Mr. Malus qui avait besoin de me-
sures exactes pour des expériences d'optique, se ser-
vit de la propriété que la plupart des cristaux ont
de présenter des faces miroitantes, il plaçait le cristal qu'il voulait mesurer au centre d'un cercle ré-
pétiteur et au moyen d'une lunette fixe, il observait
sur les deux faces comprenant l'angle à mesurer
la réflexion d'un objet fort éloigné dans la campagne. On conçoit qu'il fallait pour pouvoir ap-
percevoir la réflexion sur chaque face successivem.t
faire tourner le cristal d'une quantité égale au
supplément de l'angle cherché.

Mr. Wollaston a rendu usuel ce procédé
très exact en inventant un Goniomètre, d'après ce
principe, on le désigne sous le nom de Goniomètre
à réflexion, il consiste en un cercle entier placé
verticalement et divisé sur la tranche, il tourne
sur un axe horisontal; mais il existe en outre
un second mouvement qui permet de faire tourner
l'axe sans faire tourner le cercle. C'est au moyen
de ce double mouvement qu'on peut mesurer l'angle. Pour s'en servir on place le cristal sur
une extrémité de l'axe qui porte une plaque de
cuivre, de manière que l'axe du cristal soit
parallèle à celui de l'instrument. On obtient
ce résultat par une brisure que présente l'axe et
qui donne le mouvement de genou. Pour observer avec cet instrument on cherche ordinairement
la réflexion d'une ligne horisontale comme une
arète de toit, ou un petit bois de croisée, que
l'on fait coincider avec une ligne horisontale
que l'on voit directement et que l'on a tracée
soit sur le parquet de la chambre ou même sur
la table où est le Goniomètre: Cette ligne doit
en outre être parallèle à la ligne vue par réflexion. Le cristal étant placé dans la position convenable, au moyen du mouvement
qui fait tourner l'axe sans faire tourner le
cercle, on amène la ligne réfléchie sur la première face à coincider avec la ligne vue directem.t

on fait alors tourner tout le système de manière à
obtenir la réflexion sur la seconde face et à la
faire également coïncider avec la ligne vue directe-
-ment. L'angle décrit dans ce mouvement est le
supplément de l'angle cherché.

———————

2ᵉᵐᵉ et 3ᵉᵐᵉ **Leçon**.

La connaissance des formes cristallines
très utile sans doute est cependant souvent insuf-
-fisante pour reconnaître les substances minérales
que nous offre la nature; car les cristaux qu'elle
nous présente ne sont pour ainsi dire que des
cas particuliers; et toujours assez éloignés des
types primitifs. Les autres caractères extérieurs
tels que la texture, la couleur, la cassure, la du-
-reté, la ténacité, &c &cᵃ.... ne sont pas absolus
et ne sont pas susceptibles d'être rigoureusement
définis, et, il en résulte que plusieurs substances
quoique très distinctes présentent cependant les
mêmes caractères extérieurs et peuvent être confon-
-dues; l'analyse chimique nous présente heureu-
-sement des ressources certaines en précisant la
composition de ces substances si semblables en
apparence; et la manière dont elles se comportent
au chalumeau ou avec les acides, qui dépend ——
de la composition chimique vient —— également à
nôtre secours.

Quand le minéral donne par les acides une
effervescence, il peut se dégager de l'oxigène ou
de l'acide carbonique selon que l'on opère sur
des métaux natifs, des oxidules ou des carbonates.

Les essais au chalumeau fournissent souvent
des caractères distinctifs; Le corps que l'on es-
-saye doit suivant la nature être placé sous le
courant du chalumeau à l'extrémité d'une pince
ou sur un morceau de charbon; peu après on
reconnait si la substance est fusible ou infusi-
-ble. Dans le premier cas elle se transforme
en verre, en émail, en frite ou en scorie. Si elle

est infusible dans le dernier cas on la mélange avec des réactifs qui ordinairement sont la Soude carbonatée, le Borax, le sel de phosphore, le Nitre, &c.... Les deux premiers agissent soit comme fondant soit comme désoxidant, dans le premier cas on obtient un globule dont la couleur indique la nature du minéral; c'est ainsi que le Cobalt, le Chrome, le Cuivre, le Manganèse sont reconnus par les couleurs bleues, vertes, violettes de leurs oxides: En général ces réactifs sont employés pour les métaux. Dans le deuxième cas on obtient aussi un globule métallique dont les caractères extérieurs indiquent la nature. On ne sait pas comment la Soude agit dans cette circonstance; peut-être une partie est-elle réduite à l'état de sodium, et réagit-elle sur l'oxide..... Elle produit un effet semblable sur les sulfures.

Le Sel de phosphore dont Mr. Berzelius fait un grand emploi est un phosphate double de soude et d'Ammoniaque. Il l'obtient en mélangeant 16 parties de sel ammoniaque et 100 parties de phosphate de soude cristallisée. On fait fondre le tout sur le feu, puis abandonnant la combinaison à elle-même on obtient les cristaux du sel double dont il s'agit. Ce sel agit principalement par l'acide phosphorique libre qu'il renferme: Cet excès s'empare des bases et forme avec elles des sels doubles plus ou moins fusibles dont on examine la transparence et la couleur. Il est un des plus utile pour caractériser les oxides métalliques dont il s'empare et fait ressortir les couleurs beaucoup mieux que le Borax. Sur les autres oxides il exerce une action répulsive; ceux qui sont volatiles le subliment tandis que les autres le séparent de leurs combinaisons et demeurent en suspension dans le verre que l'on obtient. Cette propriété fait reconnaître les silicates très facilement parceque la silice mise à nu paraît en masse gélatineuse dans le sel de phosphore liquifié. On l'a préféré à l'acide phosphorique parce qu'il est solide et bien cristallisé tandis que l'autre est déliquescent.

Le nitre a peu d'emploi, on ne s'en sert guère que quand on soupçonne du Manganèse parce qu'il en fait ressortir la couleur avec vivacité.

Le Gypse et le Spath. fluor. servent à se reconnaître mutuellement parcequ'ils forment un sel double très fusible.

Il existe plusieurs autres réactifs dans le détail desquels on n'entrera pas parceque leur usage est trop limité et que pour s'en servir avec avantage il faut une longue habitude tandis qu'après deux ou trois expériences on peut employer avec fruit ceux dont j'ai fait mention.

En n'appellant caractères physiques que ceux qui ont rapport à quelques lois physiques et en excluant ceux qui ont rapport aux caractères extérieurs nous en distinguerons quatre, savoir

1°. Le Magnétisme,
2°. L'Electricité,
3°. La pesanteur spécifique,
4°. La double réfraction.

Nous allons successivement parler de ces différents caractères.

1°. Du Magnétisme.

Cette propriété n'existe que pour les minéraux qui contiennent du fer mais elle peut se manifester de deux manières différentes : ou le minéral agit par attraction sur l'un des poles de l'aiguille aimantée, ou il possède lui-même des poles qui agissent sur la limaille de fer. Le Magnétisme est tellement facile à constater qu'il n'est pas nécessaire à son sujet d'entrer dans de plus grands détails.

2°. De l'Electricité.

Tous les minéraux sont susceptibles de l'acquérir par l'un ou l'autre des moyens connus, mais comme en outre ils sont peu conducteurs, ils peuvent en général l'acquérir immédiatement et sans qu'on soit obligé de les isoler; Ceux qui l'acquièrent le plus facilement sont ceux à qui on a donné les noms de pierreux, vitreux, résineux; parmi eux les uns peuvent s'électriser à une chaleur plus ou moins grande et conserver cette propriété plus ou moins longtemps: Ce qui peut donner lieu à une échelle d'électricité qui pourrait être très utile pour classer les espèces minérales.

Pour s'assurer de l'existence de l'électricité on peut se servir d'une aiguille de cuivre portant à ses extrémités deux petites boules, et tournant sur un pivot &c^a....

Quelques espèces prennent l'électricité vitreuse, d'autres l'électricité résineuse; quelques-unes les possèdent toutes deux ou des pôles opposés. Cette polarité électrique paraît avoir quelques rapports avec la forme, et pour s'assurer de ce phénomène on peut donner à l'électroscope le genre d'électricité que l'on veut reconnaître exister au pôle opposé.

3º. De la Pesanteur spécifique.

Ce caractère est souvent fort utile pour distinguer certains minéraux car malgré les mélanges des espèces minérales rarement leur pesanteur spécifique éprouve de grandes variations; on s'en sert aussi pour reconnaître les pierres gemmes taillées sur lesquelles on n'ose faire d'autres essais. On se sert de l'Aréomètre de Nicolson, et mieux d'un flacon qui puisse être tenu plein de manière à présenter toujours le même volume puis on obtient le nombre qui représente la pesanteur spécifique au moyen de cette proportion.

$$p \text{ (poids de l'eau)} : p' \text{ (poids du corps)} :: 1 \text{ (pes. spéc. de l'eau)} : x \text{ (pes. spéc. du corps)}$$

$$\text{d'où} \quad x = \frac{p'}{p}.$$

4º. De la Double Réfraction.

Sans contredit ce caractère est le plus important et le seul qui puisse être regardé comme spécifique car il est en rapport direct avec la forme. C'est lui qui a servi à déterminer la nature de formes de

certaines espèces et avec son aide on a rectifié des
erreurs que l'imperfection des cristaux avait
causées. Il est bon d'entrer à ce sujet dans quel-
-ques détails.

On sait que dans l'espèce d'attraction que
les molécules d'un corps diaphane exercent sur
celle du rayon lumineux qui le traverse, il existe
une loi constante entre les angles du rayon inci-
-dent et du rayon refracté, savoir que les deux
rayons sont dans un plan perpendiculaire à la
surface réfringente et que le sinus de l'angle d'in-
-cidence et le sinus de l'angle de refraction sont
dans un rapport constant pour la même substan-
-ce, quelle que soit l'obliquité du rayon incident. En
général il varie d'une substance à une autre, de
sorte que l'on peut faire des tables de pouvoir
refringent et se procurer ainsi des indices certains
pour reconnaître chaque espèce minérale.

Mais outre cette réfraction simple qui est pro-
-pre aux liquides et aux corps diaphanes non cris-
-tallisés; la pluspart des minéraux présentent la
réfraction double, c'est-à-dire, qu'ils donnent une
double image de l'objet qui leur est soumis. Les
substances qui cristallisent dans les formes régu-
-lières de la Géométrie et que l'on a comprises sous
le type de l'étraèdre régulier, ne jouissent pas de
cette propriété, exception qui donne déjà un carac-
-tère certain pour les reconnaître.

Dans les cristaux dont les faces sont symétrique-
-ment placées autour d'un axe unique comme les Rhom-
-boèdres et les prismes à six faces régulières... L'ob-
-servation a fait voir que l'un des rayons refractés
suivait les lois que nous avons indiquées pour la
refraction simple et que l'autre était assujetti
à des lois particulières. Ce n'est que dans certains
cas qu'il se trouve dans le plan d'incidence et dans
tous les autres il s'en écarte à droite ou à gau-
-che. Enfin le sinus de l'angle de refraction
n'est pas dans un rapport constant avec le sinus
d'incidence sur la face refringente. D'après ces

observations on appelle le premier Rayon ordinaire et l'autre Rayon extraordinaire.

En examinant les substances douées de la double refraction, on s'apperçoit aisément qu'elles ne présentent pas indifféremment ce phénomène: Ainsi les substances qui appartiennent au système crystallin Rhomboëdrique, et au système prismatique à base quarrée; les cristaux qui offrent des faces perpendiculaires ou parallèles à l'axe, ne donnent pas de double réfraction lorsque le rayon incident les traverse perpendiculairement à ces faces; par exemple, si on place une des bases d'un cristal prismatique de chaux carbonatée sur une ligne noire, et qu'on regarde perpendiculairement dans la face opposée; on ne voit qu'une image réfractée; mais ce qui prouve bien qu'il y a double refraction et que les images sont dans le même plan perpendiculaire; c'est que la partie milieu de la ligne est plus noire que les extrémités parceque les deux images se recouvrent au milieu. Mais, si on s'écarte de cette direction perpendiculaire, bientôt les deux rayons refractés se séparent et on voit chacun d'eux à égale distance de la perpendiculaire: On remarque aussi que les deux images se trouvent avec le rayon direct dans un même plan perpendiculaire à la surface refringente.

Si au lieu de placer le cristal prismatique sur une de ses bases ou le met sur une de ses faces latérales et qu'on regarde par l'autre, on remarquera encore qu'il n'y a qu'une seule image pour la position perpendiculaire au rayon visuel et des images doubles pour des incidences obliques; mais, il n'en est plus ici comme dans le cas précédent: D'un côté la déviation des images varie avec la position du plan d'incidence du rayon direct: D'un autre côté il n'y a que deux positions où les images se trouvent avec le rayon direct dans le même plan perpendiculaire à la surface refringente: L'une de ces positions a lieu dans un plan vertical perpendiculaire au même axe.

On conclura de la qu'il n'y a pas de refraction

On conclura delà qu'il n'y a pas de réfraction
extraordinaire lorsque le rayon direct passe dans
le Cristal parallèlement ou perpendiculairement
à son axe; circonstance analogue à celle qu'on
observe pour la réfraction ordinaire qui n'a pas
lieu lorsque le rayon direct est perpendiculaire
à la face réfringente.

En outre l'observation démontre que quand le
rayon extraordinaire et le rayon direct se trouvent
dans un même plan perpendiculaire à la surface
réfringente (ce qui a lieu comme nous venons de
le voir dans les cas de parallélisme ou de perpen-
dicularité de ce plan à l'axe du Cristal), il
existe en outre un rapport constant entre le
sinus de réfraction extraordinaire et le sinus
d'incidence quelque soit l'inclinaison du rayon
direct.

D'après ces observations, la réfraction ex-
-traordinaire semble avoir lieu par rapport à
l'axe du cristal comme la réfraction ordinaire par
rapport à une surface réfringente quelconque;
donc les choses se passent dans la réfraction ex-
-traordinaire comme si cet axe possédait une
force particulière capable d'attirer ou de repous-
-ser, suivant la nature des substances, une partie
des molécules lumineuses en les séparant du
faisceau ordinaire. Pour exprimer cette idée
on a désigné l'axe cristallin d'une molécule
matérielle qui appartient à l'un ou à l'autre
des deux types que nous avons cités, sous le
nom d'axe de double réfraction.

Toutes les substances dont les cristaux sont
réductibles à une forme simple qui a toutes ses
faces symétriquement placées par rapport à un
point et à une égale distance de ce point ne
possède qu'un axe de double réfraction. Toutes
les autres dont les cristaux ne sont réductibles
qu'à des formes où ces conditions n'existent pas
possèdent deux axes de double réfraction, c'est-
à-dire qu'il existe dans l'intérieur de ces corps

deux Directions, suivant lesquelles une rayon lumineux pourrait les traverser sans subir de division;
telles sont toutes les substances qui se rapportent
au type prismatique rectangulaire, au type prismatique à base obliquangle.

Ces angles de double réfraction sont disposés
d'une manière régulière par rapport aux cristaux, c'est-à-dire, par exemple, que s'ils se
trouvent dans un plan parallelle à l'une des faces
latérales, la ligne qui divise cet angle en deux
parties égales est parallelle à la base, d'où
il suit que si elle est perpendiculaire à une
arête, le prisme est droit.

Chaux Carbonatée
ou
Pierre à Chaux.

Cette substance la plus abondante de la nature
est associée à tous les terrains; elle se présente sous
divers états:
1° Cristallisée ou lamelleuse;
2° fibreuse;
3° Saccaroïde;
4° Compacte;
5° Terreuse;
Dans la Description de cette substance nous
ferons autant de sous espèces que nous serons d'un
digne de réserver, et nous verrons que ces sous
divisions sont non seulement importantes sous
le rapport des caractères extérieurs mais encore sous
celui du gisement géologique.

La chaux est caractérisée par son ana-
lyse et sa cristallisation elle est composée de
Chaux .... 56 qui contient 15.73 oxigène
Acide Carbonique 44 .... 3. 96
D'où on conclut que la formule est $\overline{C}a\overline{C}^2$
Les cristaux dérivent d'un Rhomboèdre dont
les angles sont 105° 5' et 74° 55. La pesanteur
spécifique est indiquée par 2,7.

Elle est peu dure, se laisse rayer par une pointe d'acier. Avec les acides il y a une effervescence produite par un dégagement d'acide carbonique; cette effervescence est plus ou moins vive suivant quelques circonstances que nous signalerons: au Chalumeau on obtient de la chaux vive, qui mise sur la langue fait éprouver une vive brûlure.

Chaux Carbonatée Lamelleuse.

Cette sous-espèce jouit d'un clivage triple très facile et qui s'obtient en la frappant avec un marteau. Le solide compris entre les plans de clivage est un Rhomboèdre dont les angles sont ceux que j'ai déjà indiqués: les angles plans des Rhombes dont se compose le Rhomboèdre primitif sont de $101°\,32'\,13''$ et de $78°\,27'\,47''$.

D'après les indications qui furent données sur les formes secondaires que l'on pourrait déduire du Rhomboèdre, on voit qu'il peut exister

1° Des Rhomboèdres par des plans tangents sur les arêtes du sommet, on conçoit que leur nombre peut être illimité, dans la nature on en trouve jusqu'à 25 différents.

2° Deux prismes hexagonaux par des plans verticaux soit sur les arêtes latérales, soit sur les angles latéraux:

3° Enfin un 3.me genre de formes très communes renferme les Dodécaèdres triangulaires scalènes, qui naissent par des biseaux sur les arêtes ou sommet du Rhomboèdre primitif, et de ceux qui s'en déduisent par des plans tangents. Ces Dodécaèdres sont aussi nombreux que les Rhomboèdres. Tous les cristaux de Chaux dont le nombre excède 500 ne sont autre chose que la réunion de plusieurs de ces types principaux.

La Chaux Carbonatée lamelleuse est transparente, jouit de la double réfraction, est peu colorée ou incolore; offre des mélanges différents: Elle contient quelquefois des grains de Quartz provenant

de la position dans laquelle cette substance a cristallisée : On a remarqué que dans certains cas
le Carbonate de chaux était combiné avec une
certaine portion de Carbonate, de Magnésie : le
Goniomètre à réflexion a prouvé que dans ce cas
la forme était différente en donnant des angles
de 106°. 15', et 73°. 45', et l'analyse a donné pour
sa composition

Carbonate de Chaux 54 } ou bien { Acide Carbonique . . 47
                                  Chaux, ... 31
Carbonate de Magnésie 46 }   Magnésie 22

D'où on a déduit la formule $\overset{\cdot\cdot}{C}a\,\overset{\cdot\cdot}{C}^2 + \overset{\cdot\cdot}{M}\overset{\cdot\cdot}{C}^2$.

La Chaux carbonatée lamelleuse se trouve dans
les filons et les Géodes au milieu du terrain
calcaire, jamais elle ne forme de couches. Il
faut qu'elle ait été déposée dans une cavité antérieure à sa formation.

Tous les jours on voit des cristaux se former
dans les grottes ; l'eau qui en dissout un peu s'évapore, et dépose la chaux soit en Stalactites, soit en Stalag-
mites. La propriété dissolvante de l'eau ne paraît pas assez puissante pour dissoudre seule
la Chaux Carbonatée, aussi suppose-t-on qu'elle
contient en même temps de l'acide carbonique ;
c'est ce qu'on a eu occasion de vérifier sur plusieurs sources d'eau chaude, qui en se refroidissant
déposait du Carbonate de chaux et laissait dégager
de l'acide carbonique.

Chaux Carbonatée fibreuse.

Cette chaux offre toujours des cristaux accolés.
Elle forme de petits filons. Cette variété est
ordinairement d'un blanc de lait, et a un éclat
soyeux et chatoyant.

Chaux Carbonatée Saccaroïde.

On appelle ainsi une variété de chaux carbonatée offrant de petites lames accolées et croisées

Dans tous les sens ; la cassure est entièrement analogue à celle du sucre, comme lui, elle offre une multitude de points brillants, c'est à cause de cette ressemblance qu'on lui a donné le nom de Saccaroïde.

Elle jouit de toutes les propriétés de la Chaux Carbonatée lamelleuse à l'exception de celle due à la transparence. Tous les marbres statuaires sont généralement des Chaux Saccaroïdes. Ainsi le Marbre de Carrare en est, et la couleur est le blanc : Les Marbres d'architecture les plus estimés tels que le bleu Turquin, le jaune antique sont de cette variété.

Le Calcaire Saccaroïde forme des couches dans les terrains anciens ; c'est à dire dans ceux que l'on suppose former la croûte la plus ancienne du Globe ; il y est cependant assez rare, et souvent il arrive de parcourir une Chaîne Granitique sans trouver une seule couche de Calcaire, quoique cette substance abonde généralement dans tous les terrains.

Le Calcaire Saccaroïde est ordinairement pur, et donne par conséquent toujours de la Chaux grasse ; cependant il y a une variété de cette sous-espèce à laquelle on a donné le nom de Dolomie qui contient un atome de Carbonate de Chaux et un de Carbonate de Magnésie : elle se reconnaît par la propriété qu'elle a de s'égrainer, propriété qui est due au peu d'adhérence des grains qui la composent. Cette variété Magnésifère donne une mauvaise Chaux maigre ; la Magnésie seule ne suffisant pas pour donner à la Chaux la faculté de se durcir dans l'eau.

Chaux Carbonatée compacte.

C'est cette sous-espèce qui abonde le plus ; c'est elle qui constitue la plus grande partie des formations secondaires : Elle a une cassure compacte conchoïde, c'est à dire, analogue à celle d'une coquille ; elle est aussi esquilleuse.

Ses couleurs sont variables. Dans cette sous-espèce se trouvent les différents Marbres ordinaires.

Quelquefois sa texture est lamelleuse, et elle varie avec la nature des corps organisés qu'elle contient ; elle est translucide sur les bords quand elle est très pure.

La Chaux Carbonatée compacte présente souvent des mélanges d'Argile, de silice et de Magnésie. La Magnésie paraît exister en assez grande abondance dans la formation calcaire qui recouvre la houille et qui est désignée sous le nom de Zechstein: Les Anglais l'ont appelé à cause de ce mélange Calcaire Magnésien.

La silice et l'argile se trouvent disséminées dans presque toutes les formations, c'est à une certaine quantité de ces deux substances qu'est due la propriété de certains calcaires de donner de la chaux hydraulique; nous donnerons quelques détails sur cette propriété quand nous aurons terminé la description de la substance qui nous occupe.

Il existe aux environs de Paris un Calcaire appelé Calcaire siliceux à cause de la quantité de silice qu'il contient; celui de Château Landon près de Nemours, appartient à cette variété. Ce mélange lui communique de la dureté et le rend susceptible de prendre le poli. Il a été employé à la construction de plusieurs monuments à Paris, notamment de l'Arc de Triomphe de l'Étoile, du Palais de la Bourse, du Château d'eau. &c.....

Parmi les calcaires compactes, il en est un qui présente une texture très singulière; c'est une agglomération de petits grains ronds comme seraient des œufs de poisson, ce qui l'a fait appeler Calcaire Oolitique. Souvent ces grains sont composés de couches concentriques, ce qui fait supposer qu'ils sont produits par une concrétion. Les Calcaires Oolitiques sont très abondants, ils sont associés avec des Calcaires compactes, et ils constituent ensemble une grande partie des calcaires que l'on trouve en France, ainsi que j'aurai occasion de le dire plus tard.

Calcaire Terreux.

La désignation de cette sous-espèce suffit à peu près pour la distinguer. On prévoit que sa cassure est terreuse, qu'il est peu dur, souvent friable, s'égrainant sous les doigts, tachant, happant à la langue.

Le Calcaire Terreux se trouve dans plusieurs terrains;

maire c'est surtout le Terrain de Craie qui est le type
du Calcaire Terreux. Il existe aussi en concrétions,
formant des dépôts considérables connus sous le nom de
Tufa. Ces dépôts sont formés par des eaux qui coulent
sur une certaine quantité de calcaire et en tiennent en suspension
une plus grande quantité, de sorte que ces Tufa sont le produit
d'un dépôt à la fois mécanique et chimique. Ces dépôts
terreux forment des incrustations que l'on trouve
souvent sous la forme de branches ou de feuilles; les
tuyaux de conduite des eaux en sont fréquemment recouverts.

Lorsque le Calcaire terreux est mélangé d'une quantité
considérable d'argile, il reçois le nom de Marne. Les couches
de Marne sont très abondantes dans le terrain de Craie des
environs de Paris; presque partout, elles sont exploitées
pour l'amendement des terres.

Appendice.

A la suite de la description de la Chaux Carbonatée,
j'ajouterai quelques mots sur les différentes combinaisons
du Carbonate de Chaux avec le Carbonate de Magnésie et
le Carbonate de fer.

J'ai déjà indiqué qu'il existait une combinaison
désignée sous le nom de Dolomie, composée d'un atôme de
Carbonate de Chaux et d'un atôme de Carbonate de Magnésie,
et qu'elle cristallisait en Rhomboèdre dont l'angle est de
106°,15'. MM. Beudant et Mitscherlich ont
trouvé que ces deux Carbonates, ainsi que les Carbonates de
chaux et de fer, ceux de Chaux et de Manganèse pouvaient
se combiner en toutes proportions; et que dans ce cas ils
cristallisaient en Rhomboèdre dont l'angle paroît être
généralement la moyenne entre les angles propres à
chaque substance et proportionnel à la quantité de l'une
et de l'autre.

Ainsi par exemple, lorsqu'il y a dix particules de
Carbonate de Chaux avec une seule particule de Carbonate de
Magnésie, l'angle se trouve être la onzième partie de la
somme formée par 10 angles de 105°,5' (angle de Carbonate
de Chaux) et 1 angle de 107°,25' (Angle du Carbonate
de Magnésie) c'est-à-dire 105°,17',47". Lorsqu'il y a

Des Chaux.

Effet de la Cuisson.

Vitrification.

cinq particules de Carbonate de Chaux et une seule de Carbonate de fer, l'angle du cristal est la sixième partie de la somme formée par cinq angles de 105°, 5' et un angle de 107°, angle du Carbonate de fer, c'est-à-dire 105°, 24', 10".

Nous venons de parcourir succinctement les divers états sous lesquels la Chaux Carbonatée se présente dans la nature; nous allons maintenant entrer dans quelques détails sur son emploi dans les arts. La Chaux Carbonatée ou Calcaire, telle qu'elle sort de la Carrière, fournit des pierres de construction. Calcinée, elle perd presqu'entièrement l'acide carbonique qu'elle contient et donne de la Chaux vive, si utile pour lier les différentes parties d'une maçonnerie.

Lorsque le Calcaire que l'on calcine est pur, le degré de Cuisson est indifférent, puisqu'il ne peut y avoir d'autre résultat que de chasser entièrement l'acide carbonique. Mais, si la pierre à chaux est mélangée de silice, d'Alumine, de Magnésie, ou d'oxides de fer et de Manganèse, l'action du feu pourra, si la température est très élevée, opérer une combinaison entre la chaux produite et ces différentes autres substances: Cette combinaison éprouvera un commencement de fusion et la Chaux ne sera plus susceptible de fuser dans l'eau. Il est donc nécessaire de ne pas pousser la calcination trop loin dans tous les cas.

On se convaincra facilement par l'expérience suivante, que la Silice et la Chaux se sont combinées par l'action du feu pour former un Silicate de Chaux. Il suffit de prendre un morceau de Calcaire non calciné et de le dissoudre dans un acide; la Chaux seule se dissout, la silice forme un dépôt qui reste au fond du vase. La Chaux calcinée se dissout au contraire entièrement dans l'acide, pourvu toutefois que la silice soit disséminée en parties très fines dans la pierre à chaux et non à l'état de sable ou de grains.

La Cuisson de la Chaux est donc un objet très important, et on doit varier la méthode employée suivant la nature de la pierre calcaire que l'on à sa disposition, et même suivant son tissu. En effet, à feu égal, la Cuisson s'opère d'autant mieux et d'autant plus vite

que la pierre est d'un tissu moins serré, qu'elle est
réduite à un moindre volume, et qu'elle est imprégnée
d'une certaine humidité. La présence de l'eau ou vapeur
paraît singulièrement favoriser le dégagement des Gaz.
Lord Stanople a fait des expériences très concluantes
à cet égard. Mr. Petot, Ingénieur des Ponts et Chaussées,
employé aux constructions maritimes à Brest les a
répétées, et a obtenu une très grande économie en introduisant
une certaine quantité de vapeur d'eau dans les fours à chaux;
Il l'introduit en versant de l'eau sur des fagots placés
près de l'ouverture où l'on met le combustible.

Le contact de l'air n'est pas indispensable pour la
Cuisson de la Chaux; il exerce cependant une influence
utile pour la cuisson du calcaire argileux. Il faut que
les Gaz qui s'échappent du calcaire par la cuisson
puissent se dégager, sans cela il se reformerait du
calcaire. On a fait à ce sujet des expériences fort
intéressantes dont le but était entièrement différent
du sujet qui nous occupe dans ce moment; c'était pour
déterminer si du calcaire compacte pouvait être changé
en calcaire saccaroïde par l'action de la chaleur. On
a en conséquence mis de la chaux pilée dans un vase
de fer parfaitement soudé; on l'a chauffée au rouge
et on a obtenu en effet par ce moyen une plaque d'un
calcaire assez analogue à du Marbre de Carrare.
Il paraîtrait que ce calcaire factice ne contenait pas
tout à fait la quantité nécessaire d'acide Carbonique, du
moins c'est à cette cause qu'on a attribué la désaggrégation
qu'il a éprouvée au bout d'un certain temps.

Pour obtenir de bons résultats, il faut que la cuisson
soit complète, c'est-à-dire que tout l'acide carbonique
soit chassé, sans cela il y a des parties incuites qui
altèrent en partie les propriétés de la Chaux grasse.
Mr. Minard, Ingénieur en Chef des Ponts et
Chaussées, avait été conduit par des expériences à
supposer qu'avec une calcination convenablement
ménagée on pouvait donner à tous les calcaires la
propriété de devenir à volonté, Chaux grasse, Chaux
hydrauliques ou Ciment Romain. Les expériences de
MM. Vicat et Berthier n'ont pas confirmé la

conjecture de M.ᵣ Minard : Il paraît effectivement
que lorsque la Cuisson est imparfaite, la Chaux fait
prise au bout de peu de temps mais qu'elle ne persiste
pas dans cette propriété. Les sous-Carbonates que l'on
obtient se changent bien à la vérité en Hydro-carbonates
par le contact de l'eau, mais ces combinaisons sont
faibles et peu permanentes dans l'eau. Une circonstance
assez singulière que ces sous-Carbonates présentent,
c'est d'être beaucoup plus difficiles à réduire complètement en chaux par une seconde calcination que
les carbonates neutres; ce fait justifie l'opinion des
Chaufourniers qu'il est impossible de transformer en
chaux la pierre qui s'est refroidie avant le terme de
la cuisson.

Les Calcaires argileux paraissent jouir en partie
de la propriété que M.ᵣ Minard avait regardée
comme commune à toutes les chaux; c'est du moins ce
qui résulte des expériences de M.ᵣ Lacordaire,
Ingénieur des Ponts et Chaussées, attaché au Canal
de Bourgogne. Il a reconnu en effet que ces calcaires
ramenés à l'état de Sous-carbonates donnent de
véritables cimentes naturels.

Des Fours à Chaux.

La Cuisson de la Chaux s'opère dans des fours
de formes assez différentes suivant les pays et le combustible que l'on emploie; ils sont
1°. en prismes rectangulaires droits;
2°. Cylindriques;
3°. Cylindriques dans leur partie inférieure surmontés
d'un cône droit légèrement tronqué;
4°. en tronc de cône droit renversé;
5°. enfin ils présentent la forme d'un Ellipsoïde
de révolution tronqué à ses extrémités.

Nous n'entrerons pas dans des détails sur la
construction des fours; nous dirons seulement quelques
mots sur la différence de leur emploi.

Les fours rectangulaires sont principalement en
usage dans le midi de la France; ils servent en même
temps à la cuisson de la chaux et de la brique. Le
calcaire est placé à la partie inférieure, la brique

ocupe le dessous.

Les fours cylindriques sont généralement employés sur les travaux qui consomment une grande quantité de chaux en peu de temps; on les appelle fours de campagne. Mr. Vicat indique la construction d'un de ces fours dans la seconde édition de ses travaux sur les Mortiers. Les fours de la troisième et de la cinquième formes sont spécialement destinés à la cuisson à la houille.

Dans les différens fours que nous venons d'indiquer, excepté dans ceux à cuisson continue, comme pour les fours à houille, la partie inférieure du fourneau éprouve une chaleur beaucoup plus considérable que les parties supérieures. Cette circonstance est très nuisible pour les calcaires argileux; car, ou la pierre placée au bas du fourneau est trop cuite, ou celle placée à la partie supérieure ne l'est pas assez. Pour obvier à ces inconvéniens très graves, Mr. Vicat a proposé d'employer des fours à plusieurs cloisons.

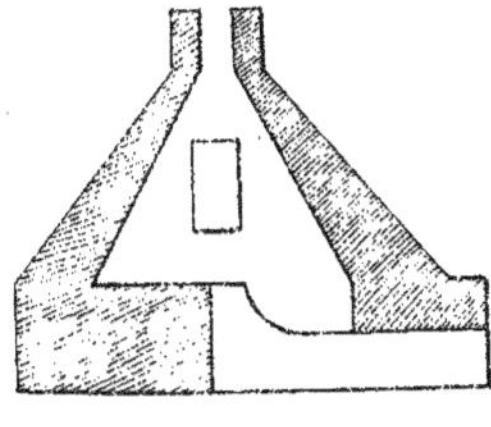

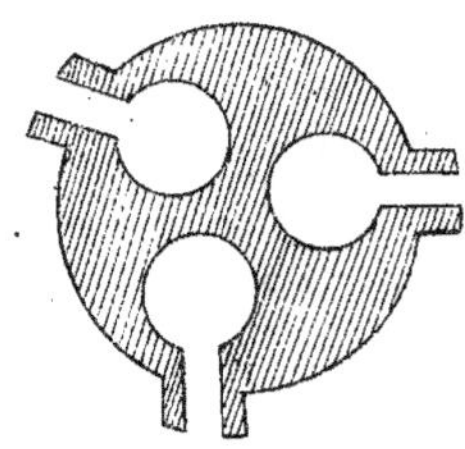

La capacité intérieure de ces fours est composée d'un cylindre de 2m de haut dont la base circulaire ou elliptique est surmontée d'un tronc de cône de 5m de haut. L'angle au cône est tel que l'issue circulaire, le Gueulard, par laquelle sort la fumée, a 0m,60 de diamètre.

La capacité intérieure est divisée par des cloisons en deux ou trois chambres suivant la fusibilité de la pierre à chaux que l'on calcine. Ces cloisons s'élèvent jusqu'à 2m,50 à 3m; chacune de ces cloisons est garnie d'une porte, de manière qu'on peut mettre à volonté le feu dans une seule, ou dans plusieurs à la fois.

Si l'on a donc chargé le four en calcaire susceptible de se fritter, on mettra le feu dans le foyer correspondant à une seule de ces cloisons, les deux autres étant fermées. On le maintiendra pendant deux jours, alors on débouchera l'entrée du second foyer et on y allumera le feu. Dès qu'il commencera à tirer, on ralentira le feu qui est dans le premier foyer, et lorsqu'il sera tombé on fermera ce foyer. Au bout du quatrième jour on commencera de même le feu dans le troisième foyer, et on éteindra le second en ayant soin de boucher exactement les portes. Par ce moyen la pierre à chaux qui occupe la partie basse du four n'a que 48 heures de feu; tandis que celle qui se trouve au centre du four et à la partie supérieure y est exposée pendant 144 heures.

Le nombre de cloisons, leur hauteur et la durée du feu doivent varier suivant la nature de la pierre à chaux que l'on calcine, et suivant la chaleur produite par le combustible: une ou deux expériences suffisent pour déterminer ces inconnues; Mr. Vicat donne le dessin de ces fours dans la planche 1ère à la figure 3ème.

Il est presqu'impossible d'indiquer le temps nécessaire à une bonne cuisson et la quantité de combustible consommée; l'un et l'autre varient suivant une foule de circonstances locales et imprévues.

Mr. Vicat annonce que dans un four de 60 à 75 mètres cubes de capacité, le feu dure moyennement de 100 à 150 heures: Chaque mètre cube de chaux consomme (terme moyen) 1,66 stères de bois de corde, 22 stères de fagots et 30 stères de fascines de Genets et de Bruyères.

Les variations sont encore plus grandes dans les fours alimentés par la Houille; ce qui tient à la descente inégale du charbon qui est stratifié avec la chaux et à la nature du combustible. Lorsque le charbon est de bonne qualité, on consomme moyennement un mètre cube de charbon pour obtenir 3 mètres cubes de chaux. Dans certaines localités, comme aux environs d'Angers, le charbon étant très mélangé de schiste, la consommation en charbon est presqu'égale au produit en chaux.

La Chaux, suivant qu'elle est pure ou mélangée, possède des propriétés différentes, ce qui a fait distinguer les chaux en plusieurs espèces.

Lorsqu'elle provient de la calcination d'un marbre blanc ou d'un calcaire qui s'en rapproche par la pureté, elle a la propriété de foisonner, c'est-à-dire d'augmenter considérablement en volume: il peut être [...]

Qualités différentes des Chaux.

Chaux Grasse.

Chaux Maigre.

par l'extinction pratiquée à la manière ordinaire.
On l'appelle alors Chaux grasse.

Si au contraire elle est mélangée de matières
étrangères, quelleque soit leur nature, la Chaux ne
foisonne pas; on la désigne alors, par opposition,
sous le nom de Chaux maigre.

La Chaux grasse réduite en pâte molle et mise
ensuite dans un bassin imperméable à l'air, peut
rester un grand nombre d'années dans cet état: sa
consistance n'augmente pas; et au bout de plusieurs
années, elle est à peu près la même qu'au premier jour;
cette chaux se dissout jusqu'à la dernière parcelle
dans une eau pure fréquemment renouvellée. Mais
si, avec cette pâte, on fait de petits solides et qu'on les
expose à l'air, ces solides contractent, par la dessication
et par l'acide carbonique répandu dans l'atmosphère, une
dureté assez considérable, et deviennent susceptibles
d'acquérir du poli.

Hydrate de Chaux grasse.

Il est certain que la transformation de l'hydrate de chaux en
carbonate, contribue puissamment au durcissement de la
chaux; des expériences de M.r John le prouvent d'une
manière incontestable. Ce Savant Étranger qui a fait des
travaux fort importans sur cette matière, a exposé des boules
d'Hydrate de Chaux à l'action de l'acide carbonique;
et ces boules sont parvenues en peu de jours, par ce
procédé, à une dureté plus considérable que d'autres
boules faites depuis plus d'un an avec le même Hydrate,
et exposées seulement à l'action de l'air.

Hydrate de Chaux maigre.

La plupart des Chaux maigres présentent
des caractères inverses, c'est-à-dire que, réduites en
pâte et mises sous l'eau, elles se durcissent très
promptement, tandis que des solides fabriqués avec
ces hydrates, n'acquièrent qu'une consistance crayeuse
et ne deviennent jamais susceptibles de recevoir le
poli.

Toutes les Chaux maigres ne jouissent pas de la
propriété de se durcir sous l'eau: Nous appellerons
Chaux Hydrauliques celles qui la possèdent.

La raison de la solidification de la Chaux hydraulique sous l'eau est telle que les éléments qui entrent dans sa composition tendent à s'unir plus intimement par l'intermédiaire d'une certaine quantité d'eau qui passe à l'état solide.

Les Chaux ne possèdent pas toutes le même degré d'hydraulicité. Mr. Vicat les distingue en trois classes qui sont:

» 1° Les _Chaux moyennement hydrauliques_
» faisant prise après quinze ou vingt jours
» d'immersion en continuant à durcir. Mais les
» progrès de leur durcissement deviennent de plus en
» plus lents, surtout après le sixième ou huitième
» mois. Après un an leur dureté est comparable à
» celle du savon sec: Elles se dissolvent encore dans
» une eau pure, mais avec beaucoup de difficulté.
» Leur foisonnement est variable; il atteint souvent
» le terme de celui des chaux maigres sans s'élever
» jusqu'à celui des Chaux Grasses.

» 2° Les _Chaux hydrauliques_, qui font prise
» après six ou huit jours d'immersion en continuant
» à durcir. Les progrès de cette solidification peuvent
» s'étendre jusqu'au douzième mois, quoique la
» plus grande partie de la dureté soit acquise au
» bout de six. À cette époque, déjà la dureté de
» la chaux est comparable à celle de la pierre très
» tendre et l'eau ne l'attaque plus. son foisonnement
» est constamment faible comme celui des Chaux
» maigres.

» 3° Les _Chaux éminemment hydrauliques_, qui
» font prise du 2e au 4e jour d'immersion, après un
» mois sont déjà durcies et tout à fait insolubles:
» Au sixième mois, elles se comportent comme les
» pierres calcaires absorbantes; elles donnent des
» éclats par le choc, et présentent une cassure écailleuse.
» Leur foisonnement est constamment faible comme
» celui des Chaux maigres.

Les Chaux grasses, les Chaux maigres et les Chaux hydrauliques de tous les degrés, peuvent être blanches, grises, fauves, rousses, etc...

On dit que la Chaux fait prise lorsqu'elle résiste au doigt poussé avec la force moyenne du bras, et qu'elle ne peut plus changer de forme sans se briser. Mr. Vicat indique, comme ayant pris, la chaux qui supporte sans dépression une aiguille à tricoter de 0m,0012 de diamètre, limée quarriment à son extrémité et chargée d'un poids de 0k,30.

Composition des Chaux hydrauliques.

On a beaucoup discuté sur la question de savoir quelles sont les substances qui communiquent à la chaux la propriété de se durcir sous l'eau: Les uns l'ont attribuée à l'oxide de fer. D'autres à l'oxide de Manganèse; Cependant des analyses nombreuses ont prouvé que des chaux qui jouissaient de cette propriété à un très haut degré, ne contenaient ni l'un ni l'autre de ces éléments.

La Silice et l'Alumine paraissent au contraire essentielles; du moins les chaux hydrauliques en contiennent constamment; et la propriété hydraulique varie avec les proportions de ces éléments. Citons quelques analyses pour démontrer ces vérités.

Analyses de Chaux Grasses.

	Chaiseau Landon	Calcaire grossier de Vaugirard.	Marbre de Carrare.	Incrustation de l'Aqueduc du Gard
Carbonate de Chaux	96,40	97,20	100,00	99,15
Carbonate de Magnésie	1,80	0,00	"	0,00
Argile	1,30	2,80	"	0,75
	100,00	100,00	100,00	100,00

Analyses

Analyses de Chaux maigres non hydrauliques.

	Calcaire des environs de Paris, remis à l'École des Mines, par Mr Girard.	Calcaire de Villefranche (Aveyron).	Calcaire de Calviac (Dordogne).
Carbonate de Chaux,	78,00	60,00	70,00
Id. de Magnésie,	20,00	26,20	0,00
Argile	2,00	0,00	3,25
Oxide de fer	0,00	13,80	0,00
Id. sable disséminé.	0,00	0,00	24,75

Chaux moyennement hydrauliques.

	Calcaire de St Germain (Ain) avec lequel on a fait à Lyon des constructions sous l'eau	Calcaire de Chaunay, (près Mâcon).	Calcaire de Digna, (Jura).	Calcaire à Gryphites de Bougy, (Nièvre).
Carbonate de Chaux	83,00	84,00	82,00	88,00
Id. de Magnésie	0,00	2,50	1,50	0,00
Argile { Silice / Alumine }	10,00	13,00	16,50	6 85 / 4,00
Oxide de fer	1,00	0,00	0,00	1,15
Temps de la prise	"	"	"	15 Jours.

Chaux hydrauliques.

	Calcaire de Nismes.	Calcaire de Champvern, (Nièvre).	Calcaire de Pompéan, (Ille et Vilaine).
Carbonate de Chaux	82,50	82,63	75,83
Id. de Magnésie	4,10	0,00	9,00
Alumine	5,00	6,00	4,00
Silice	8,40	11,00	9,50
Oxide de fer	0,00	0,37	1,67
Temps de la prise	4 Jours.	3 Jours.	4 Jours.

Chaux

Chaux éminemment hydrauliques.

	Calcaire de Metz.	Calcaire de Senonches, près Dreux Eure-et-Loir.	Ciment Romain des Anglais.	Plâtre Ciment de Boulogne.
Carbonate de Chaux	68,30	70,00	55,40	54,00
Id. de Magnésie	2,00	1,00	0,00	0,00
Argile	24,00	29,00	36,00	31,00
Oxide de fer	5,70	0,00	8,60	15,00

En comparant ces Analyses, on voit :

1° Que les Chaux grasses sont sensiblement pures.

2° Que les Chaux maigres non hydrauliques doivent cette propriété à une quantité assez considérable de sable ou de Magnésie qu'elles contiennent.

3° Que les Chaux moyennement hydrauliques contiennent de 10 à 15 d'Argile, c'est-à-dire une combinaison de Silice et d'Alumine.

4° Que la Silice seule peut former avec la Chaux une combinaison très hydraulique : (Analyse de la Chaux de Senonches).

5° Que les Chaux éminemment hydrauliques contiennent une proportion d'Argile considérable et qui s'élève jusqu'à 36 p % dans le Ciment Romain, et à 31 dans le Plâtre Ciment de Boulogne.

À mesure que la quantité d'Argile augmente la propriété de se solidifier dans l'eau devient plus énergique. Les deux dernières chaux indiquées, le Ciment Romain et le Plâtre Ciment de Boulogne, se solidifient presqu'instantanément, comme le Plâtre, sans qu'on soit obligé de faire aucune addition. Elles acquièrent promptement une solidité analogue à celle des Calcaires. Il faut une grande habitude pour se servir de ces chaux éminemment hydrauliques, parceque si on ne les gâche pas à la consistance convenable, si on ne se hâte pas de les étendre elles se solidifient inégalement; elles se gercent et adhèrent mal aux travaux de la maçonnerie.

Mr. Berthier a cherché par des expériences inverses, quelles sont les substances qui donnent à la chaux la propriété hydraulique. Pour y parvenir, il a combiné directement de la chaux avec différentes substances, ces expériences lui ont donné les résultats suivants:

1°. Si on calcine à part la Chaux et l'argile que l'on veut y mélanger, la chaux qui provient du mélange est maigre et non hydraulique. Cette circonstance prouve que par la calcination, la silice et la chaux se combinent ensemble et forment un silicate. Nous avons déjà acquis la preuve de cette combinaison, en dissolvant de la chaux hydraulique dans l'acide nitrique; on se rappelle qu'elle s'y est dissoute entièrement tandis que la pierre calcaire a donné un résidu.

Chaux et Silice.

2°. 10 Grammes de Craie calcinée avec 4 g.mes de silice récemment précipitée, ont donné une chaux hydraulique très bonne; cette chaux exposée à une grande quantité d'eau a été dissoute en partie; il est resté une combinaison de chaux et de silice composée de 35 de chaux et 65 de silice, composition analogue au silicate de chaux neutre de la chimie: Il s'en suit donc que l'action de la silice sur la chaux, est de former un silicate neutre, et s'il est nécessaire que la proportion de chaux soit plus considérable c'est pour que la combinaison ne devienne par dure presqu'instantanément et puisse être employée dans les constructions.

Chaux et Alumine.

3°. De la Craie calcinée avec de l'Alumine a donné une chaux qui mélangée avec de l'eau, s'est éteinte promptement et avec une chaleur considérable. Des solides faits avec elle n'ont pas durci sous l'eau. Cette combinaison étant entièrement soluble dans les acides il est certain que la Chaux et l'alumine se sont combinées par la voie sèche, mais il paraît que l'Aluminate qui en résulte est décomposé par l'eau.

Chaux et Magnésie.

4°. De la Chaux calcinée avec du Carbonate de Magnésie, a donné une chaux maigre non hydraulique.

5°. De la Craie calcinée avec diverses proportions d'oxide de fer ou d'oxide de Manganèse, n'a produit que des chaux sans consistance qui se sont comportées comme des chaux grasses mélangées de matières inertes.

Ainsi il est prouvé que des mélanges dans lesquels la silice n'entre pas, ne peuvent acquérir la propriété hydraulique.

Il restait à savoir si l'Alumine, la Magnésie et les Oxides de fer et de Manganèse sont miscibles; pour décider cette question, M. Berthier a fait les expériences suivantes.

Il a d'abord calciné 10 grammes de Carbonate Magnésien de Paris, dont la composition est indiquée plus haut, avec 2 g^{mes} de Silice Gélatineuse; Il a obtenu une chaux qui s'est éteinte avec peu de chaleur et un léger gonflement, et qui est devenue très dure au bout de très peu de temps d'immersion dans l'eau.

Cette Chaux était composée de

Chaux _________ 56,00

Magnésie _______ 16,60

Silice _________ 27,40

Plusieurs essais faits avec des proportions différentes de silice et de Magnésie, ont également donné pour résultat des chaux très bonnes.

Chaux, Silice, Alumine.

La plupart des Chaux hydrauliques étant des composés de chaux, silice et Alumine, il était presque inutile d'essayer si cette dernière terre était miscible aux propriétés de la Chaux hydraulique: cependant M. Berthier a fait des essais qui le portent à conclure que, lorsque la quantité d'Alumine égale celle de la silice, on obtient des chaux hydrauliques très énergiques. En effet une chaux composée de

Chaux _________ 74,50

Alumine ________ 12,50

Silice _________ 13,50

lui a donné une Chaux hydraulique de première qualité.

Chaux, Silice, Oxide de fer.

Le Ciment Romain et le Plâtre Ciment de Boulogne ont une composition analogue.

De la Chaux préparée en grand avec quatre parties de Craie et une d'Ocre jaune et qui contenait

Chaux ——————— 74, 50
Alumine ——————— 5, 50
Oxide de fer ——————— 7, 00
Silice ——————— 1, 30

n'a pris qu'une très faible consistance, même longtemps après avoir été immergée : On doit attribuer à l'Oxide de fer cette mauvaise qualité, puisque s'il avait été remplacé par une semblable proportion de silice, on aurait obtenu une Chaux hydraulique.

Chaux, Silice, Oxide de Manganèse.

10 Grammes de Craie, 2^{gr},50 de Carbonate de Manganèse et 2^{gr},50 de Silice Gélatineuse calcinés ensemble ont donné une chaux qui s'est éteinte avec chaleur, et n'a pris aucune consistance sous l'eau; si on avait supprimé le Manganèse on aurait obtenu une chaux hydraulique : Il n'est donc pas douteux que cette substance est nuisible à la qualité de la Chaux.

Ces expériences prouvent que la Silice seule donne d'excellentes chaux hydrauliques; que des mélanges de Chaux, Silice et Magnésie, et de Chaux, Silice et Alumine en donnent également de bonnes; enfin que la présence de l'oxide de fer et de l'Oxide de Manganèse paraît nuisible. Cependant il ne faut pas conclure de ces expériences en petit, ce qui aurait lieu en grand. En effet la cuisson influe beaucoup sur le résultat : pour chaque mélange, il y a un degré de chaleur qu'il faut atteindre et qu'il ne faut pas dépasser; et telle combi-naison qui aurait pu donner une chaux éminemment hydraulique, si elle eût été exposée à une chaleur conve-nable, ne pourra produire qu'une chaux maigre, si elle n'a pas été assez chauffée, ou une chaux morte si elle a été trop fortement calcinée.

———————

4ème Leçon.

Des Chaux hydrauliques artificielles.

Les expériences synthétiques que nous avons fait connaître dans la dernière Leçon, nous montrent qu'on peut obtenir de la Chaux hydraulique par des mélanges.

C'est à Mr. Vicat qu'est dû l'importante découverte de la Chaux hydraulique artificielle; avant lui, plusieurs personnes avaient vainement essayé de donner à la chaux la propriété de durcir sous l'eau au moyen de mélanges. Ainsi Mr. Guyton de Morveau qui s'est beaucoup occupé de ce sujet, avait annoncé qu'en ajoutant quatre parties d'Argile et six d'oxide noir de Manganèse ou de la Mine de fer blanche (fer spathique); on obtenait de la chaux hydraulique de bonne qualité; l'expérience a prouvé que ce mélange ne donnait qu'une chaux faiblement hydraulique dont la fabrication est très dispendieuse.

La silice seule et la silice combinée à l'alumine, communiquent à la chaux la propriété hydraulique à un très haut degré; Il est impossible d'employer la silice seule, parce que dans la nature, elle se trouve dans un état d'aggrégation difficile à détruire; et que dans son état ordinaire, elle ne pourrait se combiner avec la chaux.

Le mélange de silice et d'Alumine, au contraire est très fréquent dans la nature; il constitue presque toutes les argiles, dont l'abondance offre un moyen économique de fabriquer de la chaux hydraulique artificielle. La silice et l'Alumine sont disséminées dans l'argile dans un état qui facilite leur combinaison avec la chaux. Il ne suffit pas, pour obtenir de la chaux hydraulique; de mélanger la pierre à chaux avec l'argile; il faut que la combinaison soit aidée par la chaleur; il faut que les deux éléments eux-mêmes soient cuits ensemble. En effet de l'argile cuite séparément, mélangée avec de la chaux commune, n'acquièrerait pas la propriété hydraulique; cette vérité est évidente, et l'aspect seul suffit pour la prouver: car l'Argile et la chaux cuites ensemble, donnent une chaux d'une couleur vert pâle ; tandis que mélangée avec de l'argile cuite, ordinairement colorée par l'oxide de fer, la Chaux produit un mortier rouge.

Les Chaux hydrauliques se fabriquent par deux procédés ; le plus parfait mais aussi le plus dispendieux, consiste à mêler de la chaux grasse, cuite d'une manière quelconque, avec une certaine proportion d'argile, et à faire cuire de nouveau le mélange ; la chaux que l'on obtient ainsi, est appelée Chaux artificielle de double cuisson.

Dans le second procédé, on substitue des calcaires ayant peu d'adhérence, de la Craie, par exemple, à la Chaux : Il est nécessaire que ces calcaires soient très tendres, pour qu'on puisse les broyer et les réduire en pâte avec de l'eau : On conçoit que ce second procédé est plus économique, mais aussi la chaux fabriquée par ce moyen est probablement de qualité inférieure à celle qui provient du premier procédé. Il est en effet impossible de rendre dans ce cas le mélange d'argile et de chaux aussi intime que dans le premier cas. Les chaux hydrauliques que l'on obtient ainsi, sont néanmoins fort bonnes, et c'est presque toujours ce procédé qui est suivi.

On peut suivant le mélange que l'on fait, obtenir des chaux plus ou moins hydrauliques : M. Vicat annonce que lorsque la chaux est très grasse il convient de mélanger 20 p % d'argile sèche avec 80 de chaux ou 140 de carbonate : Si la chaux ou la pierre à chaux est déjà mélangée d'une certaine quantité d'argile, 15 p % de cette dernière substance suffiront : Du reste pour obtenir des résultats propres aux emplois que l'on veut faire de la chaux, il est nécessaire de déterminer exactement dans chaque localité, les composans de la chaux et ceux de l'argile ; ayant ces données, on peut faire des mélanges certains.

MM. Brian et de St. Léger ont élevé à Meudon près Paris une fabrique de chaux hydraulique artificielle sous les auspices de M. Vicat, les matières employées, sont : La Craie du Pays, et l'Argile de Vaugirard : Ces substances, après avoir été divisées en fragments de la grosseur du poing, sont réduites en bouillie claire sous une meule verticale, agissant dans un bassin circulaire de deux mètres de rayon: des herses et des rateaux, mis en mouvement en même temps que la meule, ramènent constamment la matière sous celle-ci, de manière que le mélange soit très homogène. Un robinet amène de l'eau dans ce bassin. Après une heure et demie environ que la matière est soumise à l'action de la meule, on la regarde comme suffisamment mélangée. Elle est alors réduite à l'état de bouillie claire; on l'évacue dans une première fosse de dépôt. Plusieurs fosses communiquent ainsi les unes dans les autres par des trop pleins pratiqués à leur partie supérieure en formant ce que l'on appelle un labyrinthe: On conçoit que la matière se dépose en plus grande abondance dans les premières fosses que dans les autres, &c.…

Lorsque la matière est déposée, on fait écouler les eaux surnageantes soit par des bondes, soit en les enlevant avec des pompes, &c.… Quand la matière a acquis assez de consistance pour être moulée, on l'enlève par prismes d'une forme régulière au moyen de moules; ce travail s'effectue avec rapidité: On compte qu'un mouleur à sa tâche fait moyennement cinq mille prismes par jour, lesquels cubent ensemble 6 mètres. On sèche ces prismes, et lorsqu'ils sont suffisamment desséchés, opération qui peut se faire, soit par l'action solaire, soit par une dessication artificielle, ou les cuit à la manière ordinaire: La dessication ne doit pas être poussée loin; sans cela les briquettes tomberaient en poudre.

Composition de la Chaux hydraulique de Mr. St. Léger.

Le mélange doit varier suivant la nature de la pierre calcaire, celle de Meudon étant très pure, Mr. de St. Léger, mêle quatre parties en volume de craie de Meudon et une partie d'argile de Passy; cette chaux est de très bonne qualité; elle foisonne de 0,65 de son volume par l'extinction ordinaire, lorsqu'on en sépare avec soin les morceaux qui échappent à la calcination:

Cette chaux contient:

74,60 chaux
16,00 silice
7,80 Argile
1,60 Oxide de fer.

Cette chaux hydraulique est employée pour les constructions publiques; on en a fait une grande consommation pour le Canal S.ᵗ Martin. Elle est supérieure à la chaux de Senonches, elle durcit plus vite que cette dernière, acquiert un degré de dureté beaucoup plus considérable. Elle est aussi moins chère, elle coûtait 70 francs le mètre cube, celle de Senonches 85 francs.

M.ʳ Vicat pour prouver combien cette fabrication est peu coûteuse, donne un exemple du prix auquel lui est revenu de la Chaux hydraulique au pont de Souillac: Quoique vous ayez son ouvrage entre les mains, je pense utile de vous citer cet exemple qui peut vous servir de guide si vous étiez appelé à faire des expériences semblables.

Un four ordinaire de forme conique contient 59 mètres cubes de matériaux: on formera la voûte avec 17 mètres cubes de pierre à chaux non calcinée, et on le remplira avec 42 mètres cubes de briquettes formées d'un mélange de Chaux et d'argile: On fera plusieurs fournées successives; la chaux naturelle produite par chaque fournée donnera celle nécessaire pour la chaux factice de la fournée suivante.

En composant la chaux artificielle de 100 parties chaux éteinte à l'air et de 20 parties d'argile, et en observant qu'une partie de chaux vive correspond à 3 parties ⅓ de chaux éteinte, on aura pour la dépense de fabrication

Prix de la fabrication de la Chaux hydraulique de Souillac.

1.° 17 mètres cubes de pierre calcaire naturelle très grasse coûtant 2.ᶠ le mètre ——	34,ᶠ 00
2.° 8.ᵐᶜ,40 D'argile assez pure pour qu'on ne soit pas obligé de la laver, à 3.ᶠ —— ——	25,20
3.° façon des 42.ᵐᶜ de briquettes de chaux et d'argile à 12.ᶠ le mètre —— ——	504,00
4.° 50 stères de bois à 10.ᶠ —— ——	500,00
5.° Charge et décharge du four; main-d'œuvre; 11 journées doublées à cause du tems de la cuisson, à 6.ᶠ —— ——	66,00
6.° 68 journées de main-d'œuvre à 2.ᶠ ——	136,00
Prix d'une fournée ——	1265,ᶠ 20

Pour obtenir dix fournées consécutives pareilles à celles que je viens de vous indiquer, il en faut faire onze, la première donnant la chaux nécessaire pour la seconde fournée, &c... les dix fournées produiront 420 mètres cubes de chaux hydrauliques et coûteront 12652 f.; ce qui établit le mètre cube à 30 f. 12 cent.

On doit observer que cette chaux foisonnant très peu, un mètre cube ne correspondra qu'à 0,60 de mètre cube de Chaux grasse.

Dans la seconde édition de ses travaux sur les chaux hydrauliques, Mr Vicat donne un second exemple que je crois utile de vous indiquer; quoique cela puisse vous paraître un double emploi, mais les données positives sur ce sujet, sont tellement utiles que l'on ne doit pas craindre ces répétitions.

Mr Vicat avait à Souillac des approvisionnements considérables de Chaux grasse, éteinte en poudre par immersion et conservée sous un hangard; il s'est procuré une argile grise, des environs, légèrement effervescente, et qui après avoir été séchée et réduite en fragments de la grosseur d'une noix, acquérait la propriété de se détremper et de se résoudre immédiatement en une bouillie homogène et très fine.

Pour opérer le mélange de la chaux et de l'Argile, il formait sur une aire d'une certaine étendue, une vingtaine de petits tas de chaux en poudre de ¼ de mètre cube; il leur donnait la forme d'un entonnoir, et il plaçait dans le creux de ces petits tas une bouillie liquide composée de $0^m,03$ d'argile, et d'eau en quantité telle, que le mélange étant bien battu avec des pilons il donnait une pâte assez ferme: On réunissait ensuite plusieurs de ces tas ensemble, et quand la masse avait pris assez de consistance, on la séparait en fragments irréguliers au moyen de pelles. Ces fragments qui avaient la forme de petits moëllons, étaient desséchés convenablement; quand la dessication était complète, on mettait les fragments à part pour être cuits. Mr Vicat s'est servi pour cette opération d'un four en partie cylindrique et en partie conique: Le cône étant placé sur sa base qui était la même que celle du cylindre inférieur; ce four présentait une capacité de 100 mètres cubes;

Voici le relevé des dépenses occasionées par cette fabrication :

Fournitures.

34^m,55^c de Chaux grasse, laquelle sera rendue par la fournée (pour mémoire) …	00^{fra},00
5,76^c d'argile, cubée en poussière à 6^{fra}	34,56
43^m,18^c de pierre à chaux grasse, pour rendre la chaux empruntée, et former la base de chargement à 3^{fra}	129,54
150 Stères de bois à brûler à 4^f,20 …	630,00

Main-d'Œuvre.

Extinction par immersion de 34^m,55 de chaux grasse, 56 Journées à 1^f,50	84,00
Mélange de cette chaux avec l'Argile, 140 Journées à 1^f,50	210,00
Division de la pâte et étalage au soleil, 65 Journées à 1^f,50	97,50
Enlèvement des fragments cubant 50^m Transport et ennétrage sous un hangard, 16 Journées à 1^f,50	24,00
Chargement de 43^m,18^d de pierre calcaire dans le four, y compris la construction des voûtes, plus 50^m de pierre à chaux factice; 7 Journées de Maître chaufournier à 3^{fra}	21,00
36 Journées 40 d'aides à 2^{fra}	72,80
Cuisson et entretien du four pendant 6 jours et 6 nuits : 12 Journées de Maître chaufournier à 3^{fra}	36,00
24 id. D'aides à 2^{fra}	48,00
Total de la dépense	1387,40
1/5 pour faux frais et bénéfice	277,50
Valeur de 50mes de chaux factice réduite à 40 par le retrait de la matière	1664^f,90

À ce prix le mètre cube a coûté 44^f,62^d.

Au four de Mélisey, le mètre cube de chaux hydraulique artificielle, de double cuisson, comme la précédente, en y comprenant le 1/5 pour faux frais, en revient à 38 f pris au four.

En parcourant les différentes chaux hydrauliques, nous avons remarqué que quelques unes telles que le Plâtre ciment de Boulogne, le Ciment Romain, le Ciment de Ch^s Lacordaire, pouvaient être employées seules et qu'elles prenaient immédiatement. Le plus ordinairement on ajoute à la chaux soit grasse, soit hydraulique réduite à l'état de bouillie épaisse, différentes substances qui accélèrent la prise, et forme ce que l'on appelle des Bétons; Ces mélanges ont pour but:

1°. De diminuer la consommation de la chaux.

2°. De régulariser son retrait en le modérant et en le rendant uniforme; ce qui empêche qu'il ne se forme des gerçures dans la maçonnerie.

3°. De faciliter la dessication et la régénération du Carbonate de Chaux, et par conséquent d'accélérer la prise.

4°. Enfin d'augmenter la solidité des matières.

La quantité des substances que l'on mélange varie suivant leur énergie, et la personne appelée à employer la chaux peut, seule, déterminer ces proportions: Quant au choix des substances, il dépend des localités; plusieurs sont également bonnes; quelques unes de qualités supé-rieures sont fort chères, et ne doivent être employées que lorsque la solidité des travaux l'exige impérieusement.

Les substances que l'on ajoute à la chaux, sont tantôt des sables, des Ciments et des Pouzzolanes que l'on distingue en Pouzzolanes naturelles et en Pouzzolanes artificielles. Nous allons faire connaître brièvement ces principales substances en indiquant autant que possible, leur énergie proportionnelle.

Le sable sont la substance que l'on emploie le plus habituellement, parce qu'il n'est presque pas de localités où il n'en existe. Les lits des rivières en produisent beaucoup: Ces sables sont presque toujours analogues aux rochers qui constituent le sol; ils sont le produit de la désaggrégation de ces rochers.

Suivant la position, où l'on recueille les sables, ils sont purs, ou mélangés de parties végétales ou animales qui les rendent limoneux. Dans les terrains anciens, les rivières charrient ordinairement des sables quartzeux mélangés de quelques parties feldspathiques et micacées; Dans les terrains Volcaniques, ils sont le résultat de la destruction des Laves &c... Rarement ces sables sont calcaires; cela tient sans doute, d'abord à ce que la plupart des rivières un peu importantes prennent naissance dans les montagnes élevées où le calcaire est fort rare; ensuite, à ce que la pierre calcaire étant très tendre, elle se réduit plutôt en boue qu'en sable. La Marne, par exemple, qui prend naissance dans les montagnes calcaires des environs de Langres, et qui coule presque constamment sur un sol de même nature, quoique cependant elle traverse des formations très différentes, ne transporte qu'un limon vaseux.

Outre les sables que l'on trouve dans le lit des rivières, on rencontre aussi dans beaucoup d'endroits, d'immenses dépôts de sables fossiles qui attestent les révolutions que le Globe a subies à des époques très reculées et dont ces sables sont les produits. Il faut bien distinguer ces sables de ceux qui sont le résultat de causes actuellement agissantes, et qui existent au pied de certaines montagnes et principalement des montagnes dites anciennes, comme les Granites. Ces sables qu'on peut appeler vierges ont des propriétés différentes, ce qui fait qu'on les classe à part sous le nom d'Arènes, nom adopté dans plusieurs pays pour désigner ces détritus.

Action des Acides sur les sables.

Les sables purs qui sont, ainsi que nous l'avons dit, principalement quartzeux, ne sont attaquables par aucun acide quelque soit son degré de concentration. Lorsque les sables sont mélangés de quelques parties feldspathiques l'acide sulfurique a ordinairement une légère action; souvent aussi ils sont encore entièrement inattaquables. Lorsqu'ils contiennent des fragments de roches volcaniques, les acides produisent sur eux une action lente et très bornée.

La Chaux n'a également aucune action sur les sables Quartzeux ou calcaires: Des expériences nombreuses ont constaté ce fait important, pour la théorie de la solidification des mortiers, autant que pour le choix des matériaux que l'on doit mêler à la chaux.

Nous citerons, à l'appui du fait que nous venons de signaler, deux expériences de Mr Vicat insérées dans la Note 34 de son dernier ouvrage:

1° On a mélangé du sable de mine, parfaitement lavé et presqu'entièrement quartzeux ______ 896 parties

et de la chaux hydraulique vive, sortant du four ______ 800 id.

Ces matières réduites en mortier, à la manière ordinaire, dans un vase de verre qui pesait 787 parties, ont donné, tout compris, quand le mortier a été fait, 2630 parties; d'où il suit qu'elles ont absorbé une quantité d'eau représentée par ______ 647 id.

Le poids total du mortier a été de ______ 1843 parties

Deux ans après la fabrication de ce mortier, on le désagrégea par l'action de l'acide Hydro-chlorique, en on retira 892 parties de sable quartzeux dont la surface n'était pas altérée: La perte 0,0044 que le sable a présentée, est trop peu considérable pour qu'elle ne soit pas attribuée au second lavage.

2° Une autre expérience faite sur un sable granitique mêlé de Basalte, lui a donné des résultats semblables.

Il avait mélangé de ce sable ______ 896 parties

et de la Chaux hydraulique ______ 300 id.

Il y a eu, eau absorbée par le mortier ______ 612,50

______ 1808,50 part.

Après deux ans, ce mortier, également désagrégé par l'Acide Muriatique, a donné 883 parties de sable; ce qui présente une perte de 1° 45 ou $\frac{1}{68}$: Cette perte étant notamment plus grande que dans l'expérience précédente, Mr Vicat s'est assuré, en faisant digérer 500 parties de ce sable dans l'Acide muriatique que cette perte n'était pas due à l'action de la chaux; le sable a perdu en effet par cette opération 7 sur 500 ou $\frac{1}{71}$, résultat très approchée de la perte éprouvée dans le premier cas.

Les substances, comme les sables qui ne sont pas attaqués par les acides, ne paraissent avoir aucune influence sur la solidification de la chaux; elles ne sont employées que pour augmenter la quantité de mortier et empêcher son retrait: Elles sont désignées sous le nom d'Inertes. Il ne faut pas croire cependant que leur emploi doive être banni; il est des cas où l'on doit les employer de préférence aux autres, ainsi que nous le dirons plus tard; par exemple avec les chaux éminemment hydrauliques, toute autre substance produirait dans ce cas un moins bon résultat.

Des Arènes.

Parmi les sables, ceux qui sont encore dans la place où ils ont été formés, et que nous avons désignés par le nom de Sables vierges ou Arènes, sont mélangés de parties terreuses et argileuses qui leur donnent des propriétés particulières. Pour faire mieux connaître ces matières, d'un usage si important dans les travaux que les Ingénieurs des Ponts et Chaussées sont appelés à exécuter, nous allons donner l'extrait d'un Mémoire fort intéressant de Mr Girard de Caudemberg, Ingénieur des Ponts et Chaussées, actuellement à Dijon; mais qui était en résidence dans le Département de la Dordogne à l'époque de ses expériences.

Observations de Mr Girard sur les Pouzzolanes naturelles et Artificielles.

Mr Girard, chargé d'une partie de la Canalisation de l'Isle a été forcé de faire beaucoup d'expériences sur les substances qu'il avait à sa disposition et qui pouvaient lui donner des mortiers hydrauliques. Il a remarqué que les Arènes, sables siliceux qui proviennent de la destruction des roches anciennes, et qui sont toujours très mélangés d'argile, lui fournissaient souvent des Pouzzolanes de bonne qualité: Mais il remarqua en outre que ces Arènes qui paraissaient toutes semblables, présentaient souvent des caractères Pouzzolaniques (suivant son expression) très différents. Il ne put croire alors que l'énergie de ces Arènes fut due entièrement à la cohésion et à la faculté absorbante, comme le pensent MM. John et Berthier.

Pour reconnaître à quelle cause il devait attribuer

les différentes qualités des Arènes qu'il avait employées; il sépara par des lavages les argiles qui entrent dans la composition des Arènes, et auxquelles il présumait que ces sables devaient leurs propriétés Pouzzolaniques; il choisit à cet effet des Arènes très énergiques et d'autres presque inertes: il fit la même opération sur des sables contenu lie de vin foncée; qui n'ont, comme Pouzzolanes, que des propriétés négatives: Enfin il soumit à des expériences semblables des Argiles pures, c'est-à-dire exemptes de sable et plus ou moins ocreuses, telles qu'on en rencontre dans presque tous les pays.

1res Expériences
en desséchant les Argiles.

Il a combiné chacune de ces Argiles séchées à l'air et réduites en poussière, avec moitié de son volume d'hydrate de chaux grasse: Il les a ensuite immergées et il a été conduit à diviser les argiles en trois classes suivant leur plus ou moins d'énergie.

1°. Il a appelé Argiles bonnes Pouzzolanes, celles qui, au bout de 10 ou 15 jours au plus, résistaient à la pression du doigt sans recevoir d'empreinte; ou qui, chargées sur une surface de $0^m,00005$ d'un poids de 2^k, n'éprouvaient aucune dépression sensible.

2°. Argiles moyennes Pouzzolanes, celles qui exigent un mois pour donner de semblables résultats.

3°. Enfin Argiles Pouzzolanes nulles, celles qui donnent des mortiers qui restent mous indéfiniment et que le doigt traverse avec facilité: M^r. Girard observe qu'il n'a trouvé d'argiles de cette nature que parmi les terres fortement ocreuses.

Les Argiles extraites des Arènes, appartiennent généralement à la première classe; parmi les Argiles naturelles, il en a trouvé également beaucoup de très énergiques; elles étaient principalement d'un brun jaunâtre.

2es Expériences
en calcinant les Argiles.

Après les premiers essais exécutés avec les argiles desséchées à l'air, M^r. Girard les a calcinées au rouge brun pendant 15 minutes, dans un creuset ouvert: Il a remarqué que les Argiles des deux premières classes ont subi une sorte d'ébullition, et que leur couleur est devenue rouge brun foncé: Ces Argiles avaient perdu des quantités variables de leur poids, dues à l'eau qui s'était échappée. Il reconnut directement que c'était à de l'eau qui était due la perte, en calcinant ensuite en vase clos.

Les Argiles de la troisième classe, celles qui n'ont aucune propriété hydraulique, ne changent pas sensiblement de couleur et éprouvent une très faible perte.

En formant des mortiers avec ces Argiles ainsi calcinées, dans les mêmes proportions et avec les mêmes chaux que précédemment, M. Girard a trouvé:

1° Que les Argiles de la première classe étaient toutes devenues, sans exception, d'excellentes Pouzzolanes; c'est-à-dire, que les mortiers obtenus comme il vient d'être dit, et immergés, avaient acquis au bout de deux jours assez de consistance pour résister entièrement à l'impression du doigt. Ces mortiers présentaient en outre, au bout de 15 jours, la même résistance à une pointe que ceux d'argiles crues qui étaient fabriqués depuis quatre mois : En suivant cette comparaison jusqu'à des termes plus éloignés, les progrès des Argiles calcinées devenaient plus lents que ceux des Argiles crues; et au bout d'une année, il n'y avait plus de différence.

2° Les Argiles de la deuxième classe présentaient à peu près les mêmes phénomènes, avec cette différence que les Pouzzolanes obtenues par la calcination, étaient généralement moins énergiques et donnaient des mortiers moins durs que les précédents. Il y avait d'ailleurs une différence beaucoup plus grande entre ces mortiers et ceux d'Argiles crues, que pour les argiles de la première classe. Il fallait plus de 8 mois aux mortiers d'Argile crue, pour atteindre le degré de dureté que les autres obtenaient au bout de 15 jours.

3° Enfin les Argiles de la troisième Classe ne paraissaient avoir presque rien gagné par la calcination, et les mortiers fabriqués avec elles étaient constamment mous sous l'eau.

La décomposition des hydrates que l'on a opérée, et qui seule a suffi pour déterminer les propriétés Pouzzolaniques, paraissent, il faut l'avouer, d'accord avec l'opinion de MM. John et Berthier, puisqu'il est évident que par la décomposition de l'hydrate, la faculté absorbante doit être considérablement augmentée; mais il restait à prouver pourquoi certaines argiles n'étaient que des Pouzzolanes médiocres, et pourquoi d'autres étaient nulles comme après la calcination.

L'Analyse chimique n'ayant donné à Mr Girard aucun résultat qui pût le conduire à la solution de cette question, il eut l'idée de former des mortiers avec les éléments de chaque argile séparément et de comparer les résultats. À cet effet, il sépara les diverses argiles naturelles qu'il avait essayées en silice d'une part, et en Alumine et Oxide de fer de l'autre au moyen de l'acide hydrochlorique et de l'Ammoniaque. Il fit sécher les produits au soleil en ayant soin de ne pas les calciner, ce qui aurait changé leur état; et il les mélangea par portions égales avec de l'hydrate de chaux grasse. (Il eut mieux valu le faire à 1/2, comme dans les autres expériences, parce qu'elles auraient été plus comparables avec les précédentes.)

Ces expériences lui donnèrent les résultats suivants.

1° Tous les mortiers formés avec la silice des argiles de la première classe avaient fait corps au bout de 36 heures, de manière à ce que la plus forte pression du doigt ne faisait pas disparaître les inégalités qui existaient à la surface du mortier. Par l'essai avec une pointe, leur résistance était supérieure à celle des mortiers d'argiles calcinées âgés de 15 jours.

2° Les mortiers formés avec la silice extraite des argiles de la 2ème Classe, acquéraient une dureté moins considérable que les précédents.

3° Enfin ceux obtenus avec la silice extraite des Argiles de la 3ème Classe, restaient mous indéfiniment.

4° Les mortiers formés dans chaque classe avec le composé d'Alumine et d'oxide de fer seché légèrement, et qui par conséquent retenaient une quantité d'eau assez considérable, avaient fait corps après 12 à 15 heures d'immersion. Mr Girard ne croit pas qu'il existe de Pouzzolanes plus rapidement énergiques, et il n'a pas remarqué de différence entre eux, quoique les proportions d'Alumine et de fer fussent très variables.

5° Enfin les mortiers formés par tous les éléments réunis à la fois, offrent à peu près les mêmes résultats que ceux de la silice pour les deux premières classes.

Ces résultats le conduisent aux conclusions suivantes:

1° Les Argiles diffèrent génériquement entre elles par l'état où se trouve la silice.

2° La présence de l'eau plus ou moins combinée avec les éléments de l'Argile ne nuit point aux propriétés Pouzzolaniques qui paraissent surtout résulter de l'état d'isolement où l'on a mis ces éléments.

Ainsi dans la 1re Classe d'Argiles, suivant M. Girard, la Silice se trouve combinée avec les autres oxides: Dans les Argiles de la 2e classe, la partie de silice qui se trouve dans le premier état est moins considérable, et la silice libre est encore plus abondante: Enfin dans les Argiles de la dernière classe, la Silice combinée avec les autres oxides est nulle ou presque nulle; celle qui est libre, est au contraire considérable.

Ayant analysé beaucoup de ces Argiles, je ferai observer, que dans les premières, celles qui contiennent beaucoup d'eau, les substances paraissent être à l'état d'hydro-silicates de fer et d'Alumine, faciles à décomposer par les acides: Dans d'autres cas au contraire les Argiles sont composées seulement de silicate d'Alumine qui se décompose très difficilement par les Acides: Il s'ensuit que sur ces argiles l'analyse a donné à M. Girard du silicate d'Alumine au lieu de silice libre, lequel n'a pas susceptibilité de se combiner avec la chaux comme cette dernière substance.

D'après ces résultats on peut donc dire que le seul effet de la calcination des Argiles est de décomposer les hydrates, et que le développement des propriétés Pouzzolaniques dans certaines argiles, par la calcination résulte de la décomposition de l'hydrate, par la chaleur la silice se trouvant par cela même séparée de la combinaison; les choses se passent donc dans le mortier d'Argile calcinée, comme dans celui où l'on a réuni tous les éléments de l'Argile crue après les avoir séparés par l'analyse.

Un fait prouve d'une manière presque certaine cette conclusion; c'est que les éléments des Argiles de la 3ème classe qui ont donné des mortiers constamment

mous, séparés par l'acide après la calcination, et mélangés
avec de la chaux grasse, ont donné des mortiers aussi énergiques
que ceux obtenus avec la silice des Argiles de la 1re classe.
Il n'y a qu'un moyen d'expliquer ce phénomène chimique,
c'est d'admettre qu'à l'aide de la chaleur, l'oxide de fer
est entré en combinaison avec la silice, et a opéré par là, la
division des molécules agglomérées de ce dernier corps.
Ces Argiles qui renferment tous les éléments nécessaires
pour former d'excellentes Pouzzolanes, sont cependant
nulles; d'où il résulte que la condition nécessaire à
une bonne Pouzzolane argileuse, est que la silice
s'y trouve isolée des autres oxides et pourtant dans
un état propre à former des combinaisons nouvelles.

Il paraît d'après cela bien évident que certaines
Argiles fortement hydratées ne sont de bonnes Pouzzolanes
à l'état naturel, que parceque leurs éléments sont
aptes à former des combinaisons nouvelles que l'hydrate
de chaux détermine; il est alors probable que la silice
se combine séparément avec une partie de la chaux et que
le reste s'unit à l'Alumine et à l'oxide de fer.

Mr Girard dit: « on peut se demander quel
rôle joue l'oxide de fer, et si sa présence est utile ».
La réponse à cette question se trouve dans le rapprochement
des deux faits suivants.

Mr Vicat a reconnu que l'Alumine pure, calcinée
ou non, ne donne que des Pouzzolanes très mauvaises:
Mr Girard a observé au contraire dans les expériences
qui viennent d'être citées que la combinaison d'oxide de
fer et d'Alumine qu'il a obtenue en décomposant
les Argiles, donnait une Pouzzolane très énergique.

Mr Girard résume ainsi la Théorie des
Pouzzolanes artificielles:

» La consolidation des mortiers à Pouzzolane
» immergée, tient à la combinaison qui a lieu entre
» la chaux et la Silice d'une part, et entre la chaux
» d'Alumine et l'oxide de fer de l'autre. On sait
» d'ailleurs par l'expérience directe que ces deux combi-
» naisons jouissent de la faculté de durcir très rapi-
» -dement sous l'eau, ou ce qui est la même chose, de
» former un hydrate solide en proportions déterminées.

Il ajoute qu'on peut faire en grand une application

utile des expériences que nous venons d'indiquer, et que puisque les Argiles Tourrstanques acquièrent encore de l'énergie par la calcination, il convient toujours de les calciner. Par cette opération très peu coûteuse, on évitera d'avoir à pulvériser l'Argile, et on économisera beaucoup de main-d'œuvre.

5.ième Leçon.

Des Grès.

La plupart des Roches Arénacées formées de l'agglomération de fragmens roulés de roches anciennes, fournissent des substances propres à être mélangées avec la chaux. Une condition essentielle que doivent présenter ces grès, est de se désaggréger facilement; ceux qui ont une grande solidité comme certaines roches arénacées des terrains anciens dont la pâte est feldspathique, ne peuvent être mises à profit, parce que leur trituration serait impossible et que l'action de la chaux sur les matières qui les composent serait entièrement nulle.

Les Grès dont l'aggrégation est faible, ont fréquemment un ciment argileux; ils rentrent alors dans la classe des Arènes et leur énergie dépend de l'abondance du ciment et de la nature de l'argile qui le forme: ils sont alors solubles en partie dans les acides. Il est une certaine classe de grès très favorables à cet usage: ce sont les Grès qui se rapprochent par leur âge, de la formation connue sous le nom de Grès Bigarré, et qui ont été désignés plus spécialement depuis quelques années sous celui d'Arkose. Ce sont principalement les Arkoses à pâte argileuse dont nous parlons: ceux à pâte siliceuse ne produisant d'autre effet que de augmenter le volume, serviraient comme sable.

Nous distinguerons en outre parmi les Grès certaines Psammites (Grauwacken), formées de la réunion de grains de Quartz, de schiste, de feldspath et de parcelles de Mica, agglutinés par un ciment à la fois argileux et ferrugineux. Ces Psammites ont été d'une très grande utilité pour les travaux du Canal de Nantes à Brest, ligne sur laquelle on avait désespéré de trouver des ressources locales. C'est M.ʳ Avril, Ingén.ʳ des Ponts et Chaussées, chargé de la partie de ce Canal qui traverse le Finistère, qui a fait cette découverte dont les résultats ont été fort importants. D'après la description que M.ʳ Avril donne de ces Psammites dans un mémoire sur la navigation du Kergout, mémoire rédigé en 1824, il dit que cette roche arénacée est, quand elle est en partie décomposée, (état sous lequel on peut seulement l'employer) de couleur jaune rougeâtre; assez tendre pour se pulvériser sous les doigts, elle durcit à l'air et au feu : ce qui permet d'en former des voûtes à la manière de la pierre calcaire pour en exécuter la cuisson. Ces Psammites, comme la plupart des roches employées comme mélanges, ont besoin d'être calcinées; ils donnent un ciment de qualité médiocre après dix heures de cuisson dans un four à chaux.

Leur composition est de;

Silice ———— 60, 80
Alumine ——— 15, 20
Oxide de fer —— 9, 00
Eau ———— 15, 00

la proportion de ces principes solubles dans l'acide hydro-chlorique est

Alumine ——— 5, 20
Oxide de fer —— 8, 80

le Mortier employé par M.ʳ Avril est composé de;

Chaux grasse mesurée en pâte obtenue par l'extinction ordinaire ——————— 1 partie

Psammite calciné et pulvérisé —— 3 parties.

Le temps de la prise a été de 17 jours. La tige d'épreuve s'est enfoncée de 10, 20 millimètres sur du mortier qui avait un an d'immersion.

En parlant des Arènes, nous avons déjà indiqué les principales propriétés des argiles employées pour la fabrication des Mortiers; nous parlerons plus tard de ces substances comme espèces minérales et comme propres à la fabrication des briques.

Les Argiles sont essentiellement composées de Silice et d'Alumine; souvent ces deux terres sont mélangées de Magnésie, de Carbonate de Chaux, de Oxide de fer, de substances végétales, &c. qui changent leurs propriétés; nous avons vu que celles qui contiennent le chaux en combinaison en qui on peut appeller sous ce rapport Argiles hydratées sont beaucoup plus favorables à la fabrication des Mortiers que les autres. Elles sont presque toujours attaquables par les acides, tandis que les Mortiers argileux y sont insolubles. Il est rare de se servir des Argiles comme elles sortent du sein de la terre; on les calcine ordinairement pour les transformer en Pouzzolanes artificielles, comme nous le dirons plus tard.

Du Ciment de Briques.

Les Briques pilées, connues plus particulièrement sous le nom de Ciment, produisent le même effet que les Argiles calcinées; seulement la calcination a été poussée trop loin, de sorte que souvent il y a eu un commencement de vitrification qui change quelquefois en une matière parfaitement inerte une Argile qui cuite à un certain degré aurait donné une bonne Pouzzolane.

Des Pouzzolanes naturelles.

On désigne sous ce nom des matières volcaniques pulvérulentes, produites en général par la désagrégation des roches volcaniques modernes et entraînées par les eaux. Les Terrains volcaniques brûlants et les Terrains volcaniques à cratères présentent également des couches assez puissantes de Pouzzolanes; souvent ces fragments forment de petites couches interposées entre les Coulées. On en voit de cette manière dans la plupart des Volcans brûlants en Italie et dans les volcans à cratère de l'Auvergne et du Vivarais. Cette position des Pouzzolanes n'est pas absolue; les fragments se trouvent fréquemment au pied des courants de lave, mais ils sont également dans ce cas le résultat de la destruction des laves: Outre ces fragments qui forment les Pouzzolanes proprement dites, on donne aussi ce nom aux fragments de laves que l'on obtient par le cassage. Ces substances étant très abondantes

près de Pouzzols, et celles qu'on a employées d'abord en
Italie provenant des environs de cette ville, elles ont
reçu le nom de Pouzzolanes.

Nature des Pouzzolanes.

Ces fragments volcaniques se présentent avec des
caractères extérieurs variés; ils sont cependant toujours
caverneux, scoriacés, portant l'empreinte du feu dont l'action
a été plus ou moins vive; âpres au toucher, durs, rayant
le verre, assez résistants au choc du marteau dont
souvent ils prennent l'empreinte: Leur couleur est
généralement le brun; ils passent au gris, au noir, au
jaune et même au rouge suivant la quantité d'oxide
de fer qu'ils contiennent. D'après la position que je
viens d'indiquer pour les Pouzzolanes, on voit que
quelquefois elles ont subi l'action du feu à plusieurs
reprises; qu'elles ont été altérées plus ou moins, soit
par cette action, soit par les décompositions naturelles
auxquelles ces roches ont été soumises: il est résulté
de ces altérations que les unes présentent une cohésion
plus intime entre tous leurs principes que les autres, et
que cette cohésion est plus ou moins difficile à vaincre
par les agents chimiques.

Les Pouzzolanes sont essentiellement composées
de Silice et d'Alumine combinées avec un peu de Chaux,
de Potasse, de Soude, de Magnésie et de Fer. Cette
dernière substance est en outre très fréquemment mélangée
mécaniquement aux Pouzzolanes.

Action des Acides.

Les Pouzzolanes se comportent très diversement
avec les Acides: Quelques-unes sont entièrement inattaquables par ces agents; d'autres au contraire y sont
solubles en partie; la proportion dissoute excède souvent
la moitié. L'Acide sulfurique concentré exerce une action plus
ou moins active sur la plupart des Pouzzolanes; leur surface se
couvre de sulfate d'Alumine due à la décomposition
de la pierre: Cette action qui se manifeste quelquefois assez promptement, est dans quelques cas plusieurs mois avant de
se développer.

Action de l'eau de chaux.

Mr Vicat annonce que les Pouzzolanes, à l'état
pulvérulent, mises dans de l'eau de chaux limpide, la
dépouillent plus ou moins; et qu'elles lui rendent toute
sa pureté quand elles sont en quantité suffisante.

Composition de différentes Pouzzolanes.

Pour faire connaître la nature des Pouzzolanes nous allons indiquer la composition de plusieurs.

1°. Analyse d'une Pouzzolane d'Italie très énergique, elle était très scoriacée et de couleur lie de vin ;

Silice	52,00
Alumine	16,00
Oxide de fer	15,00
Chaux	1,95
Potasse et soude	4,05
Eau	11,00

Cette Pouzzolane a été facilement attaquée par l'acide Hydro-chlorique, la partie dissoute par une ébullition assez prolongée, était composée de

Alumine	9,00
Oxide de fer	11,40

Une partie de la Silice était en gelée ; si on avait soumis la Pouzzolane à plusieurs reprises à l'action des acides, on aurait dissous probablement une plus grande proportion d'Alumine.

2°. Une Pouzzolane naturelle des volcans éteints d'Andernach sur les bords du Rhin, a donné la composition suivante

Silice	46,60
Alumine	20,60
Oxide de fer	12,00
Chaux	3,00
Potasse, soude	5,00
Eau	12,80

La partie soluble dans les acides a été

Alumine	12,20
Oxide de fer	5,60

Il faut que l'action de l'acide Hydro-chlorique ait été peu énergique pour que le fer n'ait pas été entièrement dissous, à moins qu'il ne fût mélangé à l'état de fer oxidulé.

Des Pouzzolanes artificielles.

On a donné ce nom aux substances qui, convenablement calcinées, sont susceptibles de donner des Mortiers par leur mélange avec de la chaux.

La plupart des substances que nous avons indiquées

telles que les Arènes, les sables, les Argiles, les Psammites, donnent des Pouzzolanes artificielles : il en est quelques autres que nous n'avons pas citées, telles que les Roches anciennes altérées, les Granites, les Gneiss, certains schistes argileux qui possèdent la propriété Pouzzolanique à un assez haut degré. Le schiste argileux de Hennequeville a été employé avec avantage dans les constructions du Port de Cherbourg ; il était luisant et ferrugineux. Pour que les roches soient susceptibles de donner une Pouzzolane artificielle, il faut qu'elles soient un peu décomposées, et qu'une partie du feldspath qu'elles contiennent, soit devenu soluble dans les acides. L'énergie de ces Pouzzolanes artificielles est d'autant plus grande qu'il y a plus de feldspath attaquable, résultat entièrement analogue à ce que nous avons vu pour les Arènes. Ces substances quoique composées principalement de silice et d'Alumine, ne se comportent pas toutes à beaucoup près de la même manière : les unes s'allient avec de la Chaux grasse, les autres avec de la chaux plus ou moins hydraulique ; parmi ces divers alliages, les uns résistent bien à l'air, aux intempéries des saisons ; les autres ne se maintiennent que par une immersion continuelle : d'autres au contraire perdent toute cohésion par le contact de l'eau.

Les Pouzzolanes artificielles se conduisent avec les acides et avec l'eau de chaux comme les Pouzzolanes naturelles. Cette action est augmentée par la calcination ; c'est à Mr Vicat qu'est due la démonstration de ce fait important : jusques alors on avait pensé que les argiles à l'état naturel sont plus facilement attaquables qu'après un degré de calcination quelconque ; erreur qui rendait tout-à-fait improbable une action chimique quelconque dans la solidification des mortiers.

La fabrication des Pouzzolanes artificielles se réduit presque toujours à une simple calcination ; mais elle doit être faite de manière :

1.º Que les matières acquièrent assez de consistance pour ne plus faire pâte avec l'eau.

Conditions de la fabrication des Pouzzolanes artificielles.

2°. Qu'elles atteignent le minimum de pesanteur spécifique.

3°. Qu'elles deviennent plus facilement attaquables par les agents chimiques.

On remplit ces conditions à l'aide d'une cuisson très modérée, et tellement dirigée d'ailleurs qu'il soit possible à l'air d'atteindre toutes les parties de la matière en incandescence. Des expériences directes faites par M. Raucourt de Charleville ont prouvé d'une manière incontestable que le contact de l'air avait une bonne influence sur la fabrication des Pouzzolanes artificielles. Quel est l'effet produit par ce contact? M. Raucourt a supposé qu'il y avait absorption d'oxigène, et que c'était à cette cause qu'était due la plus grande énergie. Rien ne vient appuyer la supposition de M. Raucourt, mais le fait est très certain.

M. Vicat a fait quelques expériences concluantes à ce sujet.

Il a calciné 100 parties d'argile des environs de Louviac (Lot) soit dans des vases clos, soit sur des plaques de fer.

La moyenne de six expériences sur des plaques de fer a été de 88p.968 : Dans ces six expériences deux ont duré cinq minutes, deux autres quinze minutes et les deux dernières trente minutes; les produits étaient:
89,825 ; 88,575 ; 88,500 .

On voit que le poids a diminué avec la calcination; ce qui tient sans doute à quelques particules aqueuses qui ont été plus difficiles à chasser.

Expériences qui prouvent l'avantage de la calcination à l'air libre.

Les légères différences que l'on remarque entre les poids des argiles calcinées en vase clos et à l'air libre prouvent que ces dernières n'ont fait aucune espèce d'absorption par la calcination; mais ce qu'il y a de remarquable, et que la théorie ne peut encore faire comprendre, c'est que les Argiles calcinées en vase clos ont cédé aux acides une proportion d'Alumine beaucoup plus faible que les Argiles calcinées à l'air libre.

Une Argile blanche de Louviac (Lot) mise dans l'Acide hydro-chlorique avant la calcination, n'a donné que $2^{pi},85$ d'alumine et après $12^{pi},40$.

Une Argile creuse du même Département a donné, avant la calcination, $6^{pi},04$ d'alumine, et après $17^{pi},40$.

En outre l'Argile calcinée en vase clos a perdu par une nouvelle calcination, après huit jours d'exposition à l'air, $\frac{2}{100}$; tandis que celle calcinée à l'air libre, a perdu $\frac{3}{100}$ dans les mêmes circonstances; d'où il semble naturel de conclure que les Argiles calcinées au contact de l'air jouissent d'une propriété d'absorption plus grande.

Ces argiles mélangées avec de la Chaux grasse en pâte, ont donné des mortiers dont je vais vous indiquer la résistance.

1.° Mortier composé de

Argile blanche cuite à l'air ______ 3 parties

Chaux grasse en pâte ______ 2 id

Il a fait prise en un jour et demi: après cinq mois d'immersion, la dureté mesurée par le choc d'une tige a été de ______ $3^{millim},25$

après un an de ______ 2 , 50

2.° Mortier composé de

Argile blanche calcinée en vase clos ______ 3 parties

Chaux grasse en pâte ______ 2 id

Il a fait prise en cinq jours: après cinq mois d'immersion, la tige s'est enfoncée de ______ $5^{millim},00$

après un an ______ 2 , 00

3.° Mortier composé de

Argile creuse cuite en poudre à l'air ______ 3 parties

Chaux grasse en pâte ______ 2 id

Il a fait prise en deux jours et demi: Après cinq mois d'immersion, la tige s'est enfoncée de ______ $3^{millim},00$

après un an ______ 2 , 00

4.° Mortier composé de

Argile creuse cuite en poudre en vase clos ______ 3 parties

Chaux grasse en pâte ______ 2 id

Il a fait prise en sept jours: après cinq mois d'immersion, la tige s'est enfoncée de ______ $4^{millim},00$

après un an ______ 1 , 700

D'après les expériences que nous venons de citer on voit que la calcination à l'air libre est la préférable; c'est également la plus facile. On peut employer plusieurs procédés pour effectuer cette calcination.

Moyens différens de calciner les Pouzzolanes artificielles.

« La première méthode et la meilleure consiste à pulvériser préalablement l'argile ou toute autre substance dont a fait choix: On l'étend ensuite en couches d'un centimètre au plus d'épaisseur sur une plaque de fer chauffée à un degré compris entre le rouge cerise et le rouge à étirer; on l'y laisse ensuite rougir au même point pendant un temps qui varie, suivant les matières, de 5 à 25 minutes: On a soin de remuer continuellement la poussière avec un petit ringard, afin que toutes les parties en soient bien uniformément calcinées: Les argiles ou Sammites ocreuses, d'un rouge brun ou orangé ou sanguin très prononcé, exigent un coup de feu plus élevé et plus longtemps soutenu que les autres; 20 minutes et une incandescence plus voisine du rouge à étirer que du rouge cerise, paraissent être les termes qui leur conviennent. Les tâtonnemens sont du reste très faciles, et fournissent la règle la plus sûre que l'on puisse donner. Le mode de cuisson que nous venons d'emprunter textuellement à l'ouvrage De Mr Vicat, n'a pas encore été appliqué en grand; il offre des difficultés. »

« La seconde Méthode consiste à rendre la matière extrêmement poreuse et perméable à l'air, si elle ne l'est pas déjà, et à la cuire ensuite à la manière de la brique; mais dans les régions les plus élevées des fours à chaux, là où la chaleur n'est jamais assez forte, non seulement pour vitrifier, mais même pour donner à la brique fusible le degré de cuisson exigé par le Commerce.

Moyen de rendre les Pouzzolanes poreuses.

« On rend la matière poreuse en la pétrifiant avec un égal volume de Sable Quartzeux; après quoi on la divise en pains ou prismes qu'on laisse sécher et durcir convenablement. Ce moyen convient surtout aux argiles fusibles et compactes; mais les Pouzzolanes ont l'inconvénient d'être sableuses. On pourrait l'éviter en substituant au sable des substances combustibles très divisées comme de la sciure de bois, de la paille hachée, &c.....

M. l'Inspecteur Général des Ponts et Chaussées Bruyère s'est beaucoup occupé des moyens de donner de la porosité aux Pouzzolanes artificielles; il a employé les différentes substances que nous venons d'indiquer; il a fait en outre des mélanges de chaux qui ont donné des résultats avantageux. M. de St Léger a répété ces expériences en grand; et il a reconnu que le mélange de trois parties d'argile en poudre avec une de chaux grasse en pâte était celui que l'on devait préférer. Les Pouzzolanes qui résultent de ce mélange, donnent par une cuisson modérée des ciments très actifs dont la prise se décide en quelques heures; mais ces mortiers ne parviennent dans la suite qu'à un médiocre degré de dureté.

Calcination ordinaire.

La troisième méthode qui est la seule employée, consiste à faire cuire, telle que la nature la donne, la matière que l'on veut transformer en pouzzolane: Il convient seulement de la réduire en fragments gros au plus comme un œuf, et de la tenir pendant quelque temps à un rouge obscur.

Les fours à chaux ordinaires suffisent pour cette opération simple: On pourrait aussi se servir avantageusement pour cet objet de la flamme qui sort du gueulard d'un haut fourneau.

Four de M. Pétot pour la fabrication des Pouzzolanes.

Nous citerons ici un four exécuté à Brest par M. Pétot, Ingénieur des Ponts et Chaussées; il est à réverbère, composé de deux parties distinctes, la cheminée et la sole; cette dernière est en briques placées de champ, et forme une voûte plate.

La cheminée est divisée en trois compartiments verticaux, séparés par un mur formé d'un rang de briques: le compartiment du milieu est destiné à recevoir le sable; les deux latéraux, à l'issue de la fumée: Une porte placée au haut de la cheminée, sert au chargement du fourneau; deux ouvertures faites sur la longueur de ce compartiment, servent à faire tomber le sable sur la sole; on l'y étend au moyen d'un ringard que l'on introduit par la porte qui sert à vider le four. Le sable sèche dans ce compartiment, il est calciné sur la sole, cette dernière opération dure 10 minutes: Le fourneau est entièrement fumivore; il ne sort aucune fumée par la cheminée. La matière que l'on calcine est un Greiss altéré: il est presque inerte avant la calcination; cette opération le rend moyennement énergique. Les argiles, de quelque nature qu'elles soient, donnent des pouzzolanes très énergiques par l'un des deux premiers procédés. Ces mêmes argiles réduites en poussière, et calcinées en vase clos, donneront encore des Pouzzolanes énergiques; mais les mortiers fabriqués avec elles, seront plus lents à la prise et plus susceptibles de s'altérer au contact de l'eau.

Les mêmes argiles, cuites en fragments, selon la troisième méthode, donneront une pouzzolane simplement énergique; mais si le feu est poussé jusqu'à une température capable de donner une forte cuisson à la brique, on n'aura qu'une pouzzolane peu énergique; et peut-être une matière complètement inerte, si à raison de la présence de quelques fondans, il y a un commencement de vitrification.

Les Arts nous fournissent plusieurs Pouzzolanes artificielles: Les premières sont les fragments de tuiles que j'ai déjà eu occasion de citer: Les cendres de tourbe et de houille fournissent fréquemment des pouzzolanes énergiques, quelquefois aussi entièrement inertes; Les laitiers de hauts fourneaux, les crasses de forges, &c...., sont ordinairement peu énergiques.

Le ciment particulier connu sous le nom de ciment d'eau forte, n'est autre chose qu'une combinaison d'argile et de potasse, résultant de la calcination de l'argile et du nitre. Ce ciment est très énergique mais d'un prix très élevé.

Nous venons de nous servir des mots énergiques, très énergiques, &c..... Ces mots n'ont pas besoin d'explication ; cependant M.ᵉ Vicat y a attaché une signification presque mathématique, en désignant par ces expressions des mortiers qui font prise en un certain nombre de jours : Il dit qu'une Pouzzolane est très énergique, quand, mêlée dans une certaine proportion avec de la chaux très grasse éteinte par le procédé ordinaire, elle produit un mortier capable,

» 1.° de faire corps du 1.ᵉʳ au 3.ᵉ jour » après l'immersion ;

» 2.° d'acquérir après un an la dureté » de la brique ;

» 3.° de donner une poussière sèche sous » la scie à ressort :

M.ʳ Vicat dit qu'une Pouzzolane est énergique, quand, mêlée dans une certaine proportion avec de la chaux très grasse éteinte par le procédé ordinaire, elle donne un mortier qui,

» 1.° fait prise du 4.ᵉ au 8.ᵉ jour ;

» 2.° Acquiert après un an d'immersion » la dureté de la pierre très tendre ;

» 3.° donne une poussière humide sous » la scie à ressort :

Une Pouzzolane peu énergique est celle qui, dans les mêmes circonstances, donne un mortier capable

» 1.° de faire prise du 10.ᵉ au 20.ᵉ jour ;

» 2.° d'acquérir, après un an d'immersion, » la dureté du savon ;

» 3.° d'empâter la scie :

Enfin les Pouzzolanes inertes sont les matières, qui, mises en proportion convenable avec de la chaux grasse en pâte, ne changent rien à la manière dont cette chaux immergée se comporte dans l'eau.

Exemples de Pouzzolanes différemment énergiques.

Nous allons citer quelques exemples de Pouzzolanes plus ou moins énergiques, en faisant connaître leur composition, leur manière de se comporter avec les acides, et la qualité des mortiers qu'elles ont produits.

Nous avons déjà indiqué, en parlant des Pouzzolanes naturelles, la composition d'une

Pouzzolane d'Italie, et celle d'une Pouzzolane d'Andernach; l'une et l'autre très énergiques. On a mélangé ces mortiers avec différentes proportions de chaux, et on a obtenu constamment de bons résultats. Nous allons faire connaître quelques unes de ces mélanges.

1° Avec la Pouzzolane d'Italie.

a — 2 parties de chaux grasse mesurée en pâte éteinte par le procédé ordinaire,

3 parties de Pouzzolane en poudre ont fait prise en 2 jours $\frac{1}{2}$: La dépression de la tige au bout d'un an d'immersion a été de $1^{\text{millim}}.85$.

b — Un mortier fait avec la même, dans les proportions suivantes;

1 partie chaux grasse,

3 parties Pouzzolanes,

a fait prise en 3 jours. La dépression de la tige au bout d'un an a été de $2^{\text{millim}}.10$: ce mortier éclate sous le marteau.

2° Avec la Pouzzolane d'Andernach.

Mortier composé de

2 parties chaux grasse

1 partie Pouzzolane en poudre a pris au bout de 8 jours; la tige au bout d'un an s'est enfoncée de $2^{\text{millim}}.26$.

Pouzzolane artificielle très énergique.

La Pouzzolane artificielle très énergique, produite par la calcination d'une argile plastique blanche est composée de

Silice ———— 61.00

Alumine —— 31.00 } 100

eau ———— 8.00 }

Cette argile calcinée étant attaquée par l'acide hydrochlorique, a donné 12.40 d'alumine

Le mortier fait avec cette pouzzolane, a été composé comme suit ;

2 parties chaux grasse,

2 parties Pouzzolane

a pris au bout de 2 jours $\frac{1}{2}$; la tige au bout d'un an s'est enfoncée de $2^{\text{millim}}.50$: Il éclate sous le marteau.

Substances énergiques

1° Argile ocreuse extraite par le lavage d'une arène du Périgord, composée de

dans la Dissolution pour dissoudre le sel qui est à
la surface. Il est parvenu à d'autres résultats
intéressans, il a reconnu la cause de la divergence
des opinions des constructeurs sur la qualité de cer
-taines pierres des environs de Paris: ainsi
dans la carrière de l'abbaye-au-val, il y a des
bancs semblables par leurs caractères extérieurs,
tantôt ils sont gélifs, tantôt ils ne le sont pas.
M. Vicat a fait des expériences sur ce
sujet: Il a fait varier le degré de saturation.
il saturait d'abord les dissolutions à chaud qui
en poids contenait plus de sel que d'eau de manière
qu'il se formait du sel même par le refroidisse-
-ment. Une suite d'expériences lui a prouvé que
cette dissolution concentrée ne pouvait être em-
-ployée car elle présentait comme très gélifs
des mortiers ayant subi sans altération les intem-
-péries de 80 hivers, l'eau avait en se jouant mul-
-tipliée de 12° de froid. Une seconde série d'ex-
-périence faite avec de l'eau saturée à froid
lui a fait preuve que celle-ci produisait même
d'effet que la gelée à 12°. Ensuite par plusieurs
séries d'expériences dans lesquelles il y avait
sur 1,00 d'eau, 1,00 ; 0,75 ; 0,50 ; 0,25 ; 0,10
de sel : Les accidents ont été proportionnels à
la quantité de sel, rien ne s'est manifesté dans
les deux dernières séries: La première et la
deuxième ont donné des résultats égaux, et la
troisième seulement a donné des résultats
variés en raison de la qualité des pierres, des
briques et des mortiers essayés. Il a remar-
-qué aussi que l'action de la dissolution du
sel diminuait beaucoup quand on n'y faisait
bouillir l'échantillon que 10 minutes, elle
augmentait en prolongeant l'ébullition pen-
-dant une heure.

6.ème Leçon.

Chaux sulfatée ou Pierre à Plâtre.

La Chaux Sulfatée est également bien caractérisée par son Analyse et par sa cristallisation.

Son Analyse donne

Acide sulfurique, .. 46
Chaux, ... 33 } 79
Eau, ... 21

Composition qui correspond à la formule

$$Ca\ddot{S} + 4Aq$$

Sa cristallisation dérive d'un prisme droit à base de parallélogramme obliquangle dont les angles sont de 113°8' et 66°52' et dont les hauteurs des cotés sont à peu près dans le rapport 32 : 12 : 13.

La chaux sulfatée se trouve en cristaux, en masses fibreuses, saccaroïdes, compactes et terreuses. Dans ces différents états cette substance affecte des gisements différents, ce qui nous engage à diviser sa description en cinq sous-espèces, savoir:

Chaux Sulfatée {
Lamelleuse,
fibreuse,
Saccaroïde,
Compacte,
Terreuse.

Toutefois ces Sous-espèces présentent des caractères communs. Dans l'un ou l'autre de ces états la chaux Sulfatée a peu de dureté, se laissant facilement rayer par l'ongle. Elle est infusible; au chalumeau elle s'effleurit et tombe en poussière; l'addition d'une petite quantité de chaux fluatée la rend fusible.

Elle est insoluble dans les acides, donne de l'eau par la calcination.

sa pesanteur spécifique est de 22, 60 à 23.

Chaux Sulfatée Lamelleuse.

Cette substance présente trois clivages ; celui qui s'opère suivant la base est très facile ; les deux autres suivant les faces latérales le sont moins et ne s'obtiennent pas d'une manière très nette.

Outre ces trois clivages bien déterminés qui conduisent à la forme primitive, il en existe un parallèle à la petite diagonale. Il y en a encore quelques autres perpendiculaires entre eux et dont on n'a pas reconnu la relation avec la forme primitive.

On rencontre très rarement la forme primitive, mais dans la plupart des cristaux la base existe.

La forme la plus habituelle est celle que Mr. Haüy a désigné sous le nom de Trapézienne ; c'est la forme primitive dans laquelle chacune des faces verticales est remplacée par un biseau indiqué par les lettres f et f' dans l'ouvrage de Mr. Haüy dont l'angle f f' est de 110,°36 ; L'angle des faces f sur la base est de 124,°41'. Il existe plusieurs variétés de cette forme qui diffèrent entre elles par l'angle plus ou moins obtus du biseau. Dans quelques cristaux les biseaux sont disposés de telle façon que si on tournait le cristal de manière que sa base fut verticale, on aurait un prisme à six faces surmonté d'un pointement à quatre faces.

Quelquefois les faces du biseau deviennent courbes, les arrêtes s'arrondissent et le cristal prend la forme lenticulaire ; il est assez fréquent que deux cristaux de cette forme s'accouplant suivant l'axe de la lentille qui est parallèle au grand côté de la base et forme un cristal, qui, lorsqu'il est coupé, présente

la forme d'un fer de lance; raison pour laquelle
Mr. Haüy l'a appelé forme en fer de lance;
c'est une véritable hémitropie.

Les cristaux de chaux sulfatée sont
plus variés qu'on ne vient de l'indiquer; mais
ils dérivent tous des deux formes dominantes
précédentes, c'est-à-dire, le prisme à quatre
faces trapézien dans lequel la base est horizontale,* la grande facilité du clivage suivant
la base, qui se reconnaît encore par le phénomène des anneaux colorés, suffit pour guider
dans les recherches de la position du cristal.

Les cristaux sont tantôt groupés, tantôt
accolés; plusieurs cristaux se surmontent; les
ouvriers désignent ces cristaux un si vieux sous
le nom de Gypse en à pieds d'alouette.

La base des cristaux de chaux sulfatée
est toujours très éclatante; les autres faces
le sont beaucoup moins; les clivages supplémentaires sont peu éclatants et les faces courbes sont mates. Il y a une sorte de régularité dans les faces mates; les faces éclatantes
sont toujours un peu nacrées.

Cette substance présente diverses couleurs:
les plus habituelles sont le blanc grisâtre, le
jaunâtre, le jaune de miel, le brun: souvent elle
est incolore. La chaux sulfatée est diaphane
et les rayons lumineux qui la traversent éprouvent la double réfraction. Les cristaux cassés
sont toujours au moins demi-diaphanes. Cette
substance est flexible mais non élastique et si
on courbe une lame elle ne revient pas à son
état primitif.

Quelques cristaux et notamment ceux
désignés sous le nom de pieds d'alouette
sont fétides.

Chaux sulfatée fibreuse.

2.me Sous-Espèce.

Se trouve en plaques minces, composées de

fibres ordinairement droites, quelquefois un peu contournées, dans quelques cas ces fibres sont isolées et forment comme de petits rameaux qui se replieraient vers la terre. Ces fibres sont plus ou moins fines et peuvent être considérées comme des prismes très alongés. La cassure est fibreuse, l'éclat soyeux est un peu miroitant suivant les fibres, quand elles sont un peu grosses. Cette chaux sulfatée est blanche, quelquefois bleuâtre; elle est translucide, mais non transparente.

3ème Sous-Espèce.

Chaux Sulfatée Saccaroïde.

Elle se trouve en masses et en couches très étendues; difficile à casser; elle prend l'empreinte du marteau. Sa cassure est unie, un peu inégale, quelquefois esquilleuse; parsemée de petits points scintillans: Dans quelques cas on y reconnait une aggrégation de petites masses lamelleuses et même cristallines qui se croisent dans tous les sens. Sa couleur la plus ordinaire est le blanc de neige, elle est employée alors dans les arts sous le nom d'albâtre; Elle est aussi fréquemment grisâtre, jaunâtre, rougeâtre, bleuâtre. Cette substance est translucide; très tendre elle se laisse rayer à l'ongle et couper au couteau.

Nous décrirons ici par Appendice, la <u>Chaux Sulfatée calcarifère</u>, pierre à plâtre des environs de Paris. Elle a l'apparence de la Chaux Sulfatée Saccaroïde mais sans avoir la même dureté, la même transparence, ni la même pureté de couleur. Si on la regarde avec soin, on voit qu'elle se compose de cristaux de Chaux Sulfatée empâtés dans la chaux carbonatée terreuse ou dans de la Marne.

Dans la pierre à plâtre des environs de Paris on trouve des nids de chaux sulfatée en petites paillettes d'un blanc éclatant: On les nomme pour cette raison Hétéromorphe: Elle est friable, on voit à la loupe qu'elle se compose de petits cristaux.

4ème Sous-Espèce. **Chaux Sulfatée Compacte.**

Elle se trouve en couches, en masses très étendues, quelquefois concrétionnée. Sa cassure présente des esquilles assez fines. Cette substance est complettement mate, excepté lorsqu'elle renferme quelques lamelles cristallines, elle se rapproche alors de la Saccaroïde. Les couleurs de cette variété sont le blanc sale, le gris de fumée, bleuâtre: Elle est moins translucide que les précédentes: quelquefois fétide.

5ème Sous-Espèce. **Chaux Sulfatée Terreuse.**

Friable, moins blanche que la Chaux sulfatée saccaroïde.

Les sous-Espèces qui se trouvent en couches, savoir: la Saccaroïde, la Compacte, la Grossière sont exploitées comme pierres à plâtre. La chaux carbonatée qui existe dans la grossière donne au plâtre une qualité supérieure, ce qui fait préférer celui de Paris pour les constructions. Quand on veut avoir des plâtres très purs pour le moulage, on emploie les cristaux.

La chaux sulfatée saccaroïde est exploitée comme Albâtre.

Cette substance est très rare dans les filons; cependant il en existe des cristaux dans la Mine de plomb de Pesey en Savoye.

On en a trouvé encore dans les Mines de Freyberg en Saxe et dans celle de Guanaxate en Amérique.

Les Géologues reconnaissent la présence du gypse dans un grand nombre de terrains

Pendant longtemps on a regardé le gyps saccaroïde des Alpes comme associé aux terrains primitifs. M.r Brochant a démontré que les terrains contenaient des fossiles et qu'ils devaient être regardés comme de transition. Il paraîtrait d'après des observations récentes qu'ils sont encore beaucoup plus modernes, et qu'ils appartiennent à certains terrains secondaires que l'on désigne sous le nom de calcaire à gryphites. Il s'en suivrait alors que l'existence du gyps dans les terrains anciens est fort douteuse. Cette substance se trouve en grande abondance dans les terrains secondaires.

La chaux sulfatée compacte se trouve aussi dans les terrains Secondaires anciens.

La chaux Sulfatée grossière appartient aux terrains plus modernes que la craie.

La chaux sulfatée fibreuse existe dans différents terrains; Elle y est disséminée en petites plaques, en petits amas, et en petits filons: Dans ce dernier cas elle est presque toujours au milieu de couches marneuses: Les fibres sont perpendiculaires aux parois des filons. Son gisement principal est dans la formation désignée en Géologie sous le nom de Marnes irisées, elle accompagne alors le Sel Gemme.

La chaux sulfatée fétide se rencontre dans les mêmes terrains que la chaux carbonatée fétide; elle se trouve aussi avec le Sel Gemme.

Les usages de la pierre à plâtre sont connus de tout le monde: On sait que le plâtre est employé dans les constructions et dans l'agriculture pour les prairies artificielles: On fait aussi les statues avec cette substance.

La Chaux sulfatée dans certains terrains renferme des Veines ou en petites masses en concrétionnées de la Chaux Anhydre Sulfatée.

Chaux Anhydro-Sulfatée
ou Anhydrite.

On appelle ainsi une combinaison d'acide sulfurique et de chaux sans eau. Les proportions de la combinaison sont :

Chaux, ... 42

Acide Sulfurique, ... 58

La formule correspondante est :

$$C'' a S''^2.$$

La cristallisation de cette substance dérive d'un prisme droit rectangulaire dans lequel le rapport des côtés est à peu près suivant les nombres 12 : 10 : 9. On obtient cette forme d'une manière très nette à l'aide du clivage qui est triple et également facile sur les trois faces. Il y a en outre deux clivages supplémentaires parallèles aux diagonales.

Cette substance raye la chaux carbonatée et à plus forte raison la chaux sulfatée. Elle s'altère très facilement à l'air en absorbant de l'eau, elle passe alors à l'état de chaux sulfatée ordinaire, elle devient plus tendre, mais elle conserve son clivage qui est alors très prononcé ; cette substance se fend alors parallèlement à ses joints naturels. Il paraît d'après les observations de Mr. Haidinger que ces fentes sont tapissées de petits cristaux de chaux sulfatée ordinaire. Dans cet état on l'appelle Chaux sulfatée Épigène.

La Chaux Anhydro-sulfatée forme trois sous-espèces suivant qu'elle se présente à l'état cristallin ou lamelleux, saccaroïde et compacte.

1. Chaux Anhydro-sulfatée Lamelleuse.

Se voit rarement. Ses formes dominantes sont le prisme droit à 4 faces applaties, d'où elle passe à une table rectangulaire, et à un prisme à huit faces par des troncatures sur les arêtes verticales. Il existe enfin une variété très compliquée indiquée par Mr. Haüy sous le nom de progressive et dans laquelle chaque angle du prisme à quatre faces est remplacé par trois faces dont les arêtes sont parallèles aux diagonales des faces latérales de la forme primitive.

Les masses lamellaires sont fendillées dans différens sens; la cassure présente des lames rectangulaires, elle est quelquefois rayonnée, ce qui tient à des cristaux croisés: La surface des lames est très éclatante.

Les couleurs sont le bleuâtre, le violet. Cette substance est rarement parfaitement diaphane, ordinairement translucide; elle jouit de la double refraction à un dégré très marqué; elle est très fragile à cause de tous les fendillemens. Sa pesanteur spécifique est 29,64. Elle ne s'exfolie ni ne se blanchit, au chalumeau elle ne se fond pas; elle prend seulement un vernis à la surface.

2. Chaux Anhydro-Sulfatée Saccaroïde.

La variété Saccaroïde est une réunion de petites parties lamelleuses croisées dans tous les sens, et sa structure est quelquefois écailleuse, la cassure en grand est saccaroïde, inégale en petit.

Sa couleur est d'un gris bleuâtre, jaunâtre, gris de fumée, il y en a d'un beau bleu indigo, et de couleur de chair.

3. Chaux Anhydro-Sulfatée Compacte.

Se trouve en masses et aussi en petites parties mamelonnées retiformes. Cette substance a

été appelé <u>Pierre de Tripes</u> à cause de cette
disposition. Mais on a trouvé aussi dans la
Bavière, dans le Tyrol des masses d'Anhydrite
compacte qui ne prés un peu cet aspect. Sa
cassure est esquilleuse, un peu concoïe, mate
et translucide sur les bords. Sa couleur est
un gris rougeâtre pâle; sa pesanteur spéci-
-fique est de 28 à 30, ce qui l'avait fait
prendre pour de la Baryte sulfatée.

Klapproth en l'analysant a reconnu
qu'elle contenait un peu de Muriate de soude;
on le voit quelquefois à l'œil. Elle se trouve
empatée en rognons, en petites masses dans
les Gypses des terrains où la Chaux anhydro
sulfatée forme des masses considérables; peut-
-être même, principalement dans les Alpes.
Les Mines de sel de Bex sont dans cette
roche. On en trouve aussi dans la Bavière;
dans le Tyrol, au Salzbourg, à Villisca
en Gallicie: et aussi dans l'intérieur de
l'Allemagne;

Du Quarz.

Cette substance une des plus abondantes
dans la nature et qui entre dans la composi-
-tion de la plus grande partie des roches an-
-ciennes est aussi une des plus faciles à recon-
-naître: Elle est caractérisée par son analyse
et par sa cristallisation.

Quand il est par le Quarz ne contient
que de la silice, et son signe est $\ddot{Si}$ qui
est celui de l'oxide de silicium.
Sa composition est:
Oxigène, ... 50
Silicium, ... 50
Sa cristallisation dérive d'un rhomboèdre
obtusangle les Angles sont de 94°15' et 85°45'.

Sa pesanteur spécifique est de 26 à 27.

C'est une des substances les plus dures, à l'exception toutefois des pierres désignées sous le nom de Gemmes. Le Quarz fait feu au bri-quet, est infusible à la plus haute température et n'éprouve aucune altération par l'effet de la chaleur.

Le Quarz très abondant dans la nature ne s'y trouve pas toujours cristallisé. souvent même on réunit à cette substance des minéraux dont les caractères extérieurs sont très différens, mais qui présentent la même composition, la dureté, l'infusibilité que le quarz.

Les Diverses manières d'être du quarz correspondent généralement à des gisements dif-férens; ces considérations jointes à la grande variation dans les caractères extérieurs nous conduisent à admettre neuf sous-Espèces.

Ici nous n'emploierons plus pour désigner ces sous-Espèces les noms de Quarz cristallisé, fi-breux, saccaroïde, &c... parceque ces diffé-rens modes de texture ne sont pas aussi prononc-cés dans le quarz que dans la chaux carbonatée ou dans la chaux sulfatée. Nous nous ser-virons de mots, quelques uns empruntés aux arts, d'autres à des caractères particuliers à ces sous-Espèces.

Nous les désignerons ainsi qu'il suit:

1°. Le Quarz Hyalin ou cristallisé.

2°. Le Quarz Compacte.

3°. Le Quarz Lydien, comprend la pierre de touche.

4°. Le Quarz Agathe, comprend l'Agathe, la Calcédoine, &c.

5°. Le Quarz Agathe grossier: Ce sont les variétés d'Agathe qui se trouvent dans les filons; ils remplacent quelquefois les Coquilles, les bois, &c.....

6°. Le Quarz Silex: La pierre à fusil et les Silex.

7°. Le Quarz Résinite comprend l'opale, le Pechstein infusible des Allemands.

8°. Le Quarz Jaspe.

9°. Le Quarz Terreux: On décrira sous ce nom le Quarz Nectique et celui que déposent les sources chaudes d'Islande, &c.....

Enfin on ajoutera par Appendice à ces neuf sous-Espèces, certains Tripolis composés principalement de Silice et les Grès.

1°. Quarz Hyalin.

M. Hauy a désigné cette sous-Espèce sous ce nom à cause de sa diaphaneité: Il comprend tous les Quarz cristallisés: Il est presque toujours très diaphane, souvent incolore ou peu coloré: Son éclat est vif, gras et vitreux.

La forme primitive est le Rhomboëdre sous l'angle de 94°15'. Cette forme est très rare dans la nature: Ces cristaux présentent rarement des clivages ils sont parallèles aux faces du Rhomboëdre primitif; On peut les rendre plus sensibles en faisant rougir le cristal et en le plongeant dans une dissolution colorée; Le cristal se fend alors principalement suivant les faces du clivage.

La forme la plus habituelle est celle d'un prisme à six faces régulier terminé par un pointement à six faces, dont trois faces appartiennent à un Rhomboëdre primitif et trois autres à un Rhomboëdre tangent. Souvent trois de ces faces sont dominantes et ce sont celles de la forme primitive. Le prisme est quelquefois applati dans un sens, souvent aussi il disparait presqu'entièrement et les deux pointements se rejoignant les cristaux présentent la forme de deux pyramides hexagonales opposées base à base.

Il existe assez fréquemment une troncature

... les angles communs au prisme et à la py-
-ramide disposée de manière à donner un rhombe.
Quelquefois il y a une troncature inclinée sur
trois angles : c'est la variété plagièdre de
Mr. Hauÿ.

Cette variété se trouve combinée avec la
précédente appelée rhombifère. Quelquefois
même il y a trois facettes sur chaque angle de la
base. Dans une autre variété les arêtes de
jonction entre la pyramide et le prisme sont —
tronquées.

Mr. Hauÿ a observé des cristaux portant
six troncatures sur les arêtes de la pyramide et
une horizontale au sommet.

Il arrive aussi, que le prisme devient aigu;
cette modification est due plutôt à l'état des surfaces qu'à la cristallisation.

Les cristaux sont réunis en Drusse, plus ou
moins serrés : quelquefois ils sont amoncelés
les uns sur les autres, ce qui donne à la masse
quarzeuse un aspect grenu. Souvent les cris-
-taux de quarz sont implantés sur une roche
enfin dans quelques cas ou les trouve isolés
dans des masses très tendres comme le gypse et
l'argile, et dont on peut facilement les
extraire.

Ces cristaux présentent des stries horizon-
-tales distantes de 1 à 2 millimètres. On
reconnait facilement un miroitement entre ces
stries, ce qui indique une tendance de la nature
à produire tantôt une face du prisme et tantôt une
face de la pyramide. Ces stries sont utiles pour
reconnaître les cristaux qui sont applatis.

Les masses sont quelquefois rayonnées.
On observe dans l'intérieur des cristaux des
glaces qui reflechissent la lumière, elles sont
ordinairement placées parallèlement au clivage.
Certains cristaux présentent des cavités inté-
-rieures qui diminuent la transparence; souvent
elles sont en partie remplies de liquide et d'air,

on les a appelés _Aéroïdes_. On a cru pendant longtemps que ce liquide était de l'eau : Mais le Dᵗ Brousta a reconnu que c'est un liquide beaucoup plus dilatable que l'eau.

Enfin quelques cristaux contiennent dans leur intérieur d'autres substances, telles que le Titane oxidé, Zinc oxidé, la Chlorite, le fer sulfuré, Baryte sulfatée, la Topaze &c....

La cassure des cristaux est presque constamment conchoïde et ondulée, très rarement lamellense et parallèlement aux faces de la pyramide : La cassure des masses est tantôt un peu granuleuse, tantôt un peu rayonnée.

Les Cristaux sont souvent incolores ; lorsqu'ils sont colorés, ils prennent alors différens noms : Ils sont blanchâtres, laiteux, rougeâtres, violets (l'Améthyste), bleus (le saphir d'eau), jaunes (la Topaze de Bohème), gris de fumée (la Topaze enfumée), rouges de sang (l'Hyacinthe de Compostel), rouge jaunâtre (l'Eisenkiesel des Allemands) vert coloré par le Chrôme (la Prase).

On trouve aussi des Quarz présentant des couleurs variées et parsemés de petits points brillants dus à des Mica : On les appelle _Aventurine_.

Les faces des cristaux sont généralement éclatantes, excepté les petites facettes, surtout celles de la variété plagiaire.

Le Quarz hyalin fait subir à la lumière la double réfraction quand elle traverse deux faces de la pyramide ou une face de la pyramide et une du prisme : Ce minéral raye le verre, mais non le Grenat ni le Corindon ; il se casse facilement. Quand on le frotte il exhale quelquefois une odeur empyreumatique ; tel est celui qu'on trouve en Bretagne et dans le Limousin. Il est quelquefois phosphorescent. Mᵗ Vauquelin a remarqué que sa poussière verdit le sirop de violette.

Les variétés diaphanes présentant de belles couleurs sont taillées pour bijoux, celles incolores ont été employées comme vases de luxe. On peut facilement reconnaître les vases faits en <u>Cristal de Roche</u> par le froid qu'ils produisent sur la main. A la loupe on peut les distinguer du verre parce qu'elles présentent des glaces et le verre des bulles.

On a fait, dans la Lunette de Rochon un emploi très important de la propriété de la double réfraction dont jouit le Quarz hyalin.

Le Quartz hyalin tapisse la cavité des filons, quelquefois les remplit en totalité; il se trouve aussi en petites veines dans les terrains primitifs.

Il forme une partie essentielle de beaucoup de roches, il existe dans les Granites, les Granites graphitiques, les schistes micacés &c. et les Grès.

2°. Quarz Compacte.

On appelle ainsi une variété de Quarz faiblement translucide, n'offrant point d'éclat dans la cassure excepté dans les passages qui le rapprochent du Quarz hyalin. Il forme des masses très étendues, des couches prononcées et des veines: On en trouve dans les Alpes: Le Fond St Bernard en est en partie composé.

La Cassure est esquilleuse, à petites esquilles mal terminées; quelquefois elle est schisteuse ce qui tient à du Mica.

Il est très fréquent de voir cette roche se casser en fragments pseudo-réguliers; Elle se casse plus difficilement que le Quarz hyalin, que l'Agathe et même un peu plus que l'Agathe grossière et le Quarz Lydien.

Les bords sont translucides; la couleur est un gris blanchâtre; Quelques variétés sont noirâtres, ce qui est dû à du Graphite mélangé.

M.r de Saussure a d'abord confondu cette substance avec les Grès, puis enfin l'a décrite comme Quarz Compacte.

Cette variété de Quarz existe en couches très abondantes dans les terrains de transition et dans les terrains primitifs voisins des terrains de transition.

D'après de nouvelles recherches géologiques fort importantes, il paraitrait que ceux des Alpes doivent être rangés dans les terrains secondaires.

3°. Quarz Lydien ou Pierre de Lydie

Kieselschiefer, connu dans les arts sous le nom de pierre de touche.

Se trouve en masses plus ou moins considérables, et en rognons empâtés dans d'autres roches, le plus souvent il est traversé d'une grande quantité de filons blancs: Il est en général difficile à casser; sa cassure est mate et unie, ce n'est qu'à la loupe qu'on y découvre un grand nombre de petites aspérités; Elle est quelquefois schisteuse: Ce Quarz est opaque ou seulement translucide. Sa couleur est le noir foncé; il devient blanc au chalumeau ce qui fait présumer qu'il contient un peu de carbone.

La pierre de touche est un morceau de Quarz Lydien scié, poli à moitié de manière qu'un fragment d'or qu'on frotte dessus s'y use et y laisse une empreinte.

Cette variété de Quarz forme des couches dans les terrains de transition, mais il y existe plus ordinairement en rognons tuberculeux, comme la pierre à fusil, dans la Craie.

4°. Quarz Agathe.

Cette sous-Espèce comprend les Quarz

concrétionnés, présentant des couches parallèles
ou concentriques; ils sont souvent rubannés,
leur couleur assez pure, et presque toujours
nuageuse; Ils sont ordinairement translucides,
leur cassure est mate, esquilleuse: Elle forme
souvent des noyaux dans certaines roches. Quelquefois en filons, rarement disséminés.

On trouve de l'Agathe en cristaux rhom-
boëdriques, mais on présume que ce sont des
pseudo-cristaux.

Enfin il y a des Pseudo-cristaux d'Agathe.

Les Rognons d'Agathe sont composés de
couches concentriques qui se séparent difficilement. Quelquefois ils sont creux, ils sont
alors tapissés de cristaux de Quarz hyalin.

Lorsque les Agathes présentent des couches
de couleur foncée, sur des couches claires on les
désigne sous le nom d'Onix. Cette variété
d'Agathe était jadis fort employée pour faire
des Camées: On taille la figure en relief
dans une des couches claire, qui se détachait
alors sur une autre couche foncée qui servait de
fond au Camée: On donne aux Agathes des
noms différens suivant leurs couleurs.

Le gris perle, le bleuâtre, le verdâtre se
nomme Calcédoine.

Le rouge de sang, le jaunâtre se nomme
Cornaline.

Le rouge jaunâtre, plus ou moins foncé
est la Sardoine.

Le blanc clair est la Saphirine.

Une variété qui paraît coloriée par le
Nickel se nomme Crisoprase.

Une autre verte tachetée de rouge s'ap-
pele Héliotrope, ou Jaspe sanguin.

Une autre variété verte plus translucide
se nomme Plasma; elle paraît être un
passage du Quarz Agathe au Quarz silex.

Les Agathes rubannées concentriques
existent en rognons dans les Amygdaloïdes. Cette

qui présentent des couleurs uniformes proviennent principalement des filons et des veines;
Les Agathes herborisées, paraissent dues à
des filtrations ferrugineuses ou de Manganèse;
quelques Naturalistes pensent qu'elles doivent
cette disposition à la présence de plantes.

Les Cornalines et les Sardoines viennent
de l'Égypte et de l'Asie Mineure; Elles
sont en morceaux dans les sables et paraissent
provenir de la Destruction de roches amygdaloïdes.

5°. Quarz Néopètre, ou Agathe Grossière (Hornstein infusible des Allemands).

Cette sous-Espèce contient des Quarz
qui ne sont pas ordinairement concrétionnés;
Sa cassure est esquilleuse, quelquefois concoïde;
elle est translucide sur les bords.

Elle se trouve dans les filons, souvent
la forme de Pseudo-cristaux; Me renferme
quelquefois des corps organisés.

Cette espèce présente par des couches
concentriques comme l'Agathe; elle est plus
difficile à casser; Les esquilles sont plus
fines que dans l'Agathe; Ses couleurs sont
le gris, jaunâtre, verdâtre, rougeâtre.

Cette Sous-Espèce passe au Quarz Agathe
par la variété esquilleuse et au résinite par
la variété concoïde.

6°. Quarz Silex.

Est connu sous le nom de Pierre à fusil,
comprend tous les Quarz qui ont une apparence de concrétion, non rubanné; il est
tantôt compacte, tantôt carrié; Il a une
cassure concoïde, translucide sur les bords;
d'une couleur sale, jaunâtre, gris brunâtre
noirâtre.

La variété compacte est en rognons irréguliers, aplatis dans un sens, quelquefois en pseudo-cristaux, et aussi en tubercules ramifiés dans divers sens. On y trouve des coquilles marines moulées.

Le Quartz silex carié se trouve plus souvent en filons, en couches non continues, mélangées de coquillage d'eau douce. La surface de la cassure est mate ou avec un léger éclat. Il y a des variétés qui prennent un peu plus d'éclat et passent au Quartz résinite.

Cette substance se trouve dans beaucoup de terrains postérieurs au Calcaire du Jura, on en trouve en rognons dans le calcaire; le véritable silex menu est dans la craie. Ces tubercules siliceux sont disposés comme par couches mais sans continuité.

Le pôle se nomme aux environs de Paris sous le nom de Meulière et qui est employé avec beaucoup d'avantages dans les constructions est un Quartz silex carié. Elle se trouve dans le terrain d'eau douce supérieur.

7.º Quarz Résinite.

Se distingue des autres sous-espèces par une plus grande légèreté et par une certaine quantité d'eau que l'on a toujours trouvé par l'analyse.

L'Opale Noble qui fait partie de cette sous-espèce contient 10 pour 100 d'eau, L'Opale commune 5 pour 100, L'Opale de feu du Mexique 7 ½ et le Ménilite 11 d'eau.

L'Opale noble pèse 21; L'opale commune 21,15; le Cacholon Résinite blanc de 20 à 21.

Sa cassure est concoïde, lisse, quelquefois ondulée ou schisteuse dans le sens des couches du terrain où il se trouve comme la Ménilite.

Plus facile à casser que les autres espèces

De Quarz, il est plus translucide que l'Aga-
-the mais toujours nuageux, rarement demi-
-diaphane.

Il y a des variétés qui plongées dans l'eau
deviennent diaphanes; on les a appelées Hy-
-drophanes.

Le Quarz Résinite est toujours assez
éclatant; cependant il arrive quelque fois que
près de l'extérieur des rognons l'éclat dispa-
-raît; ce qui paraît tenir à une décomposition
de la surface, décomposition qui a lieu aussi
dans le silex. L'éclat est entre vitreux
et résineux.

La couleur habituelle est le blanc laiteux,
comme les opales; elle présente en outre des
reflets très variés et très vifs; bleuâtre, rou-
-geâtre, grisâtre, vert et jaune d'or, dus à
des petites fentes qui la traversent dans
tous les sens.

L'opale commune a les mêmes couleurs
mais moins vives.

L'opale couleur de feu du Mexique
est jaune de vin, rouge hyacinthe.

La demi-opale moins translucide que
les variétés précédentes, présente des teintes
brunes, grisâtres, jaunâtres.

La Ménilite est d'un brun foncé, gris
de fumée, peu translucide et peu éclatante.

Les variétés maties et l'hydrophane hap-
-pent à la langue dans la cassure.

Le Quarz Résinite se trouve

1.º En veines, en petits filons contempo-
-rains aux roches qui sont des porphyres ar-
-gileux, peut-être volcaniques; c'est le
gisement de l'opale noble.

2.º Dans la décomposition des terrains de
serpentine, où trouve des fentes remplies d'une
substance qui est de la magnésie carbonatée
et du quarz résinite, souvent hydrophane.

3.º Dans de véritables filons, en sorte

et en Bretagne.

4°. Avec le silex dans le terrain de calcaire siliceux dans les environs de Paris à Champigny; il y a des silex qui passent tantôt à l'Agathe, tantôt au Quarz résinite.

5°. En rognons dans la Marne Gypseuse aux environs de Paris, c'est le Ménilite.

6°. En Stalactites et en couches superficielles dans des fentes comme l'hyalite et la fiorite à Santa Fiora.

Les demi-opales en bois passés à l'état de Quarz résinite se trouvent dans un terrain d'alluvion; En Hongrie et en Transylvanie.

L'opale couleur de feu vient de Zomapam au Mexique; Elle existe dans un filon qui traverse une roche feldspathique; cette même roche renferme des noyaux qui ont la structure concentrique et paraît volcanique: Ces noyaux ont cela de remarquable que leur centre est un grain de sable.

8°. Quarz Jaspe.

Cette sous-Espèce comprend les Quartz très mats ou faiblement luisants, entièrement opaques dans la cassure concoïde, passe à la cassure unie et même terreuse.

Le Jaspe est plus difficile à casser que l'Agathe et le Silex, aussi difficile que le Néopètre.

Les couleurs sont très foncées, souvent elles sont mélangées, le Jaspe est alors tacheté, flambé ou rubanné foncé: Les plus ordinaires sont le rouge, le vert et le jaune; Le noir est rare, le bleu encore plus.

Quelquefois le Jaspe est un peu schisteux, c'est la variété rubanée; il se sépare alors suivant ces bandes.

La pesanteur spécifique est à peu près

la même que celle de l'Agathe.

Le Jaspe est employé dans la bijouterie.

Cette substance se trouve le plus ordinai-
-rement en filons; on en cite dans des ter-
-rains de toute espèce excepté dans les terrains
secondaires et dans les terrains Basaltiques.
En Saxe il paraît former des couches: Il
appartient à la variété rubannée; il paraît
provenir de filtrations siliceuses dans la
Marne.

Le Jaspe d'Egypte se trouve en ro-
-gnons dans la haute Egypte; quelques
personnes croient qu'il y fait partie de roches
Amygdaloïdes à cause de sa structure con-
-centrique. En Sicile il y a beaucoup de Jaspe
en filons.

En France on trouve du Jaspe dans des ter-
-rains de Grès qui paraissent à peu près de
l'âge du Grès bigarré.

Dans plusieurs ouvrages on parle de
Jaspe porcelaine ou Porcelanite: On les trouve
dans les Houillères embrasées et sont le ré-
-sultat de la vitrification des Argiles qui
sont dans les terrains houillers.

9°. Quarz Terreux.

Le Quarz Terreux comprend les substances
qui se réduisent en une poussière très fine et
presqu'impalpable et que l'analyse indique être
de la Silice.

Les Silex sont souvent enveloppés d'une
couche de Quarz Terreux, plus ou moins
épaisse: Quelquefois même, ils paraissent être
entièrement à cet état, qui est peut être le ré-
-sultat de la décomposition: Il est très lé-
-ger et surnage sur l'eau, propriété qui lui
a fait donner le nom de Quarz Nectique.

Cette variété de Quarz forme aussi des
croutes autour de certains Quarz résinites;

Il est difficile à casser, reçoit l'empreinte du mar-
-teau ; Sa cassure terreuse, est opaque, mate ;
tendre, il se laisse entamer par l'ongle.

Cette substance absorbe l'eau avec avidité
en bruissant. Sa couleur est le gris blanchâtre
sale. Se trouve principalement aux environs
de Paris. À S.t Ouen, il existe une seconde
variété de Quarz terreux que l'on désigne
principalement sous le nom de Quarz ther-
-mogène. Il est déposé par les sources chau-
-des du Geisser en Islande. Il forme des mas-
-ses superficielles un peu concretionnées, testa-
-cées ; Sa cassure terreuse est opaque et mate ;
il est d'un blanc de neige, jaunâtre ou grisâtre ;
déposé sur les parois des bassins d'où l'eau
————— sort bouillante ; il est probable que c'est
à la haute température de l'eau, à la présence de
l'Alcali qu'elle contient et à la forte compres-
-sion qu'elle éprouve pour sortir de la terre
qui est due la dissolution de la silice.

Appendice.

Des Tripolis.

On emploie dans les Arts des substances as-
-sez différentes sous le nom de Tripolis. La
plupart d'entr'elles sont composées de 88 à 90
pour % de silice, ce qui nous engage à les réu-
-nir à la suite du Quarz. Ces substances sont
friables, mais leur poussière est dure ; ce qui fait
qu'elles peuvent servir au polissage.

Elles sont souvent schisteuses ; leur cassure est
terreuse, mate et schisteuse. Sa couleur est le
gris, gris de perle cendré, jaunâtre, rougeâtre ;
dans ce dernier cas elle contient un peu d'oxide de
fer : Très friables, entamées par l'ongle, rudes
au toucher ne font point pâte avec l'eau.

Les Tripolis se trouvent en couches. Ils

appartiennent en général aux terrains d'allu-
-vion. Ils sont produits par le dépôt des
particules les plus fines que les eaux te-
-naient en suspension, les parties grossières
ayant été déposées d'abord.

Il en existe dans le voisinage des volcans
en Auvergne et en Bohème. On en connaît
aussi dans plusieurs autres terrains. notam-
-ment dans les terrains houillers, dans les
terrains de Grès en Bretagne &c.

On en apporte de Venise qui est fort es-
-timé, il contient des tubes cylindriques.
Il en vient de Voltera en Toscane. il
accompagne la Calcédoine et peut comme le
Quarz Nectique être le résultat de la dé-
-composition.

Nous ajoutons à la suite du Quarz
quelques mots sur les grès quoiqu'on ne puis-
-se pas les regarder comme une substance
minérale. Ils sont le résultat de la réu-
-nion de galets ou fragments de Quarz et
d'un ciment siliceux, calcaire ou argileux.

La dureté varie suivant l'espèce du ciment
il y a des grès très durs; d'autres friables.
La cassure est unie; tantôt mate; tantôt
brillante.

Il y a une variété qui donne des frag-
-ments concoïdes de forme conique, elle est
légèrement luisante: On l'appelle, Grès
lustré.

Des Grès.

7ème Leçon.

Feldspath.

Cette substance, une des plus abondantes
de la nature, est caractérisée par son analyse
et par sa cristallisation. Des analyses faites
déjà depuis longtemps avaient indiqué que

quelques échantillons de cette espèce contenaient
de la soude tandis que d'autres contenaient de
la potasse. Cette différence dans la compo-
-sition fit penser à Monsieur Gustave Rose
qu'il y avait peut être deux espèces confondues
en une seule. Il reconnut bientôt en effet que
les cristaux à base de soude présentaient des an-
-gles différents de ceux des cristaux à base de
potasse. Cette différence dans la forme et
dans la composition des minéraux désignés
sous le nom de feldspath le conduisit à les
diviser en deux espèces distinctes. Il a con-
-servé le nom de feldspath à la première,
et il a donné à la seconde celui d'Albite,
qui appartenait déjà à une substance la-
-mellaire contenant de la soude et se rap-
-prochant du feldspath par beaucoup de ses
caractères extérieurs. On a reconnu postérieu-
-rement au travail de Mr. Rose qu'outre
l'Albite on devait encore séparer du feld-
-path plusieurs espèces qui ont été décrites
sous les noms de Périkline, Labradorite
et Anorthite. Les caractères de toutes ces
substances étant les mêmes à l'exception
des formes cristallines qui présentent quelques
différences, nous décrirons d'abord le feldspath,
et nous ajouterons à la suite quelques
mots sur l'Albite, et les angles qui carac-
-térisent les trois autres substances.

On a réuni au feldspath des substances
compactes et terreuses d'après des rapports
plus ou moins bien établis sur les bases
suivantes:

1.° D'après le passage au feldspath
cristallisé, soit dans les échantillons, soit
dans la nature dans une même couche.

2.° D'après la fusibilité en émail blanc
propre au feldspath cristallisé. Les subs-
-tances qui présentent ce caractère sont comme
le feldspath très abondantes dans la nature.

La dureté et la pesanteur spécifique
de ces substances sont à peu près les mêmes.
On voit que ces rapprochements sont quelquefois certains mais d'autres fois fondés sur
des présomptions.
D'après cela, après avoir formé une sous-
-espèce de feldspath lamelleux, nous en ferons deux autres comprenant des minéraux
compactes et terreux qui sont évidemment du
feldspath. Nous ajouterons ensuite par appendice trois autres substances compac-
-tes ou terreuses qui sont plus ou moins
probablement du feldspath. Enfin nous
y joindrons par appendice encore deux
substances qui paraissent être le produit
de l'action du feu volcanique sur le feldspath.
Cette espèce contiendra donc trois sous-
-espèces:

feldspath lamelleux, feldspath compacte, feldspath terreux.
1er Appendice. feldspath résinite, ou
Pechstein, feldspath sonore ou Phonolite
et feldspath tenace ou Jade.
2eme Appendice; Obsidienne, Ponce.

Feldspath Lamelleux.

Il se trouve le plus souvent en grains cris-
-tallins, quelquefois en cristaux et en masses
laminaires. Lorsqu'il est pur et bien cris-
-tallisée, il contient moyennement:

Silice	65.94	33 oxig	12
Alumine	17.75	8.29	3
Potasse	16.31	2.76	1

l'Albite contient:

Silice	69.78	12
Alumine	18.79	3
Soude	11.43	1

La formule du feldspath est après cela
$$KS^3 + \bar{S}AS^3.$$

Le système cristallin dérive d'après M.
Haüy d'un prisme obliquangle à base obli-
-que reposant sur une arête. L'angle entre
les faces est d'environ 120° et 60°, et l'inclinai-
-son de la base sur les faces latérales est de
112° et 68°. Il présente trois clivages dont
deux sont perpendiculaires entr'eux: le 3.ᵉᵐᵉ
est oblique sur les deux autres: les clivages
sont très faciles.

M. Rose, qui, ainsi que je l'ai
dit ci-dessus, a reconnu que le feldspath
renfermait plusieurs espèces, a adopté pour
forme primitive le prisme Rhomboïdal obli-
-que dans lequel la base repose sur l'arête
aiguë du prisme. L'angle du prisme
est de 120° 21', les angles de la base sur les
faces latérales sont de 90° et 112° 14'.

La forme dominante la plus ordinaire
est le prisme à six faces à base oblique
dans lequel une face est perpendiculaire
sur la base. On trouve aussi fréquem-
-ment un prisme Rhomboïdal le même
que le précédent dans lequel la petite
face l disparaît.

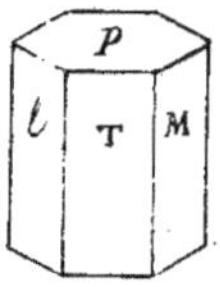

Le prisme à six faces est rarement
terminé par un plan: il est ordinairement
surmonté d'un biseau composé de la face
de la base, et d'une seconde face tantôt
plus tantôt moins incliné à l'axe; il y en
a deux désignées par x et par y par M.
Haüy qui sont également habituelles.
L'une d'elles, y est presque perpendiculaire
sur la face P; il s'en suit que si l'on sup-
-pose le biseau prolongé et qu'on retourne
le cristal, on a un prisme rectangulaire droit
qui est la troisième forme dominante.

Enfin une quatrième forme dominante
est une table rhomboïdale formée par la ré-
-union des biseaux P et x qui en se rappro-
-chant font disparaître le prisme. Dans cette

forme, l'axe de la forme primitive n'est plus verticale.

Outre ces formes dominantes, le feldspath présente beaucoup de modifications; mais elles se déduisent facilement des quatre formes dominantes que je viens d'indiquer.

Enfin les cristaux de feldspath offrent des groupements, ou pour me servir de l'expression de Mr. Haüy hémitropies. Il y en a trois principales. l'une parallèle à la la face M du prisme, l'autre parallèle à la face P que nous avons prise pour base, enfin la troisième parallèle à un plan diagonale.

La première hémitropie est la plus remarquable la face P étant perpendiculaire sur la face M, le cristal n'a pas d'angles rentrans seulement on voit une ligne qui divise la face en deux, et les clivages viennent aboutir à cette ligne et se présentent comme dans la figure ci-jointe.

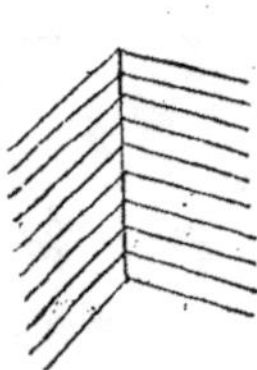

Lorsque l'hémitropie parallèle à la base existe dans les cristaux, où le biseau y a pris beaucoup d'extension et l'a transformé en un prisme rectangulaire droit, il y a un angle saillant d'un coté et un angle rentrant de l'autre, les cristaux de Baveno appartiennent souvent à cette variété.

La cassure de cristaux de feldspath est lamelleuse : L'éclat assez vif est souvent nacré; un peu chatoyant.

La transparence varie beaucoup; il y a des cristaux entièrement diaphanes, comme au St Gothard, tandis que ceux de Baveno sont opaques.

La couleur du feldspath lamelleux varie peu : Elle est en général fort claire. Les principales teintes sont le gris clair, le gris rougeâtre; il y en a d'un beau vert; les échantillons de cette dernière couleur provi-

Cordillière.

Le feldspath quoique dur ne raye pas le
quarz, mais il raye le verre.

Sa pesanteur spécifique est 25 ou 26;
Il est fusible au chalumeau en émail blanc.
Le feldspath lamelleux se trouve dans un
grand nombre de terrains: Il forme une partie
constituante essentielle du granite. Il existe
également dans le gneiss et la syénite. Les
Grünstein en sont également composés en partie.
Il forme la base de la plupart des Porphyres,
quelques-uns même sont entièrement composés
de cette substance, la pâte étant de feldspath
compacte et les cristaux de feldspath lamelleux.
Associé avec le quarz il constitue des amas
désignés sous le nom de Granite Graphique. On
le trouve aussi fréquemment dans plusieurs roches
volcaniques, comme au Mont-D'Or: Il existe
même, mais très rarement, dans du Calcaire:
Ce calcaire est analogue à celui du Jura, et
postérieur à celui de transition.

Les cristaux viennent principalement
du Dauphiné, du Lac Majeur, du Mont d'or,
de Sibérie, de Norwège.

Feldspath Terreux.

Ce feldspath porte aussi le nom de Terre
à porcelaine, tantôt friable, tantôt terreux:
Sa couleur est ordinairement le blanc, le blanc
jaunâtre, rougeâtre; Doux au toucher, il happe
à la langue: Il fait pâte avec l'eau, il
est infusible au chalumeau et ne contient
pas de potasse.

Cette sous-espèce se trouve dans des amas
fréquens dans les terrains primitifs. On y voit
des masses terreuses tout à fait solides pas-
-ser à des compactes, ou à des masses qui ont le
clivage, et sont lamelleuses; circonstance qui
annonce avec certitude que la partie terreuse

Doit être associé au feldspath: Il est probable qu'elle est le résultat de la décomposition du feldspath; quelques personnes pensent qu'il a été déposé ainsi: Mais il existe en outre du feldspath passé à l'état terreux; c'est le feldspath qui se trouve dans les granites dé-composés; le feldspath y est à l'état terreux, blanc jaunâtre, il forme des couches.

Feldspath Compacte.

Se nomme aussi Petro silex. Ce feld-spath se trouvant à l'état compacte ne peut bien se distinguer que par sa fusibilité et par ses cassures. Il y en a qui ont la cassure Cé-roïde, d'autres Conchoïde ce qui a fait diviser le feldspath compacte en deux classes.

Le feldspath Compacte Céroïde a la cas-sure esquilleuse, les esquilles mal terminées; il est translucide sur les bords, quelque fois la masse l'est entièrement, il n'a aucun éclat, il raye le verre: Sa couleur est le gris rou-geâtre ou verdâtre, quelques variétés sont bleuâtres plus difficiles à casser que la va-riété suivante.

Le feldspath Compacte Conchoïde a une cassure plus ou moins parfaitement conchoïde, passant quelque fois à la cassure esquilleuse, les esquilles sont plus larges et mieux termi-nées que dans le feldspath Céroïde. Il y a entre ces deux variétés la même différence qu'entre le silex et l'Agathe. L'Agathe a la cassure esquilleuse, celle du silex est con-coïde. Le feldspath Compacte conchoïde est d'un gris jaunâtre clair: On y voit souvent des mélanges de couleur, il est quelquefois rubanné Cette substance est au feldspath Lamelleux ce qu'est la chaux carbonatée compacte à la chaux carbonatée lamelleuse.

Le feldspath compacte forme des couches assez prononcées, mais assez rares. Mêlé avec l'Amphibole et le Quarz, il constitue des terrains beaucoup plus considérables sous le nom de Porphyre et d'Amygdaloïde. Dans les porphyres rouges le feldspath domine, dans les porphyres verts, c'est au contraire l'Amphibole.

Les Minéralogistes Allemands ne décrivent sous le nom de feldspath compacte que celui qui est pur. Les autres sont décrits sous le nom de Hornstein fusible, qu'ils regardent comme une substance de filon.

Le feldspath compacte se trouve dans les terrains primitifs et dans ceux de transition.

Le Weisstein, ou pierre blanche des Allemands, est un véritable feldspath compacte; il est un peu granuleux.

Il y a des feldspath compactes passés à l'état terreux; leur couleur est alors un gris cendré verdâtre ou jaunâtre.

Outre les feldspath compactes décomposés, les Allemands décrivent aussi comme étant associé à l'espèce qui nous occupe, des substances terreuses de couleurs claires, et fusibles en émail blanc. Ils les désignent sous le nom de Thonstein (pierre argileuse). Elle forme la base de plusieurs porphyres décrits aussi par les Allemands sous le nom de Thon porphyre qu'on peut traduire par porphyre argileux.

Le feldspath terreux se trouve dans le même terrain que le feldspath compacte, et avec des passages presque imperceptibles.

Feldspath tenace ou Jade.

On le trouve en masses et en couches: sa cassure est à petites esquilles, difficile à casser, plus dur que le Pétro silex: Il est mat;

quand il est poli, il prend un éclat gras ; s
couleurs participent du vert un peu grisâtre, e
ne sont point mélangées. Sa pésanteur spéci
-que est de 29 à 33 : Parmi les analyses d
substances comprises sous le nom de Jade qu
-ques-unes indiquent de la soude et d'autres
la potasse, d'où il paraît probable qu'il y a
plusieurs substances comprises sous ce nom ;
peut-être, le feldspath et l'Albite présen
-tent-ils l'un et l'autre des variétés compac
-tes analogues. Cette sous-Espèce est fusi
-ble en émail blanc comme tous les feldspa

On ne connaît pas encore exactement le g
-sement du Jade ; il paraît qu'il vient de la
Perse : Les Echantillons qu'on possède dans
les Collections nous viennent de l'Orient ;
il est connu depuis longtemps par les manch
de couteau venant de Turquie, il en vient de
Chine taillé en anneaux très évidés. On a
trouvé sur les bords du Lac de Genève des
substances que Mr. de Saussure a rap
-portées au Jade, On les a nommées Saus
-surites ; il existe aussi en Corse associé a
le Diallage ; cette roche est le _Verde di Co
-sica_ : On a depuis retrouvé cette roche d
Corse et de Genève dans l'Appenin, où el
forme de grands terrains

Les roches Talqueuses et la serpentine
sont associées avec des substances qui ont enc
plus de rapport avec le Jade ; Cette derniè
variété se trouve dans la mer du sud ; les indig
-nes s'en servent comme Casse-têtes, On l'ap
-pelle _Pierre de hache_ ; Elle est décrite
sous ce nom. On a reconnu un tissu fi
-breux dans le Jade qui vient du Levant ; ce
tissu a conduit quelques minéralogistes à le
réunir à la prenithe. Mr. Brochant
pense que le Jade qui se trouve dans les
Alpes avec le Diallage est seul un feld
-path bien caractérisé.

Mr de Humbold a rapporté du Pérou une substance qui a beaucoup de rapport avec le Jade, elle était en petites lames très min--ces qui avait un son argentin: Les indigè--nes s'en servent comme de clochettes, elle est moins dure que le Jade.

Feldspath Sonore, Phonolite.

Ce feldspath est le Klingstein des Al--lemands, on le trouve en masses et en couches très prononcées dans les terrains Trachitiques. il est très souvent mélangé de cristaux de felds--path, quelquefois de grains que l'on distingue par la différence de couleur: Sa cassure est es--quilleuse; sa couleur est un gris verdâtre assez sale, quelquefois tachetée, mais, d'un éclat gras. Il raye le verre et donne au choc un son argen--tin. Sa pesanteur spécifique est 25,75, à peu près celle du feldspath: son analyse a donné 8 pour % de soude, appartient peut--être à l'Albite.

Cette substance devient quelquefois terreuse par décomposition, elle se rencontre dans les terrains Trachitiques re-ardé comme des Volcans éteints; on la trouve principalement en Bohème, en Saxe, et en Auvergne. On l'a indiqué aussi dans les Volcans brulans, au Vésuve, à Quito, à l'île de Ténérif: Mais il serait possible qu'il y eût erreur, at--tendu qu'il existe des Trachites dans ces dif--férents endroits. Le Phonolite est plus an--cien que le Basalte qui le recouvre quelque--fois. Ces deux roches quoi qu'appartenans l'une et l'autre à des terrains volcaniques parais--sent avoir été produites dans des circonstances différentes. C'est aussi probablement à la va--riété terreuse qu'on doit rapporter les Roches blanchâtres feldspathiques qui constituent la montagne du Puy-de-Dôme et qui ont été

nommées *Dolmites*, seulement il est plus
naturel de penser qu'elles ont été formées à
cet état ou du moins qu'elles ont été modifiées
par une cause autre que la décomposition.

1.er Appendice.
Feldspath Résinite.

On appelle ainsi des roches dont l'éclat
gras, et la cassure tantôt concoïde tantôt esquilleuse leur donne une ressemblance avec la
résine. Leur fusibilité en émail blanc et leur
composition qui se rapprochent un peu de celle
du feldspath les a fait associer à cette substance. Elles ont été désignées par les Minéralogistes Allemands sous le nom de *Pechstein*
(pierre de poix) fusible. On en trouve beaucoup au *Mont Meissen* en Saxe, il y en a
aussi au Nord de la Saxe et près de Schemnitz. Ces
deux *Pechstein* présentent quelques différences
dans leurs caractères extérieurs et dans leurs
gisements.

Celui de *Meissen* se trouve en masse et
en couches; Il contient des cristaux de feldspath très applatis; il a peu d'éclat, son aspect
est résineux dans la cassure; très translucide
Sa couleur est le vert jaunâtre, olive; Sa pe-
teur spécifique est de 23,00. On y trouve de
la soude.

Celui de *Planitz* a une cassure assez un...
sa couleur est verte, son éclat moins vif que
celui de *Meissen*: Il n'est point mélangé de
feldspath; il contient souvent du charbon
circonstance très remarquable.

Le terrein de *Meissen* est de Porphyre
regardé pendant longtemps comme primitif, et
qui est regardé maintenant comme moderne. Celui
de *Planitz* au contraire aux terrains trach-
tiques.

On trouve aussi, le feldspath Résinite dans le Cantal, on l'a désigné sous le nom de Pech-stein du Cantal; il appartient aussi aux terrains de trachite: Dans ce dernier endroit il est d'un beau vert bouteille et contient de nombreux cristaux de feldspath vitreux.

On a trouvé du Pechstein dans beaucoup d'autres localités; en Islande, en Ecosse, à l'île d'Arran, dans ces deux derniers endroits il forme des filons dans le vieux grès rouge.

Cette substance a quelques rapports avec l'Obsidienne que nous allons décrire.

2. Appendice.
Obsidienne.

L'Obsidienne est un verre volcanique: Quelques Minéralogistes Saxons en ont indiqué dans des terrains de transition, c'était probablement alors du feldspath résinite. L'Obsidienne se présente sous deux états, elle est en masse comme fondue, ou en grains comme des perles.

L'Obsidienne en Masse se trouve en masses ou en rognons. Sa cassure est parfaitement concoïde; sa couleur est tantôt un noir parfait, tantôt un noir verdâtre, bleuâtre. Quelques variétés offrent dans une cassure mince un chatoiement couleur de bronze. L'Obsidienne est translucide sur les bords. Sa surface est quelquefois très lisse, souvent crevassée. La cassure est très éclatante; elle raye le verre. Sa pesanteur spécifique est 22 à 23: Elle est fusible au chalumeau en émail blanc: Elle se boursoufle en fondant. Il paraît qu'il se dégage un gaz pendant la fusion dû probablement à des substances charbonneuses.

On a trouvé dans l'Obsidienne 10 à 12 pour %

de soude et potasse, et de la silice et de l'alu-
-mine en proportions qui se rapprochent de
celle du feldspath.

L'Obsidienne se trouve dans l'Ile de
Malte, au Pic de Ténérife, au Mexique
dans des terrains regardés comme Volcaniques.
On en a trouvé en Hongrie empâté dans un
Porphyre Volcanique.

L'Obsidienne Granuliforme ou
Perlstein se trouve en petits grains et
en masses mélangées de petits grains empâtés.
Il paraît que les grains ont au centre un pe-
-tit noyau de sable qui aurait servi de centre d'ac-
-tion autour duquel se serait refroidi la matière
fondue. La couleur de cette obsidienne est le
gris perle, sa dureté est moins grande que
celle de l'Obsidienne en masse. Elle est fusible
avec un grand boursouflement. On y a trouvé
aussi de la silice, de la potasse, de la soude, et
de l'alumine.

Il en existe en plusieurs endroits, au Mexi-
-que, en Irlande, en Islande et en Hongrie;
Mr. Beudant a décrit celle qui provient
de cette localité, avec beaucoup de détail.

L'Obsidienne est employée avec avantage
pour faire des miroirs, elle ne donne qu'une
seule image: Les Mexicains en font des
couteaux.

Ponce.

Cette substance peut être regardée comme un
verre Volcanique: Elle se trouve en masses et
en rognons, elle est très poreuse, parsemée de
trous capillaires, très alongés ce qui lui donne
un aspect fibreux. Ces pores sont ordinairement
perpendiculaires à la couche ce qui fait présumer
qu'elle formait primitivement une masse fondue
et que des gaz en s'échappant lui ont donné

cette apparence.

La Ponce est difficile à casser parce qu'elle
cède au marteau : son éclat est très faible,
elle est translucide sur les bords, elle est rude
au toucher, plus légère que l'eau. La Ponce
quoiqu'entamée par le couteau raye cependant
le verre, ce qui est dû à ce que sa poussière est
très dure.

La pierre Ponce présente une composition
analogue à l'Obsidienne. Elle se trouve principalement dans les isles de Lipari, dans les
volcans éteints de l'Islande, à Ténériffe, dans l'isle
de Santorin, à Mexico ; En Auvergne où il y
en a très peu, elle ne se trouve que dans des tufs
recouvrant d'une agglomération postérieure et
aqueuse de fragments volcaniques.

Quelques échantillons de Ponce présentent
d'une manière incontestable le passage à
l'Obsidienne.

La Ponce est assez rare dans les Volcans.

Albite.

Il y a quelques années, on reconnaissait
sous ce nom qu'une substance composée de petites
lames entrecroisées dans tous les sens, et par
ainsi dire grenue. Nous avons vu au commencement de cette leçon que Mr. Rose avait reconnu des cristaux d'Albite parmi les cristaux de
feldspath. Ce qui le conduisit à cette distinction c'est l'observation de certains cristaux
qui présentaient des hémitropies parallèlement
à la face M et qui avaient des angles rentrants.
Cette circonstance lui apprit que dans ce cristaux
l'angle entre cette face et la base n'était plus
droit comme dans le feldspath, et qu'ils devaient
par suite être séparés de cette espèce dont ils diffé-
raient essentiellement par la cristallisation.
L'Analyse de ces mêmes cristaux donna de la soude
au lieu de potasse.

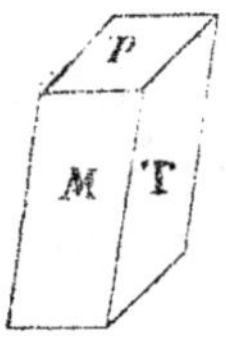

La forme primitive de l'Albite est un parallélipipède irrégulier dont les plans verticaux M et T forment entr'eux des angles de 117°.52' et 62°.7'. La base P forme avec ces deux faces verticales des angles de 93°.36' et 86°.24' et de 115°.5' et 64°.55'.

La couleur des cristaux d'Albite est le blanc et le blanc rougeâtre; ils sont translucides; quelquefois transparents entièrement ou en partie. L'éclat est vitré sur le clivage, principalement sur celui qui a lieu parallèlement à la base; il est vitreux sur les autres plans.

La pesanteur spécifique entre 2,608 et 2,620.

L'Albite d'Arendal analysé par Mr. G. Rose lui a donné:

			oxig.	
Silice	68,46	contenant 34,43	...	12.
Alumine	19,30	... id ... 9,01	...	3.
Chaux	0,61			
Oxide de fer	0,23			
Magnésie (une trace)				
Soude,	11,27	... id ... 2,88	...	1.

Cette composition donne pour formule
$$NS^3 + 3AS^3,$$
laquelle donne pour les proportions calculées,

Silice	69,78
Alumine	18,79
Soude	11,43

Outre l'Albite cristallisée on en connait en masses granuleuses; et en masses un peu rayonnées.

Il est probable que l'Albite est aussi abondante que le feldspath, mais la difficulté de reconnaître les cristaux fait sans doute qu'on prend souvent ces deux espèces l'une pour l'autre, excepté quand il y a des cristaux hémitropes. D'après les analyses de certains feldspath, Rétinites, d'Obsiennes et de Ponces, il y en a qui devraient être ... qui avec ...

Les premières localités où l'Albite a été reconnue sont Arendal en Norwège; en Dauphiné, dans le calcaire du Bonhomme en Piémont, à Barrèges dans les Pyrénées, au Mont Saint-Gothard, &c, &c...

Outre l'Albite nous avons annoncé que l'on avait reconnu plusieurs espèces qui se confondaient avec le feldspath. Nous allons terminer la description de ces espèces en donnant la différence de leurs angles.

	P sur M	P sur T	M sur T	M sur l	T sur l	Pes. spécifiques
Feldspath.....	90.00	112.12	120.21	120.21	119.18	2.5.00
Albite.......	86.24	115.50	117.53	119.5	122.15	2.6.12
Périkline...	85.6	114.17	120.18	119.0	[illegible]	.50
Labradorite...	86.30					27.00
Anorthite.....	85.48	110.57	117.28	119.?	120.30	27.60

Amphibole.

M. Haüy a réuni sous ce nom plusieurs minéraux qui avant lui étaient regardés comme faisant des espèces particulières, et qui étaient décrits sous les noms de _Actinote_, _Trémolite ou Gramatite_ et _Hornblende_. Il a fait cette réunion d'après les formes cristallines que présentent ces minéraux, formes qui sont analogues si elles ne sont pas parfaitement identiques. Mais ces minéraux ayant des caractères extérieurs assez différents pour leur couleur, leur gisement, il a divisé l'Espèce Amphibole en trois variétés en rapport avec les noms et l'ancienne classification de Werner.

Depuis les importants travaux de M. Haüy, l'analyse de ces minéraux a indiqué que leur composition était différente, ce qui semblerait en induire

que l'on divisât de nouveau l'espèce Amphibole
en plusieurs espèces, comme l'avaient fait les
anciens Minéralogistes. Les travaux de Mr.
Mitscherlich sur l'Isomorphisme de cer-
-tains sels qui peuvent comme la chaux, la Magné
-sie, les oxides de fer et de Manganèse, &c...
se remplacer les uns les autres en toutes propor-
-tions et concourir ensemble à la formation d'un
seul et même cristal, viennent pour ainsi dire,
confirmer les opinions de Mr. Haüy. En effet
en étudiant les analyses des différentes variétés
de l'espèce que nous décrivons, on reconnaît bientôt
que leurs éléments présentent cette propriété,
et qu'ainsi on doit reconnaître ces variétés comme
liées entre elles et formant si non une espèce,
au moins un groupe ou une famille comme le
Pyroxène et le Grenat.

Nous serons donc conduits à faire trois
divisions dans l'Amphibole.

L'Amphibole <u>calcaréo-ferrugineux</u>, ou <u>Actinote</u>,
L'Amphibole <u>calcaréo-magnésien</u>, ou <u>Trémolite</u>,
Enfin, l'Amphibole <u>noir</u>, ou <u>Hornblende</u>.

En outre on trouve des passages de cette
espèce à des minéraux fibreux et même à des mi-
-néraux compactes, ce qui conduit à ajouter à ces
trois sous-divisions deux autres sous les noms de
<u>Amphibole fibreux</u>,
et <u>Amphibole compacte</u> ou Cornéenne.

Actinote.

Cette espèce d'Amphibole est rarement
en cristaux terminés : Elle est verte ; elle est
disséminée dans les terrains calcaires où elle
forme quelquefois de petits filons. Sa pesan
-teur spécifique est de 33. — Sa composition
atomique est :

$$
\left.
\begin{array}{l}
\text{Silice} \underline{\hspace{3cm}} 52 \\
\text{Chaux} \underline{\hspace{2.5cm}} 10 \\
\text{Bi-oxide de fer} \underline{\hspace{1cm}} 38
\end{array}
\right\} 100
$$

Ce qui conduit à la formule :
$$\overset{..}{C}a\,\overset{...}{Si}{}^2 + \overset{.}{F}{}^3\,\overset{...}{Si}{}^4,$$

ou

$$Ca\,Si^3 + 3\,F\,Si^2$$

L'Analyse directe de cette espèce d'Amphibole indique toujours un certain mélange de l'Actinote avec la Trémolite.

Trémolite.

La Trémolite est d'un blanc d'argent, blanc grisâtre tirant quelquefois un peu sur le verdâtre. On la trouve souvent en masse et en plaques rayonnées. Les cristaux sont rarement terminés. Elle se trouve principalement dans les terrains calcaires, surtout dans les Dolomies, comme au St. Gothard, au Tyrol et en Norwège.

Sa pesanteur spécifique est 29.

Sa composition atomique serait :

$$\left.\begin{array}{l}\text{Silice} \underline{\quad\quad} 61 \\ \text{Chaux} \underline{\quad\quad} 12 \\ \text{Magnésie} \underline{\quad} 27\end{array}\right\} \underline{\quad} 100$$

Ce qui donne la formule :
$$\overset{..}{C}a\,\overset{...}{Si}{}^2 + \overset{...}{M}{}^3\,\overset{...}{Si}{}^4 = Ca\,Si^3 + 3\,M\,Si^2.$$

Hornblende.

Cette variété d'Amphibole est noire ; c'est la plus abondante de toutes. Elle se trouve en cristaux disséminés dans les roches volcaniques et anciennes, en masses rayonnées et en masses lamelleuses : C'est à cette variété qu'on doit rapporter l'Amphibole compacte ; cette variété fournit aussi les cristaux les plus nets et les plus modifiés.

Sa composition atomique paraît être :

$$\left.\begin{array}{l}\text{Alumine} \underline{\quad\quad} 53 \\ \text{Chaux} \underline{\quad\quad} 10 \\ \text{Bi-oxide de fer} \underline{\quad} 37\end{array}\right\} \underline{\quad} 100$$

On voit qu'ici la silice est remplacée par

l'alumine et que c'est cette dernière substance qui joue le rôle d'acide. D'après cette composition on conclut les formules suivantes :

$$C\ddot{a}A^2 + \overset{..}{F}^3\overset{...}{A}^4$$

ou

$$C\alpha A^3 + 3FA^2.$$

La cristallisation des trois variétés d'Amphibole étant sensiblement la même, et les autres caractères à l'exception de la couleur étant aussi les analogues, nous allons les indiquer ensemble.

L'Amphibole est très facilement divisible parallèlement à deux plans qui font entre eux dans l'Actinote un angle de 125 à 126°, dans la Trémolite de 126 à 127°, et dans la Hornblende de 124° 30'. Ces plans conduisent à la forme primitive qui est un prisme rhomboïdal oblique dont la base est inclinée sur les faces latérales d'environ 105° à 106°. Ce prisme est tel que si on mène par un angle une section perpendiculaire aux arêtes latérales, elle passera par l'angle opposé, et dans la coupe obtenue, le rapport des diagonales sera :: 19 : 10.

La forme primitive est aussi la forme dominante ; seulement la base est ordinairement remplacée par un pointement à trois faces composé de la base et de deux faces r également inclinées sur les arêtes aiguës du prisme rhomboïdal et faisant avec cette arête un angle de 105°. A cette modification s'en joint une autre sur les arêtes aiguës de manière qu'on a un prisme à six faces surmonté d'un pointement à trois faces.

Outre le biseau précédent, l'Amphibole en présente encore quelquefois un second ; mais le prisme primitif est toujours dominant.

Une seule variété de cristaux présente quelque difficulté à être comparée aux formes que nous venons d'indiquer ; à moins qu'on ne suppose qu'elle soit le résultat d'une macle, elle présente le même prisme terminé

à une des deux extrémités, par deux faces, et à l'autre
par quatre.

En examinant avec attention l'angle de ces faces
entre elles et leur position, par rapport aux arêtes
du prisme, on reconnaît que le sommet dièdre
est composé de deux faces correspondantes aux bo..
et que les quatre faces du sommet opposé ap. par
-tiennent au biseau r. il est donc probable qu'il
y a eu ici hémitropie, ou pour mieux dire, accole-
-ment de cristaux en sens opposés. Mr Haüy
a remarqué que quelques cristaux présentent un
sillon à la jonction des deux cristaux maclés,
ce qui rend certaine cette explication.

Les cristaux sont souvent groupés en faisceaux
divergens; ils sont aussi croisés dans différens
sens ce qui donne la structure saccaroïde.

Ces variétés sont ordinairement empâtés dans
des roches, il est très rare que les cristaux soient
groupés à la surface d'une cavité.

Les variétés terminées par un biseau sont les
plus fréquentes. Le biseau à trois faces ——
et hémitropé se trouve seulement dans les
roches volcaniques. La Trémolite est en fais-
-ceaux divergens très rarement terminés. Les
cristaux blancs présentent assez souvent dans la
coupe une ligne suivant la grande diagonale, ce
qui lui a fait donner le nom de Grammatite.
Il serait possible que ce fut une trace d'hémi-
-tropie; mais comme il n'y a pas de sommet,
on ne peut le prononcer affirmativement.

La Cassure dans les cristaux est facile
et lamelleuse dans deux sens: les variétés
blanches et vertes sont moins lamelleuses que
la noire, et même dans les variétés blanches
la cassure est plutôt fibreuse que lamelleuse.
Le caractère de la cassure est le meilleur
pour distinguer l'Amphibole des autres subs-
-tances avec lesquelles il a de l'analogie à
cause du miroitement qui en résulte.

L'Amphibole est assez éclatant, l'éclat

en vitreux dans la verte et la blanche : Dans
la noire il est un peu nacré. La variété noire
est opaque, les variétés vertes et blanches
sont constamment translucides sur les bords et
quelquefois même dans le cristal.

L'Amphibole raye le verre et non le
Quarz, sa tenacité est très grande, il reçoit
l'empreinte du marteau.

Les masses d'Amphibole noir ont une odeur
argilleuse.

Les variétés verte et noire ont pour pesan-
-teur spécifique 38, et la blanche 28.

Toutes les variétés d'Amphibole se fon-
-dent facilement au Chalumeau; elles donnent
un verre noir opaque, gris noirâtre suivant
la couleur : Les variétés blanches donnent
un verre blanc opaque.

Amphibole fibreux.

On le trouve en masses composées de fibres
placées souvent de manière que leurs axes
soient parallèles, ce qui donne la structure
schisteuse; aussi a-t-on appelé cette subs-
-tance Hornblende Schieffer, La variété
verte est en petits paquets : La variété blan-
-che présente une structure analogue à la
verte, mais les paquets de fibres ne sont pas
croisés comme dans la verte.

Les variétés noires à fibres entrelacées
sont tenaces. La cassure est le plus souvent
schisteuse, inégale en grand et fibreuse en
petit sur la variété verte; pour la variété
blanche la cassure est fibreuse.

La surface des fibres a un éclat tantôt
vitreux, tantôt un peu soyeux; Il y a aussi
des variétés mates, quelquefois les fibres
sont très contournées.

Les couleurs sont les mêmes que celles de
l'Amphibole lamelleux, la teinte noire est plus

claire.

Enfin la variété blanche est blanc grisâ-
-tre, sans être plus claire que la lamelleuse.

La pesanteur spécifique est au dessous de
celle de l'Amphibole.

L'Amphibole se trouve en très grande
abondance dans les terrains primitifs; elle forme
la base principale de plusieurs roches, et notamm.t
de deux roches granitoïdes, le Grünstein et la
syénite. dans celle-ci le feldspath domine.

Indépendamment de ces deux roches, on trouve
des couches soit de Grünstein soit de Hornblende
schieffer qui sont subordonnées au Grünstein:
dans ce gisement c'est l'Amphibole noire qui do-
-mine; l'Amphibole verte, ou Actinote se trouve
principalement dans les terrains calcaires; elle
n'y forme pas de couches prononcées, mais des
veines, des nids, ou tapissant des petites fentes.
La variété blanche est empâtée au milieu de
Dolomie; la variété noire se trouve aussi dis-
-séminée avec abondance dans les terrains vol-
-caniques, soit dans les porphyres basaltiques,
dans les tufs basaltiques, dans les Trachites et
même dans les Laves.

Cornéenne.

Cette substance est désignée par les Miné-
-ralogistes suédois sous le nom de l'xxpp. Les
caractères qui la font réunir à l'Amphibole
sont son passage à cette substance et sa
fusibilité; souvent cette substance est mélan-
-gée de feldspath, ce qui fait qu'elle donne
au chalumeau un émail noir prédominant, mais
mélangé de blanc.

On distingue les Cornéennes dures, et
les Cornéennes tendres: Les dures sont vertes,
gris noirâtre, très difficiles à casser; elles sont
à grains serrés, et présentent une cassure peu
régulière, ce sont des parallélépipèdes

symétriques, ce qui donne une structure en esca-
-lier, aux terrains qui sont en composés, d'où
lui vient son nom; elle raye le verre: Elle est
assez souvent magnétique: Sa raclure donne
une poussière noire; son odeur est argileuse,
souvent sonore. Sa couleur est d'un vert noir
opaque, luisant.

La Cornéenne tendre ne présente pas
de couleur verte; elle est d'un noir terne, dif-
-ficile à casser, peut-être plus que la précé-
-dente, parcequ'elle reçoit l'empreinte du mar-
-teau: La cassure est unie, terreuse, quelque-
-fois un peu schisteuse, mais rarement pseudo-
-régulière: elle ne fait pas feu au briquet:
elle est quelquefois magnétique; sa raclure
est grisâtre, elle blanchit au feu: Elle a
une odeur argileuse très prononcée.

La Cornéenne se trouve à peu près dans
les mêmes gisements que les précédents, mais
elle est surtout abondante dans les terrains de
porphyre. Elle forme la base des roches
porphyroïdes et surtout des roches amygda-
-loïdes: Elle est souvent mélangée de feldspath.

—————

8.ème Leçon.

Pyroxène.

Pendant longtemps les variétés de
Pyroxène ont été connues sous des noms diffé-
-rents: C'est à Mr. Haüy que l'on doit
leur réunion dans une même classe de corps; il
y a été conduit par une étude plus approfondie
de leurs cristallisations qu'il a reconnues se
rapporter à une même forme primitive, quoique
l'aspect en soit très varié. Les uns se présen-
-tent en prismes rectangulaires, d'autres en pris-
-mes rhomboïdaux; mais on les rapporte les
uns aux autres par des modifications parallèles

aux diagonales.

La composition des Pyroxènes varie beaucoup mais en comparant leurs analyses on reconnait qu'ils sont tous Isomorphes et aucun groupe n'est plus propre à faire ressortir les avantages des formules atomistiques.

On distingue quatre espèces principales

1. La Sahlite, comprend les variétés de Mr Haüy désignées sous les noms de Sah-lite, de Malacolithe et de Diopside. Elle provient principalement de Sahla en Norwèg, de la vallée d'Alla en Piémont et de celle de fassa en Tyrol : Elle est blanche, verdâtre et se compose de la manière suivante.

$$\text{Silice} \underline{\qquad} 57 \ldots\ldots 28,60 \overset{\text{Oxigène}}{} \ldots\ldots 4.$$
$$\text{Chaux} \underline{\qquad} 25 \ldots\ldots 7,01 \ldots\ldots 1.$$
$$\text{Magnésie} \underline{\quad} 18 \ldots\ldots 6,97 \ldots\ldots 1.$$

On peut associer ces éléments de la manière

$$\text{ou} \quad \text{Silice} \underline{\quad} 2^{at}. \quad \text{plus} \underline{\quad} \text{Silice} \underline{\quad} 2^{at}.$$
$$\text{if} \quad \text{Chaux} \underline{\quad} 1. \underline{\quad} \text{if} \underline{\quad} \text{Magnésie} \underline{\quad} 1.$$

D'où l'on déduit les formules chimiques et miné-ralogiques suivantes :

$$\overset{..}{C}a^3 \overset{..}{S} \overset{..}{c}^4 + \overset{..}{m}a^3 \overset{...}{S} \overset{..}{c}^4,$$

et

$$Ca Sc^2 + ma Sc^2.$$

2. L'Hedenbergite variété qui vient prin-cipalement des environs de Tunaberg en Suède Sa couleur est le vert foncé elle présente des clivages à la fois parallèlement aux faces d'un prisme rhomboïdal et d'un prisme rectangulaire. Cette espèce contient :

$$\text{Silice} \underline{\qquad} 50 \ldots\ldots 25,15 \overset{\text{Oxigène}}{} \ldots\ldots 4.$$
$$\text{Chaux} \underline{\qquad} 22 \ldots\ldots 6,10 \ldots\ldots 1.$$
$$\text{Oxidule de fer} \underline{\quad} 28 \ldots\ldots 6,37 \ldots\ldots 1.$$

$$\text{Ou}$$
$$\text{Silice} \underline{\quad} 2^{at}. \quad \text{plus} \underline{\quad} \text{Silice} \underline{\quad} 2^{at}.$$
$$\text{chaux} \underline{\quad} 1 \underline{\quad} \text{if} \underline{\quad} \text{Ox. de fer} \underline{\quad} 1.$$

On en déduit les formules chimiques et

minéralogiques

$$Ca^3 \ddot{S} \ddot{c}^4 + \ddot{Fe}^3 \ddot{S} \ddot{c}^4$$

et

$$Ca S c^2 + Fc Sc^2.$$

3°. __La Pyrosmalite__ Espèce dans laquelle la chaux est remplacée par le Manganèse
Elle est plus rare que les précédentes : sa cou-
-leur tire encore sur le vert, mais elle est très
foncée et passe au brun. D'après son analyse
on peut la regarder comme un Pyroxène de
fer et de Manganèse : D'après cette supposition
elle serait composée de,

Silice ——————— 47.

Ox. de Manganèse — 27.

Ox. de fer ————— 26.

composition qui conduirait aux formules;

$$\ddot{M}a^3 \ddot{S} \ddot{c}^4 + \ddot{F}^3 \ddot{S} \ddot{c}^4$$

ou

$$M a S c^2 + F S c^2.$$

4°. La quatrième espèce de Pyroxène est
__L'Augite__ qui se trouve presqu'exclusivement
dans les terrains Volcaniques. Elle est continuelle-
-ment mélangée de Diverses substances, surtout de
Silicates alumineux, qui y entrent jusqu'à 50 —
pour $\frac{o}{o}$, il y entre aussi des cristaux d'oxidule
de fer.

C'est la chaux et la magnésie, ou la
chaux et le fer qui forment ces Pyroxènes. La
couleur de cette espèce est le noir foncé.

Les Pyroxènes naturels, même les plus
purs, sont presque toujours mélangés ensemble,
Celui de la vallée d'Alla un des plus purs
se compose de 70 de Pyroxène de chaux et
de Magnésie et 30 de Pyroxène de fer et de
Magnésie.

La cristallisation dérive d'un prisme
rhomboïdal oblique dont l'angle est de
92°,55', la base est inclinée sur les faces

latérales de 100°, 10'. Le clivage se fait parallè-
-lement aux faces de ce prisme. Quelques varié-
-tés en présentent en outre parallèlement aux
faces d'un prisme angulaire qui est lié avec
le prisme rhomboïdal dont nous venons d'in-
-diquer l'angle.

La forme primitive est très rare ; on la
trouve souvent modifiée par des troncatures sur
les arêtes latérales obtuses qui la transforment
alors en prisme à six faces. Souvent aussi
ces prismes sont surmontés de biseaux. Quel-
-quefois aussi les cristaux présentent un angle
rentrant ; ils forment alors des hémitropies
qu'on peut regarder comme le résultat de l'ap-
-plication de cristaux placés en sens inverse.

Des Pyroxènes admettent des clivages pa-
-rallèlement aux trois faces : la plupart ne
peuvent se cliver que parallèlement à la base,
circonstance qui les distingue de l'Amphibole
qui a des formes analogues, mais ne souffre
pas ce dernier clivage.

Le Pyroxène ne se trouve pas seulement
cristallisé ; on le trouve aussi à l'état fibreux,
concrétionné et compacte.

Dans les terrains volcaniques, les cristaux
sont souvent isolés, dans les terrains anciens
ils tapissent les cavités.

Les Pyroxènes ordinairement translucides
sur les bords, sont rarement diaphanes ; leur
éclat mat à l'extérieur, est vif à l'intérieur ;
les plus éclatants sont aussi les plus trans-
-parents.

La Cassure est lamelleuse, sauf quelques
anomalies ; cette substance raye le verre diffi-
-cilement : Son poids spécifique est de 315
à 350. À une forte chaleur du chalumeau,
elle se fond en un émail, dont la couleur dépend
de celle de la pierre.

La variété fibreuse se compose de fibres de
petites plaques ou petits cristaux alongés,

accollées ensemble: On en trouve des échantillons soyeux, nâcrés, durs et se cassant dans
le sens de la base. C'est cette espèce qui ressemble à l'Amphibole, et s'en distingue par
le clivage.

La variété compacte a été trouvée dans
les Pyrennées près du Lac de Lhers dans la
vallée de l'Arriège; Elle est d'un vert foncé.
On les connaît sous le nom de Lherzolithe, elle
est composée d'une multitude de petites lames
qui se croisent dans tous les sens, et font une
masse plutôt saccaroïde que compacte. C'est
la substance la plus tenace que l'on connaisse; elle est un peu esquilleuse. Sa couleur est un vert de bouteille un peu clair.

Basalte.

On peut placer à la suite du Pyroxène,
une substance mélangée, qui a pour base
principale le Pyroxène, C'est le Basalte:
On le trouve dans les terrains volcaniques. Mr.
Haüy pense qu'il est rejetté intact —
par les Volcans; mais les fentes qui en
sont tapissées prouvent plutôt qu'il a été vo-
latilisé.

Le Basalte forme des masses, des couches
ou coulées considérables. Sa couleur est d'un
noir grisâtre, sa cassure est inégale, plutôt
esquilleuse que concoïde. Souvent il est flo-
reux: Lorsqu'on le réduit en petits fragmens
on y trouve une foule de petits cristaux de Pyroxène, d'Amphibole et de fer oxidulé: Il
contient aussi très fréquemment des noyaux
d'une substance jaune appelée Péridot,
qui n'a été trouvée jusqu'ici que dans les terrains Basaltiques. Cette multitude de cristaux
qui entrent dans la composition du Basalte a
fait naître l'idée qu'il n'était qu'une réunion
de cristaux microscopiques de diverses substances.

dont nous venons d'indiquer les principales. La plupart des Basaltes ont des formes à peine régulières, qui proviennent plutôt d'un retrait que d'une cristallisation.

Mica.

Cette substance est une des moins connues sous le rapport de la composition. Sa cristallisation présente aussi quelques circonstances assez mal déterminées; c'est ce que fait croire le caractère de la double réfraction qu'il possède à un haut degré.

C'est ainsi que parmi les nombreux échantillons de Mica, on peut mieux dire, parmi les diverses espèces de cette substance, il y en a qui présentent un seul axe de double réfraction, d'autres qui en ont deux.

D'après ce que nous savons sur cette propriété physique des corps, on voit que le Mica à un axe devrait appartenir à un système rhomboédrique, tandis que le Mica à deux axes dériverait de formes moins régulières, comme de prismes droits rhomboïdaux. Parmi les Mica à deux axes, on peut encore remarquer de grandes différences dans l'angle de ces deux axes de réfraction : Cet angle paraît varier d'après la composition, ce qui conduit à penser qu'on a confondu ensemble beaucoup d'espèces. On remarque que plus le fer y est abondant, plus les deux axes se rapprochent. M. Biot qui a fait beaucoup d'expériences sur ce sujet, indique que le Mica de Zinwald présente un angle de 50,°
le Lépidolithe de Moravie de ____ 54 à 60°
le Mica argentin de Russie ____ 60 à 64°
le Mica ____ de Sibérie ____ 66 à 70°
le Mica verdâtre des États-Unis ____ 74 à 76°

Voici la composition de ces différents Mica

	Zwiwald	Moravie	Russie	États-unis
Silice	46,4	49,5	45	48,5
Alumine	18,5	33,6	33	33,9
Oxide de fer	20,	11,	4	8,6
Potasse	11,2	4,2	15	8,3
Manganèse	2,4			1,3
Lithium		3,6		
Acide fluorique		3,4		

Ces analyses complexes ne conduisent à aucune formule atomistique certaine.

Après ces apperçu général sur les Micas, considérons les comme formant un même groupe et donnons les caractères généraux de cette réunion d'espèces.

Tous les Mica sont facilement divisibles en feuilles minces, brillantes, flexibles élastiques, fusibles au chalumeau, quelque fois à la simple flamme d'une bougie.

Sa forme primitive est un prisme rhomboïdal de 120° et 60°. Les cristaux sont ordinairement à six faces, ce qui avait fait prendre d'abord pour la forme primitive le prisme régulier à six faces. Il y a sur les arêtes de la base des modifications qui donnent des cristaux annulaires.

Cette substance est ordinairement en petites lames disséminées dans les roches comme dans les granites, mais on trouve quelque fois ces cristaux dans les fentes des roches schisteuses et dans quelques granites.

Le Mica est en général transparent souvent même Diaphane; les couleurs varient cependant, le gris noirâtre, le vert sont les couleurs les plus ordinaires. Cette substance est maigre au toucher; les feuilles de Mica se laissent plier et reviennent à leur première position. Sur les faces larges on le raye facilement au couteau; sur la tranche il est plus dur.

Sa pesanteur spécifique varie de 2,5 à 2,9. Au chalumeau, il se fond en un émail noir, gris et gris blanchâtre. Il y a des variétés de Mica, qui possèdent tous les caractères de cette classe, mais qui seulement sont infusibles.

Le Mica produit sur la lumière le phéno-mène des anneaux colorés. Mr Biot a cons-truit un appareil dans lequel, en imprimant à une lame de Mica un mouvement de rotation, on la voit passer par toutes les couleurs.

En Russie, où l'on en trouve de grandes lames transparentes, on s'en sert pour faire les vitres des vaisseaux de guerre; On l'emploie souvent pour observer les astres.

Le Mica est une partie constituante et sou-vent très essentielle des roches primitives; est essentiel dans le Granit plus abondant dans le Gneiss: Il forme la base principale des Schistes micacés.

Il constitue aussi d'autres roches dans les-quelles il n'est mélangé qu'avec le Quarz; c'est la roche appelée Greissen qui accompagne les mines d'étain de Saxe.

Indépendamment de ces divers gisements du Mica, il est encore très commun dans les ter-rains de transition, même dans les roches arena-cées les plus modernes; il provient alors de la destruction des roches anciennes. La Grauwacke schisteuse, le grès schisteux des houillères, etc... en contiennent beaucoup.

C'est des terrains d'alluvion, qu'on retire le Mica pour la poudre de papier: Il suffit de laver le sable; le Mica reste en suspension.

On trouve du Mica dans les roches volcaniques, même dans les laves, on en trouve des cristaux empâtés.

On réunit au Mica comme Appendice, la substance désignée sous le nom de Lépidolithe, Elle est composée en apparence de deux substances,

l'une compacte, l'autre feuilletée : Elle est so-
-lide, ordinairement d'un bleu violet : Elle pré-
-sente quelquefois des indices de cristallisation,
Dus à cette substance lamelleuse qui en dépend
et qui depuis plusieurs années a été reconnue
pour être du Mica, à cause de la manière dont
elle se comporte avec le rayon lumineux dans les
phénomènes de polarisation.

Elle se trouve à Horma, au Horovis, et
à Chanteloup près de Limoges.

Talc.

Cette substance, quand elle est lamelleuse pré-
-sente la plus grande analogie avec le Mica
mais elle s'en distingue par sa composition qui
est essentiellement différente.

Le Talc Lamelleux, très clair et trans-
-lucide est composé moyennement de

$$\text{Silice} \quad ——— \quad 70$$
$$\text{Magnésie} \quad —— \quad 30$$

peut-être il contient une certaine quantité
d'eau : Cette composition conduit à la formule

$$\ddot{M}\ddot{S}^2 \quad ou \quad M\,\ddot{S}^3.$$

On voit que le Talc contient beaucoup de
magnésie tandis qu'on trouve à peine des
traces de cette terre dans le Mica.

Cette espèce minérale est encore très compliquée.
On y réunit tous les minéraux Magnésiens qui se
trouvent dans la nature, quoique souvent ils
présentent une composition très différente;
il n'en résulte pas dans les caractères exté-
-rieurs des différences assez tranchées pour qu'on puisse
les considérer isolément.

Le Talc est rarement cristallisé; le
ordinairement il se présente en lames irrégu-
-lières. Au St Gothard et au Vésuve on trouve de
petites tables à six faces, applaties et assem-
-blées de manière à former une sorte d'éven-

Ces petits prismes à six faces dérivent évidemment d'un prisme droit rhomboïdal, comme le Mica. Seulement l'angle en un peu différent.

Les principaux caractères qui distinguent le Talc du Mica sont d'abord l'élasticité que présentent les lames de Mica tandis que celles de Talc conservent la forme qu'on leur donne en les pliant, l'onctuosité de la poussière du Talc, la magnésie qu'il contient, et sa moins grande dureté ; néanmoins il est probable que le Talc pourra rentrer dans la classe des Mica quand il sera mieux connu.

Il est moins transparent que le Mica, parce que ses lames sont plus épaisses.

Toutes les substances qui se présentent en lames hexagonales mal prononcées sont réunies au Talc. Parmi ces substances, il y en a qui ont un éclat métallique, qui sont d'un vert clair, d'autres qui ont un éclat faible, non métallique, des lames très petites, qui sont d'un vert foncé, et qui réunies ensemble forme une lame saccaroïde ; On les a classé sous le nom de Chlorites : L'une et l'autre espece se trouvent cristallisées ; mais la dernière très rarement.

Les Minéralogistes Allemands ont étudié sous le nom de Talc endurci, des substances qui se trouvent en masses, qui présentent des pointes brillantes : Ils l'ont appellé aussi Pierre Ollaire.

Les variétés vertes du Talc endurci, sont souvent schisteuses, on les connait sous le nom de Chlorites schisteuses : Elles diffèrent assez du Talc endurci pour qu'on soit obligé de les décrire à part.

Il y a une substance compacte très abondante qui passe au Talc endurci par des degrés insensibles et qui ne peut pas en être séparée, c'est la serpentine ; quelquefois elle offre les apparences d'un mélange, mais le plus souvent elle est homogène : Mr Brongniart la regarde comme un Talc compacte.

Il y a encore d'autres substances qui par leur onctuosité ont beaucoup d'analogie avec le Talc ; Telle est la Stéatite ou pierre de Lard, nous l'examinerons sous le nom de Talc Terreux.

Enfin nous verrons une dernière espèce de Talc tout à fait terreux.

Il y a donc cinq sous espèces.
Le Talc Lamelleux,
le Talc endurci,
le Talc compacte, ou serpentine,
La Stéatite ou Talc terreux ordinaire,
et le Talc terreux.

Talc Lamelleux.

Le Talc Lamelleux se trouve comme le Mica par couches superficielles; mais très rarement en cristaux : Il y a des variétés d'un vert très foncé qu'on rapporte à la Chlorite.

La couleur la plus ordinaire est un bleu d'argent clair, un vert pomme ou vert noirâtre.

Le Talc n'est que translucide, même dans les lames minces, il a un éclat demi métallique inférieur à celui du Mica, il est infusible.

Il est onctueux au toucher, même dans les lames imparfaites, ce qui lui a fait donner le nom de savon de montagnes : Il est friable et s'écrase sous les doigts : Son poids spécifique est de 2,5 à 2,7.

Talc endurci.

Le Talc endurci n'est autre chose que des Masses composées de lames distinctes ou

microscope, qui sont entrelacées. La cassure est
inégale; la couleur est verte: Il se laisse couper
au couteau, mais il résiste bien au marteau dont
il garde l'empreinte. Cette substance en raison
de sa solidité est employée avec avantage à
faire des vases, des marmites, qui ne s'altèrent
pas au feu quand elles sont pleines d'eau, mais
qui étant vuides se calcinent et tombent sous
les doigts: On en a fait des poëles en la tail-
-lant en briques.

Les Arabes connaissent aussi cette roche
et la travaillent; ils la pulvérisent et en la
mêlant avec des substances gommeuses, ils ob-
-tiennent une pâte propre à faire de bons vases.

Le Talc pur est d'une couleur blanche a la
propriété de tâcher le papier, telle est la
Craie de Briançon.

Il y a des Talc endurcis d'un vert très foncé
qu'on a nommés Chlorites endurcis: On les
trouve souvent mélangés de cristaux octaëdri-
-ques de fer oxidulé.

Il y a des variétés de Talc endurci quel-
-quefois mélangées de Grenat; On les emploie
avec avantage comme pierres meulières.

Talc compacte ou Serpentine.

La Serpentine ou Talc compacte se trouve
en masses étendues qui forment la base principale
des terrains où elle se trouve.

Sa cassure est esquilleuse, mal terminée;
elle contient souvent quelques paillettes brillantes
de Diallage: Sa cassure est ordinairement
terne, mais elle a dans les petites fentes un
éclat gras; elle est très translucide surtout
sur les bords.

Elle est d'un beau vert, souvent tachetée,
d'où lui vient le nom de Serpentine; le vert
varie du vert noirâtre au vert poireau, au jau-
-nâtre: Tendre, se laisse couper au couteau;

quelques variétés sont durcies par le mélange
de substances étrangères.

Souvent elle est magnétique à cause d'un
mélange de fer oxidulé, disséminé en petits
grains microscopiques : Il y en a même qui
présentent le magnétisme polaire.

La serpentine est ordinairement infusible.
On y a trouvé $\frac{1}{2}$ ou $\frac{3}{4}$ pour cent de chrome.
Il y a des variétés de serpentine jaunâtres que
l'on a appelé Néphrétiques ; on l'a confondue
avec le Jade, ce qui a fait croire qu'il y avait
du Jade tendre.

Son poids spécifique est 2, 64.
On l'emploie à peu près aux mêmes usages
que la pierre Ollaire, mais elle ne tient pas
au feu.

Sa composition moyenne est :
Silice ______ 39
Magnésie ____ 50
Eau ______ 11
Ce qui conduit à la formule
$$\overset{..}{M}{}^3 \overset{...}{S} c^2 + 3Aq$$
ou

$$MS + 3Aq.$$

Stéatite.

Le Talc terreux ou Stéatite se trouve
en masses moins étendues que le Talc endurci.
Sa cassure est inégale, terreuse : Plus tendre et
plus facile à couper que la Serpentine ; très
onctueuse : Ses couleurs sont claires... blanc
grisâtre, jaunâtre, tachetée : Elle est mate,
opaque excepté dans les variétés qui se rapprochent
de la Serpentine : Elle est infusible au chalumeau.
L'intérieur de ses masses est quelquefois, comme
à Barenth, parsemé de cristaux qui ont la
forme du quarz ou de la chaux carbonatée : Ce
sont des Pseudo-cristaux dont on ne peut expli-
-quer l'origine qu'en supposant que la stéatite

a remplacé les cristaux de quarz, de chaux
carbonatée, &c....

La Stéatite de Bareuth donne moyennement;

$$\text{Silice} \underline{\hspace{2cm}} 61$$
$$\text{Magnésie} \underline{\hspace{2cm}} 39$$
$$\text{Eau} \underline{\hspace{2cm}} x$$

D'où $\quad M^{.3} S^4 + x \, Aq$

ou

$$M S^2 c + x \, Aq \, .$$

Talc Terreux.

On peut en distinguer deux variétés, l'une
blanche provenant de la composition du Talc, l'autre vert foncé qui pourrait provenir de la
Chlorite.

Le Talc existe dans les terrains primitifs,
on trouve dans les mêmes terrains les Chlorites,
et les Chlorites schisteuses.

Le Talc endurci appartient aux Terrains
Talqueux : Ils renferment en outre quelques veines
de Talc Lamelleux ; ce Dernier ne se trouve que
par filets et jamais par couches étendues.

Le Talc stéatiteux forme de petites veines
dans les terrains talqueux : Le Talc terreux qui
recouvre souvent les cristaux se trouve dans les
cavités des roches anciennes.

La terre verte de Vérone qui a des rapports
de caractères extérieurs avec le Talc, a été associée pendant longtemps avec le Talc endurci ;
mais elle se trouve dans des gisement tous différents et forme des rognons dans des terrains
plus modernes : En outre elle en diffère essentiellement par sa composition qui la rapproche
des grains de Silicate de fer qui sont disséminés dans la Craie.

Le Talc Graphique nous vient de la Chine,
sous la forme d'objets d'arts ; il est probable
qu'il appartient au terrain de Serpentine, dont

il se rapproche par la plupart de ses caractères.

9.ᵐᵉ Leçon.

Grenat.

Des analyses multipliées de différents Grenats ont prouvé que la composition de cette substance présentait des différences telles qu'il était probable qu'on devait diviser le Grenat en plusieurs espèces : Mais en même temps cette composition est soumise à une loi remarquable ; c'est que les éléments se remplacent en un même nombre d'atomes ; circonstance que Mr. Mitscherlich désigne en disant que ces substances sont isomorphes, c'est-à-dire que les minéraux ainsi composés présentent la même forme cristalline. On peut donc regarder le Grenat comme formant les groupes d'espèces appartenant à une même famille.

Les oxidules de fer et de Manganèse combinés avec la chaux et la Magnésie forment une même classe de bases isomorphes. Ces combinaisons isomorphes peuvent se trouver séparées, mais elles jouissent de la propriété de cristalliser simultanément sans être assujetties à des proportions fixes.

Mr. Mitscherlich a fait voir que l'Alumine, les oxides de fer et de Manganèse composent également une classe de substances isomorphes mais dont la forme n'est pas la même que celle des mêmes bases.

Ce sont ces sept bases qui se rencontrent dans les Grenats.

Lorsque le Grenat est alumineux, c'est-à-dire que son analyse donne principalement de l'Alumine, son signe est :

$$\overset{\cdots}{A}\overset{\cdots}{S} + \overset{\cdots}{A}\overset{\cdots}{S}.$$

Mais chacune des trois ....., Chaux, Manganèse et Magnésie peuvent se substituer
au fer : Supposons par exemple la chaux,
nous aurons un Grenat dont le signe sera :

$$CS + AS.$$

D'après l'observation de Mr. Mitscherlich
le fer-geux remplacer l'alumine, on pourra
donc trouver dans la nature le Grenat dont
le signe serait :

$$CF + FS :$$

Effectivement ces différents Grenats existent
dans la nature, rarement seuls à la vérité
mais cristallisés en commun dans toutes sortes
de proportions. D'un lieu à un autre les pro-
-portions entre les parties constituantes chan-
-gent et jamais ou presque jamais deux lieux
différents présentent la même espèce.

Les Caractères minéralogiques à l'exception
de la couleur étant à peu près constants, nous
décrirons tous ces Grenats ensemble. Nous
allons seulement faire précéder cette description
par quelques détails sur la composition de ces
différentes espèces.

Mr. Beudant distingue les quatre
espèces de Grenats suivantes.

1º. Grenat à fer, <u>Almadin</u>.

		oxigène	
Silice	38	19,11	2
Alumine	20	19,34	1
Oxide de fer	42	9,56	1

La supposition la plus simple est que la silice
est combinée en parties égales avec l'alumine
et l'oxide de fer.

On aura

Silice	1	}
Alumine	1	}
Silice	1	}
Oxide de fer	1	}

Mais comme l'oxide de fer ne contient que
deux atômes d'oxigène tandis que l'alumine en

contient trois, on aura :

$$2 \overset{..}{A} \overset{..}{S} + \overset{...}{F} \overset{..}{{}^3 S}{}^2$$

Divisant par 6 chaque terme on a pour le signe
du Grenat

$$A S + F S \quad .$$

2°. Grenat de Manganèse

		oxigène
Silice	58	19,11
Alumine	20	9,34
Oxide de Manganèse	42	

La formule est :

$$A S + mg S \quad .$$

3°. Grenat de Chaux ou Grosnelaire

		oxigène	
Silice	41	20,80	2
Alumine	22	10,27	1
Chaux	37	10,39	1

La formule est :

$$A S + C S \quad .$$

4°. Il ajoute le Grenat Mélanite,
par Appendice, en avertissant que cette espèce
devrait être décrite à part et non pas dans la
famille des Silicates Alumineux.

La formule est :

$$F S + C S$$

Silice	37
Crit Oxide de fer	30
Chaux	33

Les Grenats sont souvent mélangés de dif-
-férentes espèces, pour vous en donner un
exemple je vous citerai l'analyse suivante.

		oxigène
Silice	37,00	18,44
Alumine	13,50	6,30
Chaux	29,00	8,14
Magnésie	6,50	2,51
Crit oxide de fer	7,50	2,30
Crit oxide de Manganèse	4,75	1,41

en rassemblant les bases qui ont un même dé-
-gré d'oxidation on pourra mettre ce résultat

D'analyse sous la forme suivante
oxigène

Silice	37,00		18,61
Alumine	13,50	6,30	
Crid de fer	7,50	2,30	10,01
Crid de Manganèse	4,75	1,41	
Chaux	29,00	8,14	10,65
Magnésie	6,50	2,51	

On voit ici que l'oxigène de l'acide est à peu près double de celui des bases, sauf une petite erreur qui peut tenir à la perte d'une certaine quantité de Silice ; cherchons maintenant à reformer des Grenats :

D'abord celui à base de fer et de chaux ;

On aura :
oxigène

Crid oxidé de fer	7,50	2,30
Silice	9,14	4,60
Chaux	8,19	2,30

Celui à base de chaux et d'Alumine ;
oxigène

Chaux	20,79	5,84
Silice	23,22	11,61
Alumine	12,50	5,84

Il reste un peu d'alumine, associons la avec de la Magnésie pour former le Grenat d'Alumine et de Magnésie ; on aura :
oxigène

Alumine	0,98	0,46
Silice	1,83	0,92
Magnésie	1,19	0,46

On fera ensuite du reste un Grenat de Manganèse et de Magnésie ;
oxigène

Silice restante	2,80	1,41
Magnésie	1,82	0,705
Crid oxide de Manganèse	2,38	0,705

en additionnant tous ces résultats on voit qu'il reste

2,38 de Crid oxide de Manganèse

et 3,47 de Magnésie

que l'on peut regarder comme un mélange :

Le Grenat sera donc composé de ;

Grenat

Grenat Almandin ———————— 24,83
id — de chaux ———————— 56,51
id — D'alumine et de Manganèse — 4,00
id — de Manganèse et de Magnésie — 7,00
Mélange de Manganèse et de Magnésie — 5,85

Total ——— 98,19

Le Grenat est caractérisé par sa cristallisation: Elle dérive du Dodécaèdre régulier; Les formes habituelles sous le Dodécaèdre et le trapezoèdre: On ne trouve pas le cube et l'octaèdre; Le clivage est très indistinct; il y en a quelques indices parallelement aux faces du Dodécaèdre.

Le Grenat est à peu d'exception près toujours cristallisé.

Le Grenat se trouve presque toujours en cristaux, quelquefois en masses compactes qui forment des veines dans des roches anciennes; ce qui conduit à réunir ces masses compactes au Grenat ce sous les caractères de Dureté et de fusibilité, ensuite les passages que l'on observe entre les masses compactes et les Grenats cristallins qui existent souvent dans la même veine.

Il y a une variété décrite par Werner sous le nom de Pyrope, qui se présente en grains: l'Analyse de cette substance et les caractères extérieurs sont exactement les mêmes que ceux du Grenat.

Les formes principales du Grenat sont toujours le Dodécaèdre rhomboïdal et le trapézoèdre; le Duodécaèdre rhomboïdal tronqué sur les arêtes, ce qui passe au trapézoèdre, le Duodécaèdre rhomboïdal ayant une triple troncature sur ses arêtes; c'est la forme du trapézoèdre tronqué sur arête.

Le trapézoèdre tronqué sur les arêtes qui aboutissent aux angles quadruples,

Les cristaux sont généralement très petits; ce qu'il y a de remarquable, c'est qu'ils sont assez égaux dans leurs dimensions; ils sont splendiroïdaux: Cependant quelquefois il y a un allongement dans le sens de la rangée.

Les cristaux trapezoèdres sont très souvent striés suivant la diagonale, qui joint deux angles inégaux.

La cassure des cristaux est le plus souvent conchoïde; celle des masses granulées est inégale, celle des masses compactes est inégale.

A l'extérieur il est en général peu éclatant, seulement brillant, à l'intérieur il est souvent très éclatant, un peu gras, résineux, vitreux, il présente de petites fentes. Le grenat est le plus souvent translucide sur les bords; il est rare qu'il soit demi-diaphane.

La couleur le plus ordinaire est le rouge foncé bien prononcé; elle varie du rouge noirâtre au rouge de sang, au rouge verdâtre, au rouge bleuâtre ou violet.

Le rouge lie de vin fournit les grenats le plus ordinairement taillés; ce sont les grenats de Ceylan.

Le rouge de sang est celui des grenats de Bohême; c'est le Pyrope.

Le rouge violet est le Grenat syrien. Il y en a qui passent à la couleur jaune ou les avait appelés Topazolites; Il y en a aussi d'un vert pistache; c'est à leur variété que se rapporte le Grossulaire de Werner.

Le Grenat raye le Quarz et est rayé par la Topaze; sa pesanteur spécifique est de 40 à 42.

Fusible au chalumeau en émail noirâtre ou en scorie.

Le Grenat est magnétique en employant les procédés indiqués par Mr. Haüy; Ce caractère est fort utile pour le distinguer de certains minéraux.

Le Grenat existe souvent comme partie consti-
-tuante accidentelle disséminée dans certaines
roches ; il forme des protubérances.

Les roches dans lesquelles il est disséminé
sont les schistes micacés, les Gneiss, les Grünstein,
les roches talqueuses et le Calcaire.

Quand il se trouve dans les roches amphi-
-boliques, la roche est très difficile à casser.

Le Grenat résistant très bien à l'action
de l'air se trouve dans les sables en Bohème,
on en a trouvé dans le grès et dans deux ou
trois dans le Basalte près de Lisbonne.

Le Grenat du Commerce vient de Bohème
il se trouve dans un tuf et une Wake Ba-
-saltique et dans les terrains d'alluvion ; et
dans la Saxe sur le revers de la montagne on
le trouve dans la serpentine, ce qui contredit
le précédent en ce qu'il serait naturel de
penser qu'il provient de la décomposition
de ces serpentines.

Dans les Pyrénées on en trouve au
pied du Pic d'Eredith empâtés dans du
Calcaire.

En Sibérie, celui nommé Grossulaire se
trouve en pâte dans un Calc. terreux, d'autres
l'indiquent dans une espèce d'argile.

La Mélanite se trouve aux environs de
Rome et du Mont-Vésuve: le Grenat Syrien provient de l'Inde, quelques Allemands
l'ont appelé Allmandine.

Les Grenats rouge de vin viennent de
Ceylan: On le trouve en Saxe à Ehrenfried
-dendorf en veines et en filons

Le Grenat résineux ou Colophinite vient
des environs d'Arendal en Suède.

La variété Topazolite vient de la vallée
d'Alla en Piémont.

Le Grenat est employé en bijouterie, sa
poussière est employée comme matière polissante
on l'appelle Emeri rouge. Dans des endroits

où il est abondant, il a été traité comme fondant,
en Bohème, par exemple, pour les mines de fer.

On distingue le grenat, en grenat noble et en
grenat commun : le noble est celui qui jouit
d'une belle transparence et d'une belle couleur.

Aplome.

Cette substance est regardée par beaucoup
de Minéralogistes, comme devant faire partie
des Grenats : sa composition conduit à cette
réunion et l'on peut dire que sa forme ne
s'y oppose pas.

Mr. Haüy qui a été conduit par
les lois de la structure des cristaux à séparer ce
minéral du grenat a persisté dans cette opinion
dans sa seconde édition de son Traité de
Minéralogie.

La forme primitive adoptée par Mr.
Haüy est le Cube, les formes secondaires
sont :

1°. Le Dodécaèdre... ⎫ Les Cristaux sont toujours
                      ⎬ striés parallèlement à
2°. Le Cubo-Dodécaèdre ⎭ la petite diagonale.

En supposant que ces stries représentent les
traces des plans de clivage sur les plans du Dodé-
-caèdre on voit que l'on enlevera ainsi les an-
-gles quadruples au nombre de 6 et par consé-
-quent qu'on obtiendra pour solide de clivage
le cube o forme adoptée par Mr. Haüy.

Sa pesanteur spécifique est 34.

Étincelle par le briquet, raye fortement le
verre, difficilement le Quarz : sa couleur est
le brun foncé, le brun jaunâtre, fusible en verre
noirâtre par l'action du chalumeau.

Cassure concoïdale.

L'Aplome a été découvert d'abord en Si-
-bérie sur le bord du fleuve Dena, en cristaux
groupés sur une masse de même substance accom-
-pagnée de chaux carbonatée lamelleuse.

On a retrouvé cette substance en Bohême et à Schwarzemberg en Saxe. Enfin il y a peu d'années on en a trouvé en Angleterre en très petits cristaux disséminés dans du Manganèse oxidé pulvérulent; ce sont ces cristaux qui sont Cubo-Dodécaèdres, et ils se divisent parallèlement aux faces du Cube. Si l'on compare cette substance au Grenat, on voit que sa dureté, sa cassure, sa fusibilité et je dirai même sa couleur ont les plus grandes analogies avec le Grenat.

Sa forme est comme celle du Grenat, un Dodécaèdre rhomboïdal régulier; on ne trouve pas à la vérité de Cubo-octaèdre dans le Grenat et peu de Trapézoïde dans l'Aplome: La grande différence de Mr. Haüy est que des cristaux de Grenat qui sont striés le sont parallèlement à la grande Diagonale, et en supposant que les plans de clivage du Grenat passent par ces Diagonales des Rhombes, on obtiendrait pour forme primitive un octaèdre régulier; car ces plans enleveraient les angles triples qui sont au nombre de 8; Dans l'Aplome au contraire, &c...

Cette différence est bien spécifique quant à la composition de l'Aplome elle se rapporte entièrement à celle du Grenat à base de Chaux: D'après Laugier, Cette substance est composée de

$$\begin{array}{ll} \text{Silice} & 40 \\ \text{Alumine} & 20 \\ \text{Chaux} & 14,50 \\ \text{Oxide de fer} & 14,50 \\ \text{Oxide de Manganèse} & 2 \end{array}$$

Composition que donne la formule suivante:

$$CS + FS + 2AS$$

ou

$$(CS + AS) + (FS + AS).$$

mélange de Deux Grenats.

10ème Leçon.

La Tourmaline.

Cette substance est parfaitement caractérisée par sa cristallisation : sa composition conduit à admettre qu'il y a plusieurs espèces de Tourmaline ; les principales peuvent se distinguer par la couleur : Ces espèces sont :

La Tourmaline verte, — la noire, — la .... et la rouge.

Leur composition chimique Donne :

	Tourmaline.			
	Verte	Noire	....	Rouge
Silice	40.	35.	42.	43.5
Alumine	39.	40.	40.	41.
Chaux	3.84			
Oxide de fer	12.50	2.		
Perte				
Soude			10.	9.

On a négligé dans le tableau précédent l'eau et l'oxide de Manganèse que la Tourmaline contient en petite quantité.

Mr. Berzelius considère cette pierre comme un Silicate d'Alumine de chaux et de fer, ou de soude, suivant que la Tourmaline contient l'une ou l'autre de ces substances. D'après le Chimiste Suédois les formules pour ces différentes variétés de Tourmaline sont les suivantes :

$$N\dot{S} + 9A\dot{S} ,$$
$$L\dot{S} + 9A\dot{S}$$
$$C\dot{S} + 2\dot{f}\dot{S} + 18A\dot{S}$$

Quelques Tourmalines au lieu de la soude contiennent de la potasse ; La formule devient :

$$K\dot{S} + \dot{f}\dot{S} + 5A\dot{S}$$

Les quantités De soude et De potasse ne sont pas

les mêmes en nombre d'atomes, ce qui empêche pour le moment de bien distinguer les espèces.

Le plus souvent un même cristal paraît être un mélange de plusieurs espèces. La première se fond assez facilement ; les deuxième et troisième espèces avec difficulté, la quatrième est presqu'infusible d'où lui vient le nom d'*Apyre*.

Sa cristallisation est caractéristique ; elle dérive d'un Rhomboèdre obtus dont l'angle de 133,50 et 46,10 se rapproche de l'équarrissage de la chaux carbonatée. Les formes des cristaux sont des prismes à 6 et à 9 faces ou des dérivés du prisme à 9 faces. On observe souvent un pointement à 6 faces : quelquefois il y a 3 faces à un sommet et 6 à l'autre.

Les cristaux les plus habituels sont les prismes à 9 faces présentant différentes modifications au sommet ; c'est le seul exemple de prisme à faces impaires. Cette tendance donne aux cristaux de cette substance une forme sphérique qui suffit pour la distinguer de toutes les autres.

Les cristaux de Tourmaline sont rarement terminés de la même manière aux deux sommets : La Tourmaline présente l'électricité polaire d'une manière très prononcée. La propriété électrique se développe par la chaleur, elle se maintient tant que la température augmente, et cesse quand la température est stationnaire. Aussitôt qu'elle commence à s'abaisser les pôles s'inversent. Quand on casse un cristal, les fragments possèdent les propriétés électriques de la même manière avec cette différence qu'ils s'électrisent plus fortement. Une Tourmaline de quelques pouces de longueur ne peut pas s'électriser. De tous ces faits il semble résulter que la propriété électrique réside dans chaque molécule. Les cristaux de Tourmaline sont ordinairement cylindriques, et rarement bien terminés. L'éclat de la Tourmaline est très grand, vif à l'extérieur et à l'intérieur.

Le clivage est très difficile, cependant on l'apperçoit, il a lieu parallèlement aux faces primitives : La cassure est concoïde, souvent les cristaux
sont accolés les uns aux autres et leur réunion
forme une masse cristalline ; quand la forme de
cette masse est irrégulière elle prend le nom de
Bacillaire.

La densité de la Tourmaline varie de 30 à 32.
La couleur la plus habituelle est le noir, la rouge
est très rare, la verte un peu moins. La trans-
-parence accompagne ordinairement les couleurs
verte et rouge : Les Tourmalines noires taillées
en plaques minces sont aussi transparentes.

La Tourmaline jouit de la double-réfraction,
elle se fond en bouillonnant, et donne une scorie
plutôt qu'un verre ce qui la distingue de l'am-
-phibole.

Certaines variétés sont fusibles en émail
blanc ; la Tourmaline Apyre est presqu'infusible : Quelquefois on la taille comme bijoux, qui d'ailleurs sont peu de prix. Sa du-
-reté est un peu moindre que celle du quarz, dont
elle diffère par la densité.

La Tourmaline se trouve en cristaux dans
les roches granitoïdes et quelquefois en filets
très petits dans les roches schisteuses.

En Angleterre et en Saxe on trouve la Tourmaline alliée avec du Quarz : Il est probable qu'elle
forme alors des Veines et non des couches : Elle
se trouve en grande abondance dans les terrains
anciens.

Le Péridot

Cette pierre très abondante se trouve dans
les terrains anciens et dans les Volcaniques :
Son analyse est imparfaite : Elle contient de
37 à 50 pour % de magnésie et le reste en silice.
De toutes les pierres non marquésiennes, c'est
elle qui contient le plus de magnésie.

Sa forme est un prisme droit dont la base est un rectangle assez alongé. La forme la plus fréquente est le prisme à 8 faces surmonté d'un pointement à 6 ou 8 faces. Les trois côtés du prisme sont entre eux comme 15 : 14 : 11. Ces rapports se trouvent en supposant que le prisme dérive d'un octaèdre. Sa couleur est le vert poireau : sa pesanteur spécifique est de 34 : Cette substance est rarement cristallisée. Les Cristaux sont striés parallèlement à l'axe vertical. Il y a deux clivages parallèles aux deux faces verticales, celui parallèle à la petite face est plus net.

Le Péridot raie le quarz et est rayé par les pierres fines. Cette pierre est le plus ordinairement à l'état granuliforme : Dans cet état on l'a appelé _Olivine_ à cause de sa couleur. Mr. Beudant croit que l'Olivine et le Péridot sont deux espèces différentes en ce que la première contient du fer, et que celui-ci n'en contient pas : Cette substance est infusible au chalumeau.

L'Olivine granuliforme ne se trouve que dans les terrains Basaltiques ; on n'en trouve ni dans les Volcans brulants, ni dans les Volcans à cratère éteint. Le Péridot des Volcans a souvent une irisation.

Idocrase.

Cette Substance présente une composition à peu près semblable à celle des Grenats, et on observe dans sa composition des différences à peu près analogues.

Celle du Vésuve qui a été connue le plus anciennement contient une surabondance d'Alumine.

Celle de Fragard en Suède contient de Magnésie ; Enfin il en est une nommée Cyprine qui contient de l'oxide de cuivre : Très

fréquemment plusieurs Idocrases sont mélan-
-gées entre elles.

Les cristaux dérivent d'un prisme droit à
base quarrée dont le côté de la base est à la hau-
-teur comme $\sqrt{8}$ est à $\sqrt{7}$. le clivage est très
rare, cependant dans quelques cristaux on en
observe un parallèle aux faces et un autre
parallèle aux diagonales du prisme.

Les formes dominantes de cette substance
sont le prisme rectangulaire parfait d'abord,
puis modifié par différentes troncatures. Le
prisme rectangulaire tronqué sur les angles de
la base et sur les arêtes latérales; le pointement
qui est assez obtus a ordinairement une face sur
la base. Si cette face n'y était pas, il passerait
au dodécaèdre comme le Grenat. Souvent cette
substance a une si grande quantité de faces, qu'il
en résulte un prisme cannelé, ce qui donne beau-
-coup de rapport avec l'Épidote. Les cristaux
sont souvent striés en longueur, le plus géné-
-ralement ils sont courts et assez souvent accolés.

La cassure est concoïde et inégale, rarement
elle présente des indices de clivage: L'éclat de la
cassure est trop vif; les faces extérieures du
cristal sont aussi très éclatantes et parfaite-
-ment réfléchissantes. L'Idocrase raie le
verre et non le Quarz; sa couleur est le brun noi-
-râtre, le brun rougeâtre, elle passe quelque fois au
jaune verdâtre, très rarement au noir.

Sa pesanteur spécifique varie de 30 à 34.
Cette substance est rarement diaphane, pres-
-que toujours translucide; Elle existe dans les
terrains anciens.

L'Épidote.

L'Épidote présente probablement une réunion
de plusieurs espèces, du moins l'analyse semble l'in-
-diquer, et quelques différences dans l'angle du
prisme sont d'accord avec cette supposition.

Mr Beudant distingue deux espèces d'Epidote, l'une calcaire, l'autre Calcaréo-ferrugineuse.

La première espèce contient,

Silice ———— 43

Alumine ——— 31

Chaux ———— 26

ou silicate de chaux 40; silicate d'alumine 60; ce qui conduit à la formule:

$$4\ddot{A}\ddot{S}i + \dot{C}a^3 \ddot{S}i^2$$

ou

$$4ASi + CaSi.$$

La seconde espèce contient,

Silice ———— 41.96

Alumine ——— 29.96

Chaux ———— 12.63

Oxide de fer —— 15.45

Ce qui donne la formule:

$$(4ASi + CaSi) + (4ASi + FSi)$$

Cette dernière espèce d'Epidote vient du Dauphiné.

Mr Beudant a aussi décomposé l'analyse de cette Epidote, parce qu'il suppose qu'il y a une Epidote à base de fer qui n'a pas encore été analysée.

Elle se composerait de

Silice ———— 41

Alumine ——— 29

Oxide de fer —— 30

La forme de l'Epidote est un prisme droit à base oblique. L'angle entre les deux faces latérales varie de 114° à 116°: l'un se rapportant à l'Epidote à base calcaire, l'autre à l'Epidote à base de fer: Les deux côtés du prisme sont dans le rapport de 15:16; la hauteur est représentée par 9. Les clivages sont inégalement faciles, ce qui est d'accord avec la différence des dimensions.

La forme la plus simple est le prisme de 114° tronqué sur les arêtes aiguës avec un biseau.

Une autre forme est le prisme de 116,°40 tron-
-qué sur les arêtes aiguës, avec un biseau placé
sur les arêtes aiguës et sur les faces. Les cris-
-taux d'Épidote ont en général une position
gauche, cela tient à l'élargissement des faces.
Cette circonstance n'existe chez aucune des subs-
-tances avec lesquelles on pourrait confondre
l'Épidote.

Ces cristaux sont le plus souvent alongés,
assez minces et souvent aiolés; il en résulte des
masses rayonnées assez semblables au Pyroxène:
Le Clivage incliné du Pyroxène joint à l'essai
au chalumeau est le seul caractère qui puisse
faire distinguer ces deux substances.

La cassure est assez imparfaitement lamel-
-leuse, dans les cristaux opaques elle est concoïde,
cette cassure est éclatante: L'éclat subsiste
aussi à la surface.

Cette substance étant exposée au chalu-
-meau, au premier coup de feu, donne un verre
brun et presqu'infusible: Ce caractère fait
distinguer l'Épidote du Pyroxène et de l'am-
-phibole: Elle raye le verre et non le Quarz:
Cette substance se trouve en grande abondance
dans les terrains anciens.

Il y a aussi (dans l'Isère) des Épi-
-dotes granuliformes, c'est plutôt un sable
d'Épidote qu'une Épidote différente. On a
réuni à l'Épidote une substance connue sous
le nom de Manganèse rouge du Piémont,
trouvée dans une roche de Manganèse du
Piémont: Elle est en cristaux empâtée dans
une roche de Quarz: On l'y rapporte d'a-
-près les indices de Clivage et de forme. Ce-
-pendant le clivage est très variable: La cou-
-leur de cette dernière substance est d'un rouge
violet foncé.

11.ème Leçon.

Des Combustibles Minéraux non Métalliques.

La nature présente plusieurs combustibles minéraux non métalliques, les uns très abondans, sont employés dans les usages domestiques, les autres ne sont que des raretés minéralo-giques, ou ne peuvent du moins être employés que pour objets d'ornemens comme le succin ou l'ambre, le Mellite, &c.....

Les combustibles employés dans les usages Domestiques, sont à l'état charbonneux, à l'état bitumineux, ou sous ces deux états à la fois.

La plupart de ces combustibles portent avec eux, ou dans les roches qui les accompa-gnent, des empreintes végétales, qui font présumer qu'ils doivent leur origine à la destruction de végétaux qui ont été enfouis, soit dans la place où ils ont crû, soit dans un lieu où ils ont été transportés et où ils ont été carbonisés ou bituminisés par l'action de l'eau. L'analyse de ces combustibles vient appuyer cette opinion car leurs principes constituants essentiels sont du carbone de l'hydrogène et de l'oxigène comme dans tous les végétaux : on y trouve en outre une certaine quantité de matières terreuses et quelque fois mais rarement de l'Ammoniaque.

Quant aux combustibles qui ne contien-nent pas de débris végétaux, leur extrême ana-logie extérieure et chimique avec ceux qui en contiennent, a fait présumer avec fondement, qu'ils ont la même origine.

Ces Combustibles ne présentent aucune forme, (Mr Haüy indique cependant que l'Anthra-cite et la Houille affectent une tendance à la cristallisation, la première vers un prisme à

six faces réguliers, l'autre verreux prisme Rhom-
-boïdal.) Ils n'ont pour ainsi dire, aucun ca-
-ractère constant soit extérieur, soit de composition,
on conçoit qu'il soit impossible d'établir entr'eux
des espèces minérales. La Chimie ne pouvant nous
servir de guide, la classification doit reposer sur
des bases tout à fait différentes. La disposition
de ces combustibles dans le sein de la terre, et leur
structure nous paraît la meilleure base sur la-
-quelle on puisse fonder toute division générale: Il
y aura aussi d'autres subdivisions pour lesquelles
nous invoquerons d'autres caractères.

On peut comme l'a fait Mr. Brochant
diviser ces combustibles en quatre groupes, savoir:

 L'Anthracite,
 la Houille,
 les Lignites,
et la Tourbe.

Avant de passer à la division de ces quatre
classes de combustibles nous allons indiquer la di-
-vision adoptée par Werner: Il fait d'abord
trois grandes divisions qu'il subdivise ensuite;
Dans la première il distingue:

1°. Bituminöses Holz — bois bitumineux, Lignite
 fibreux.
2°. Erdkohle — Lignite terreux.
3°. Moor Kohle — Lignite friable que Mr.
 Brochant appelle houille limoneuse.
4°. Alaun Erde.
5°. Gemeine Brandkohle — bois bitumineux
 grossier.

Schwarz Kohle.

1°. Pech Kohle, — houille piciforme.
2°. Grob Kohle, — Houille grossière.
3°. Schieffer Kohle, — houille schisteuse; c'est
 la variété la plus commune.
4°. Blätter Kohle, — houille lamelleuse.
5°. Kennel Kohle, — houille compacte.

Glanz Kohle.

1°. Schiefrige Glanz Kohle, — Anthracite schisteux.
2°. Muschelische Glanz Kohle, — Anthracite concoïde.
3°. Mineralische Holz Kohle, — Charbon de bois
     fossile.

Parcourons successivement ces trois classes de combustibles qui sont les mêmes que celles adoptées par Mr. Brochant.

1°. L'Anthracite est le charbon minéral le plus pur que l'on connaisse : quelques analyses de cette substance ont donné jusqu'à 0,95 de carbone pur ; elle ne contient que peu ou point de bitume. Malgré cette grande quantité de charbon, elle brûle mal et avec beaucoup de lenteur ; elle ne développe pas d'odeur bitumineuse, ne se boursouffle et ne se colle pas en brûlant. Elle exige une quantité considérable de vent pour être alimentée ; elle ne peut pas servir à tous les usages de la houille.

La couleur de ce combustible est le gris de fer noir bleuâtre, analogue à la Plombagine ; il est généralement éclatant, ce qui lui a fait donner le nom de charbon éclatant, Glanz-Kohle.

Son éclat est demi-métallique, elle est plus dure que la houille ; quelquefois grenue mais souvent aussi cassante concoïde ; celle qui existe près de Grenoble y présente cette cassure.

Sa pesanteur spécifique est 18.

Elle acquiert par le frottement l'électricité vitrée.

Mr. Haüy indique que l'Anthracite a une tendance à cristalliser en prisme à six faces ; La variété qui lui a donné ce résultat et qu'il appelle cristallisée est sous la forme d'un octaèdre aigu. Elle provient du pays de Berg sur la rive droite du Rhin.

L'Anthracite présente plusieurs variétés désignées par les noms de Stratiforme, Schistoïde, compacte, globuleux et caverneux ; ces noms indiquent avec sa main et d'être qui vient qu'un changement dans sa texture.

Ces caractères extérieurs ne s'appliquent pas spécialement à l'Anthracite des terrains Anthraxitiques mais aussi à celle qui peut se trouver dans les terrains de houille.

Nous distinguerons donc deux gisements différents, quoiqu'il serait peut-être préférable de n'appeler Anthracite que le combustible des terrains inférieurs au grès houiller.

L'Anthracite forme des couches et des amas contemporains dans les terrains de transition. Tantôt en sous des Grauwackes, du schiste argileux, du calcaire, en Saxe, au Bourg d'Isteu, dans la Tarentaise. etc....

Outre ce genre de gisements, l'Anthracite existe en filons; Konisberg en Norvège, il en existe dans un filon d'argent natif à Schemnitz en Hongrie, et dans le Département de la Saône et Loire.

On trouve peu d'empreintes végétales avec cette variété d'Anthracite.

Il est peu de terrain houiller qui ne renferme un combustible analogue à celui qui vient de nous occuper; il est très abondant au Creusot, la Mine de fresne près de Valenciennes en est presqu'entièrement composée, et dans le pays de Galles; il y a une couche entière appelée <u>Stone Coal</u> charbon de pierre, qui est une véritable Anthracite; elle est exploitée d'abord pour combustible et ensuite pour être mélangée avec l'oxide d'Etain. On la préfère beaucoup dans ce cas à la houille bitumineuse.

Peut-être vaudrait-il même ne considérer l'anthracite que géologiquement et ranger le combustible qui lui ressemble et qui existe dans les Mines de houille sous le nom de houille sèche.

Houille.

La Houille proprement dite est un composé de Charbon et de bitume : elle contient en outre une certaine quantité de matières terreuses, dont une partie lui est propre et l'autre est due à un mélange plus ou moins considérable de la houille avec l'argile schisteuse qui forme les parois de la couche de houille. Suivant que les propriétés de bitume et de matières terreuses augmentent ou diminuent, les houilles présentent des caractères différents et surtout sont propres à des usages différents dans les arts.

La division à adopter pour les houilles est très difficile et presque toujours incomplète. Les personnes qui ont visité quelques mines de combustible doivent se rappeller qu'il leur est rarement arrivé de trouver deux espèces de houille parfaitement semblables du moins pour les caractères extérieures, de là vient cette multiplicité de sous-divisions que l'on a vue dans la classification des combustibles par Werner.

En France on n'a pas encore adopté de division minéralogiques mais on a pris pour base leur usage dans les Arts, que l'on peut dire fondé sur leur composition : En partant de ce principe, on a divisé les Houilles en;

Houille Grosse,

Houille sèche,

Houille Maigre.

La première espèce de houille contient environ 60 à 75 pour % de charbon, 40 à 25 pour % de bitume et 4 pour % de terre, cette variété est la meilleure ; elle est susceptible d'être employée à tous les usages. Elle est d'un noir de velours tirant quelquefois sur le noir grisâtre, sa surface est quelquefois irisée. Elle est opaque, elle se présente en masse,

se délite souvent en cubes, ce qui ne tient pas
à la cristallisation comme quelques personnes
ont paru le croire, mais plutôt à des fissures,
lesquelles sont quelquefois remplies de chaux
carbonatée ou de pyrites.

Sa pesanteur spécifique moyenne est de 13.
Elle donne par la distillation du bitume et de
l'hydrogène; lorsqu'elle brûle elle se boursou-
-fle, se colle, coule un peu, donne une odeur
bitumineuse plus ou moins prononcée. Elle
brûle avec flamme. Souvent la flamme ne
commence à paraître que quand la houille est
déjà rouge : Nous verrons au contraire que
dans d'autres variétés de houille et surtout dans
un autre combustible la flamme paraît souvent
avant cette époque.

La Houille grasse est généralement schis-
-teuse ou feuilletée : Elle comprend les variétés
de Werner, qu'il appelle, Pech Kohle, —
Schiefer Kohle, — et Blätter Kohle; elle se
délite facilement en feuillets; elle n'est pas dure
sans cependant s'écraser sous les doigts; elle ne
tache pas quand elle est pure; mais souvent cette
variété est mélangée d'une matière noire très ana-
-logue au charbon de bois et distinguée par
Werner sous le nom de Mineralische holz
Kohle et dans ce cas elle est tachante.

Si la quantité de cette matière noire aug-
-mente on peut dire que la houille devient com-
-me de la suie ce que Werner a désigné en
donnant à cette variété le nom de Rus-Kohle.

La Houille sèche ressemble en grande
partie à l'Anthracite et pourrait être carac-
-térisée par le mot d'Anthracite des terrains
houillers. La quantité de bitume qu'elle con-
-tient est peu considérable : La houille est de
couleur plus claire tirant sur le gris d'acier : sa
cassure est plutôt concoïde que feuilletée, cepen-
-dant quelques variétés présentent cette texture;

mais on doit les considérer comme une rareté.

Elle brûle sans flamme, (à l'exception d'une variété tout à fait particulière et que les Minéralogistes ont cru devoir ranger avec les lignites;) elle ne colle pas, donne une odeur bitumineuse très faible, cette variété est peu propre au travail du fer et partant mauvaise pour la forge, parce qu'elle ne défend pas le fer du contact de l'air et permet que sa surface s'oxide.

Dans la Houille sèche nous rangeons celle appellée Houille Compacte, mais plus connue encore sous le nom de Kannel-coal et dont nous donnerons l'analyse dans quelques instans; Elle est d'un noir grisâtre ou brun, moins éclatante que la houille grasse, ne tachant pas les doigts, ni même le papier: sa cassure est conchoïde; sa pesanteur spécifique est de 12, 72.

D'après sa couleur on peut confondre cette houille avec le Jouset, mais elle est moins noire et moins éclatante. On la taille souvent pour faire des boëtes, des flambeaux, mais rarement pour les objets d'ornement comme le Jayet qui est un lignite.

Ses fragments naturels sont cubiques; par la chaleur elle se divise en feuillets et forme comme ceux d'un livre; elle prend feu à la flamme d'une chandelle et brûle sans se fondre en répandant jusqu'à la fin une lumière jaunâtre; éteinte elle continue à brûler.

Elle contient une quantité d'hydrogène non combinée beaucoup plus considérable que les houilles ordinaires. Cet hydrogène se dégage au premier coup de feu et s'enflamme spontanément: Cette variété de houille est beaucoup plus agréable pour le chauffage domestique que toutes les autres et est employée de préférence par toutes les personnes riches. La propriété de dégager beaucoup d'hydrogène fait qu'on la préfère pour la production de ce gaz, et tous les établissements de gaz emploient cette variété.

La Houille compacte développe moins de chaleur que la houille grasse; elle n'est pas employée pour le travail du fer ni pour les forgerons. D'après tous ces caractères, nul doute que cette houille ne soit minéralogiquement un Lignite; mais par sa position géologique, elle doit être rangée avec la houille au milieu de laquelle elle se trouve dans plusieurs localités de l'Angleterre; ce qui a fait douter de son gisement c'est qu'il existe à Vigan dans le Comté de Lancastre des Mines où l'on n'exploite que cette houille; nous avons visité ces Mines et nous avons reconnu que le Kannel-coal est intercalé dans des couches de véritable grès houiller portant des impressions de fougères et d'autres plantes entièrement analogues à celles que l'on trouve ordinairement dans les Houillères: Il y est associé avec du fer carbonaté et deux couches de houille schisteuse dont le peu d'épaisseur les empêche d'être exploitables.

Houille Maigre. Ce nom a été donné quelquefois à la Houille sèche; mais ici nous ne comprenons sous cette dénomination que celle qui contenant une plus ou moins grande quantité de bitume, renferme une grande proportion de matière terreuse. Elle est plus solide et plus lourde que les précédentes; elle est d'un noir moins foncé, plus éclatante dans sa cassure; brûle avec difficulté; ne se gonfle pas et ne s'agglutine que légèrement, souvent même les fragments restent isolés: Elle donne un grand résidu: Souvent cette variété de houille est associée à de la pyrite; mais cette substance n'est pas essentielle; Dans ce cas la houille est de mauvaise qualité; elle donne une odeur sulfureuse très prononcée: Suivant la plus ou moins grande quantité de matières terreuses, la houille maigre peut être employée dans les fours à réverbère ou seulement dans la cuisson de la chaux. Quand cette houille est exempte de parties pyriteuses elle peut dans quelques cas être employée à la forge; mais elle ne fournit jamais de combustible propre au travail du fer.

Mr. Tomson. Célèbre Chimiste Anglais, en comparant les houilles d'Angleterre avec la classification de Werner a trouvé que cette division ne se rapportait pas aux variétés de houilles Anglaises; il a cherché à les classer tant par leurs caractères extérieurs que par leur composition chimique*: Son travail très intéressant ne se rapporte malheureusement qu'aux houilles de bonne qualité, de telle sorte qu'il ne comprend pour ainsi dire que la variété que nous avons désignée sous le nom de <u>Houille grasse</u> et de <u>houille compacte</u>. Il admet les quatre espèces suivantes:

    1°. Houille collante — Caking coal.
    2°. houille esquilleuse — Splint coal.
    3°. Houille molle — Cherry coal, soft coal.
    4°. houille compacte — Kannel coal.

Gisement de la Houille.

La Houille proprement dite, celle dont nous avons parlé sous ce nom se trouve seulement dans le grès houiller, elle est accompagnée de schistes argileux, de schistes bitumineux qui en forme presque toujours le toit et le mur et quelquefois forme de petits lits au milieu des couches de houille. On trouve presque toujours des rognons de fer carbonaté,

---

* Annales de Physique Nos 80 et 81.
Annales des Mines, Tome 6, page 243.

mais il est malheureusement assez rare que ces noyaux soient nombreux et exploitables.

Le Schiste houiller et le Grès renferment des empreintes.

On a souvent compris sous le nom de Houille des combustibles, qui, à la vérité ont les plus grands rapports minéralogiques avec elle, mais qui cependant en diffèrent sous plusieurs points; d'abord par la chaleur qu'ils produisent et leur manière de brûler, mais leur plus grande différence est dans leur gisement. Ils se trouvent au milieu de Calcaires ou de grès plus modernes. Les Houilles de la Pro- rence qui devraient être appelées lignites sont dans ce cas: Elles se trouvent avec de l'argile plastique et sont accompagnées de coquilles fluviatiles, des Ancai, des Planorbes, Palu- dines, &c... qui indiquent leur âge.

Il existe une autre houille des Calcaires dans une autre position; Elle forme des couches dans un calcaire plus ancien, dans celui que les Anglais ont appelé Lias ed qui est dési- gné en france sous le nom de Calcaire à Gryphites, ou même dans les couches les plus anciennes des terrains Oolitiques. En Angle- terre dans le Yorckshire il y a des exploita- tions très nombreuses de ce combustible. En france il y a plusieurs localités où on l'exploite, Du côté de Lons-le-Saulnier et de Milhau dans le Département de l'Aveyron il en existe plusieurs exploitations. Ces combus- tibles doivent être rangés dans les Lignites, Ils sont toujours accompagnés d'une grande quantité de pyrites et fournissent des Mines d'Alun, &c...

Lignite.

Nous réunirons sous le nom de Lignite, ce qui était décrit sous le nom de Bois bitumineux et de lignite, comme M. Brongniart l'a fait dans un Article inséré dans le Dictionnaire d'Histoire naturelle. Sa classification des lignites est entièrement géologique ; il y réunit ce que je vous ai indiqué à l'instant comme classé par certaines personnes sous le nom de houille des calcaires.

Considéré minéralogiquement le lignite est noir foncé, brillant, à cassure résineuse ou concoïde, ou droite ; sa texture est tantôt homogène sans aucune apparence de structure ligneuse ; tantôt au contraire cette texture est visible sans que le combustible ait perdu sa couleur noire ; mais quelquefois aussi il passe au brun, même au brun peu foncé en conservant une structure fibreuse tellement distincte qu'on peut reconnaître l'origine végétale et ligneuse de ce combustible fossile ; ou bien il perd entièrem.t cette structure et prend une texture terreuse.

Exposé à l'action du feu à une assez haute température, tous les lignites brûlent avec une flamme assez claire, assez longue, souvent peu fuligineuse : cette flamme se manifeste avant que le combustible soit rouge ; ce qui est le contraire pour la houille.

Les Lignites ne se collent pas, ne se boursouflent pas comme la houille et ne coulent pas comme les bitumes solides. Lorsque la flamme est éteinte, la houille se recouvre d'une cendre blanche et s'éteint : les Lignites se couvrent bien également d'une cendre blanche beaucoup plus légère que celle de la houille mais ils continuent à brûler comme la braise. Ce caractère donné par M.r Cordier est presque caractéristique. J'ai essayé avec M.r Cordier plus d'une vingtaine de Lignites les plus compactes et analogues à la Houille et ils nous ont constamment donné ce caractère. Lorsqu'on le distille, le Lignite qui ne renferme pas de pyrites, il donne une odeur fétide, acre, piquante qui n'est pas analogue à celle de la houille; elle est due à de l'acide pyroligneux qui se dégage et qui paraît essentiel aux lignites, tous en renferment une plus ou moins grande quantité; ils contiennent aussi du bitume mais en proportion moindre que la houille.

La proportion de la partie éminemment combustible, soit de charbon, soit d'hydrogène avec la masse apparente du combustible, paraît être encore un des caractères distinctifs des lignites et des houilles; le combustible réel semble être beaucoup moins condensé dans les premières que dans les secondes; ce qu'on ne pourrait déduire des pesanteurs spécifiques qui sont à peu près les mêmes, mais des quantités de chaleur développées par ces combustibles d'après des expériences nombreuses faites par Mr. Roigt: Il a reconnu qu'un mètre cube de Lignite donne autant de chaleur que trois mètres cubes de bois de sapin, mais qu'il faudrait 7 mètres cubes de Lignite de Leipsick pour produire autant de chaleur qu'un mètre cube de houille.

Après la combustion il existe une cendre pulvérulente assez analogue à celle du bois mais souvent plus abondante, plus terreuse, plus ferrugineuse et par conséquent presque toujours rougeâtre; elle renferme jusqu'à 3 pour $\frac{0}{0}$ de potasse. La pesanteur spécifique des lignites varie de 10 à 15.

On peut distinguer les variétés de lignites suivantes:

1.° Piciforme: D'un noir luisant, compacte, cassure conchoïde, résineux: tantôt en masse, tantôt schisteux. La texture ligneuse rarement apparente à l'intérieur l'est quelquefois à l'extérieur.

C'est la variété qui brûle le mieux avec

la flamme la plus claire, l'odeur la moins dé-
-sagréable et qui laisse le moins de résidu.
Lorsqu'elle est très vive cette variété est appelée
Jayet ou Jay. Elle est alors susceptible d'un
assez beau poli et est employée pour parures,
on en fait des boucles d'oreilles, des colliers,
etc... Il en existe dans le Département de
l'Aude, et à Ste Colombe il y a un établisse-
-ment qui emploie 150 ouvriers à ce genre
d'industrie.

Lorsque le Lignite est moins pur, Mr
Brongniart l'appelle Piriforme commun.
Il est alors d'une structure schistoïde, quelque-
-fois fragmentaire ayant souvent la texture
ligneuse apparente: Il forme des couches
puissantes susceptibles d'une exploitation fa-
-cile et avantageuse; se rapproche tellement
de la houille qu'il n'est presque pas possible
de l'en distinguer extérieurement.

Il faut pour les distinguer recourir aux
caractères chimiques que nous avons indiqués
et à la manière dont ils brûlent; souvent la
texture ligneuse cachée lorsqu'on extrait le
Lignite des mines se décèle par la combus-
-tion.

2º. Lignite terne; d'un noir brunâtre
terne, quelquefois d'un noir de velours; cas-
-sure raboteuse ou imparfaitement concoïde,
texture compacte ou terreuse, structure mas-
-sive schistoïde ou fragmentaire mais point
ligneuse. Les fragments sont généralement
cuboïdes ou trapézoïdaux; brûlant plus ou
moins facilement avec fumée abondante et
souvent fétide, laissant un résidu abondant
souvent se désagrège et se décompose en
sulfates.

Mr Brongniart subdivise cette varié-
-té en terne massif, terne schisteux, terne
friable et terne terreux.

Les deux premières variétés sont les plus abondantes et celles qui fournissent un assez grand nombre de combustibles. Elles se trouvent dans plusieurs formations. Le terme terreux est la terre de Cologne; il est friable et même pulvérulent; sa couleur est le brun de girofle; il ne renferme point de pyrites et ne donne ni alun, ni couperose.

3°. *Lignite fibreux*: Cette variété renferme ce que l'on a appelé bois bitumineux; sa couleur est tantôt le noir tantôt le brun; son aspect est luisant ou terne; sa texture fibreuse est plus ou moins serrée; on y distingue toujours les végétaux auxquels il doit son origine; on peut le sous-diviser en fibreux noir et fibreux brun: Le premier est le bois bitumineux parfait; sa cassure est celle du Jayet. Le second est le bois bitumineux imparfait, sa couleur est plus ou moins claire; il est terne; sa structure est ordinairement lâche, laissant parfaitement voir celle du bois; peu dur, se laisse entamer par les instruments plutôt à la manière du bois qu'à la manière de la pierre.

Cette variété est très abondante elle se trouve dans presque tous les gîtes des Lignites; elle a frappé de tous temps les ouvriers et les naturalistes et est un des indices les plus sûrs de leur origine.

Les Lignites peuvent se trouver dans presque tous les terrains secondaires; il n'y a pas de formation qui n'en contienne mais il n'y a que deux dépôts un peu abondants.

1°. Le Calcaire Lias en assises le plus inférieures au Jura.

2°. Argile plastique; les grands dépôts d'Aix en Provence, ceux du Soissonnais désignés sous le nom de Tourbe pyriteuse &c. de Sharden, de Stiggate près de Londres, de la Hesse, de la Franconie et de la Bohême, &c.... appartiennent à cette formation. On indique des Lignites sous le Trapp et dans presque tous les terrains basaltiques ; quelques personnes les ont regar-dés comme contemporains, mais il est presque certain que le Lignite est antérieur et qu'il a été recouvert par le Trapp : cette considéra-tion tend même à faire regarder les roches Trappéennes comme le produit d'une des dernières révolutions du globe ; on observe ce phénomène dans la Hesse, en Franconie, en Bohême, dans l'Alsace, en Vivarais, dans l'Auvergne, &c.... mais le Dépôt le plus remarquable par son abon-dance est celui du Mont Meissner qui présen-te des Lignites parfaits et imparfaits.

Tourbe.

Les Tourbes sont des végétaux recou-verts d'eau et passés par la fermentation putride à l'état bitumineux ; elle se forme journellement : On trouve souvent plusieurs couches de tourbes superposées et d'âges diffé-rents : On en trouve un exemple dans la Somme où les bancs de tourbe ont plusieurs pieds d'épaisseur ; cette tourbe passe au Lignite. La Tourbe plus récente a plus d'analogie avec les plantes.

On peut distinguer :

1º. La Tourbe Compacte qui est noire, terreuse, à tissu lâche.

2º. La Tourbe résinite qui passe au bois bitumineux ; chaque fragment est résinite, mais la masse ne l'est pas.

3º. La Tourbe Papyracée qui est légère et composée de couches successives de végétaux disposés horisontalement.

4º. Enfin la Tourbe des prairies qui est une masse poreuse et à peine décompo-sée.

La Tourbe mêlée de chaux vive et comprimée
devient assez compacte pour servir à la cuisson de
la chaux.

12ème Leçon.

Du Fer.

Fer Natif.

Le fer se trouve à l'État natif de deux ma-
-nières; dans quelques cas disséminé dans le sein
de la Terre et provenant des pierres Météori-
-ques. On ne connait que peu de localités qui
présentent le fer sous cet état; les princi-
-pales sont Kamsdorf en Saxe où il se
trouve disséminé dans une masse de fer brun,
de fer spathique et de Spath pesant: On l'a
trouvé dans un filon dont il tapissait les cavi-
-tés, dans une montagne située près de Greno-
-ble: On connait des masses considérables de
fer natif en Sibérie: Il y en a une qui pèse
plus de 14 Quintaux; elle est placée à la sur-
-face de la Terre, vers le sommet d'une monta-
-gne; elle est tout à fait isolée, seulement en-
-veloppée d'une croûte de rouille: Cette masse
est rameuse et cellulaire: ses cavités sont en
partie remplies d'une substance vitreuse, ver-
-dâtre, transparente: D'après ses carac-
-tères et sa position, on ne peut croire, qu'-
-elle soit un produit de l'art: Depuis
que l'on a la certitude des Aérolithes on est
porté à croire que ces masses considérables pro-
-viennent de phénomènes semblables.

On ne peut révoquer en doute l'existence
des Météorithes; leur composition analogue
a fait présumer qu'elles doivent leur origine
à une même cause; Elles ont entre elles une
très grande ressemblance; leur forme est ordi-
-nairement irrégulière; elles sont couvertes

D'une croûte très mince d'une couleur noirâtre parsemée de petites aspérités. La matière à l'intérieur est généralement de couleur grise tachetée quelquefois de jaune : leur tissu est granuleux : elles se composent en général de trois substances différentes, que l'on distingue à l'œil : la première est en forme de petits corps ovoïdes de couleur grise ou brune, fragiles et dont la poussière est assez dure pour dépolir le verre (Péridot) : la deuxième est un fer sulfuré disséminé irrégulièrement dans la masse, elle est rougeâtre et paraît mélangée de Nickel : La troisième substance est composée de grains de fer à l'état métallique, malléable et agissant fortement sur l'aiguille aimantée :

Sa pesanteur spécifique = 35.

La composition moyenne sur 25 Analyses de divers échantillons de Météorithes est la suivante.

Silice	43	de 66 à 20	
Magnésie	16	De 32 à 9	24 Analyses seulement en ont fourni.
fer métallique	32	de 45 à 16	
Nickel	7	de 15 à 0,4	
Alumine	"	de 17 à 1	6 Analyses seulement en ont fourni.
Chaux	"	de 12 à 0,75	8 Analyses seulement en ont fourni.
Soufre	"	de 9 à 1	10 Analyses seulement en ont fourni.

Il existe quelques Météorithes qui contiennent un peu de Chrôme et du Cobalt. On a trouvé dans l'Amérique Méridionale des Masses considérables de fer assez analogue à celui de Sibérie : Mr. de Humboldt en cite une de 15000 Kilogrammes.

Oxides de fer.

Les Chimistes reconnaissent plusieurs Mr. Gay-Lussac en admet blanc, qu'il désigne sous le nom d'Oxides blanc, noir et rouge. Mr. Berzélius suppose qu'il n'en existe que Deux, l'oxide blanc et l'oxide rouge; le troisième, selon lui, serait une combinaison Des Deux autres; il désigne cette combinaison sous le nom d'Oxidum-ferroso-ferricum.

On trouve Dans la nature Deux de ces oxides qui se présentent avec Des caractères Différents.

Il existe en outre plusieurs autres combinaisons d'oxides de fer. On les distingue en Deux grandes classes:

1°. Oxides de fer ayant l'éclat métallique;
2°. Oxides de fer sans éclat métallique.

La première classe se subdivise très facilement par la Cristallographie: l'un de ces Oxides cristallise en octaèdre régulier, l'autre en Rhomboèdre: Ces Deux espèces correspondent aux Deux oxides De la Chimie.

Les Oxides sans éclat métallique peuvent se Diviser en trois classes D'après la couleur de leur poussière. Ceux de la première classe Donnent une poussière rouge; ceux De la seconde De la poussière jaune; ceux De la troisième De la poussière grise.

Les Echantillons qui Donnent De la poussière rouge sont le Péroxide, ainsi que le fer qui cristallise en Rhomboèdre: Ceux Dont la poussière est jaune, sont à l'état D'hydrate; enfin ceux qui Deviennent gris par la porphyrisation, sont à l'état de Carbonates.

1°. fer Oxidulé.

On désigne ainsi les Oxides de fer cristallisant en octaèdre, parce que c'est la substance qui contient le moins D'oxigène. Le fer oxidulé renferme 72 De fer et 28 D'oxigène. Il correspond à l'oxide noir de Mr. Gay-Lussac et à l'Oxidum-ferroso-ferricum de Mr. Berzélius: D'après la supposition de

ce dernier, la formule chimique de cet oxide
est :   Fë + 3Fë.

Cette substance, outre l'octaèdre, présente
différentes cristaux qui en dépendent, telle que le
Dodécaèdre, &c.ᵃ Les cristaux ont quelquefois
un clivage parallèle aux faces de l'Octaèdre.
Il se trouve fréquemment en masse et en grains
agglomérés. Sa pesanteur spécifique varie
de 42 à 49.

Sa couleur est d'un gris noirâtre, gris
d'acier; son éclat est métallique; il est rare-
-ment miroitant. Sa poussière est noire; il
est fort dur, difficile à écraser et raye le
verre. Il est très sensiblement magnétique;
c'est cette espèce qui fournit l'aimant naturel.
Il est insoluble dans les acides, infusible au
chalumeau; seulement il brunit; mélangé
avec du borax, il donne une masse brunâ-
-tre très foncée. On trouve fréquemment
dans les sables qui proviennent de la destruc-
-tion des terrains anciens, des grains de fer
oxidulé, et comme sa pesanteur spécifique
est grande, il n'est pas rare d'en trouver
réunis : On donne le nom de fer oxidulé
arénacé à ce fer en grains : Il est sou-
-vent titanifère.

Le fer oxidulé fournit du fer de quali-
-té supérieure : Les fers de Suède et d'Es-
-pagne si estimés par leur grande malléa-
-bilité et leur grande douceur, proviennent
de minérais de cette espèce.

2.º Fer Oligiste.

Le fer de cette seconde Classe d'Oxides
ayant l'éclat métallique, cristallise en Rhom-
-boèdre. Les angles plans de ce rhomboèdre
sont de 93.º et 87.º Le clivage est quelquefois
très net parallèlement à ses faces : Il sou-
-tient 6 [illegible] 21 d'arignes. Ses cristaux

sont très variés; ils ne sont tous que des varié-
-tés qui se déduisent de celui indiqué précédem-
-ment, en dodécaèdres à triangles scalènes et
en prismes à six faces régulières. Les cris-
-taux sont quelquefois très petits et devien-
-nent lenticulaires. La couleur du fer oli-
-giste est le gris d'acier; les cristaux sont
souvent irisés et présentent beaucoup d'éclat.
La poussière est rougeâtre quand elle est fine.
Quand on ne fait qu'écraser les cristaux on
obtient des grains noirs. Sa densité =
50 et 51. Il est un peu plus dur que le fer oxi-
-dulé, il raye le verre; il est légèrement magnéti-
-que, et n'attire pas la limaille de fer. Il est
infusible au chalumeau; avec le borax, il donne
une poussière d'un brun foncé.

Nous réunirons à cette espèce plusieurs
variétés n'ayant pas l'éclat métallique,
mais donnant une poussière rouge et contenant
la même proportion d'oxigène que le fer oli-
-giste cristallisé. Les principales variétés
sont le fer hématite, et le fer oxidé rouge.

Fer Hématite. Ce fer se présente sous
la forme de masses réniformes concrétionnées;
sa cassure est à la fois fibreuse et testacée.
L'éclat est soyeux; la couleur rouge assez fon-
-cée. Cette substance fournit le brunissoir.
Sa poussière est d'un beau rouge.

Fer Oxidé rouge. Se présente en masses
compactes, et la densité est plus ou moins
grande suivant que cet oxide est mélangé avec
plus ou moins d'argile. Sa cassure est
terreuse. Il est quelquefois dur et le plus sou-
-vent tache les doigts; cette variété donne le
sanguine.

3e. fer

3.º fer hydraté.

On a indiqué quelques cristaux de fer oxidé hydraté, mais il est probable qu'ils n'appartiennent pas à l'espèce, mais que ce sont des Pseudo-cristaux. Ce minerai de fer se trouve concrétionné; c'est l'Hématite brune, globuliforme variété de fer en grains. Elle compose les Mines les plus abondantes de la france. Elle se trouve en masse compacte et terreuse. Toutes les variétés contiennent une proportion constante de fer, d'oxigène et d'eau. C'est un hydrate de Peroxide de fer. Le caractère principal de toutes ces variétés est de donner une poussière jaune couleur d'ocre.

L'Hématite brune se présente comme la rouge en masses rédiformes ayant en même temps une cassure fibreuse et testacée. Sa couleur est le brun noirâtre. On apperçoit presque toujours des parties jaunes provenant de quelques fractures. La variété globuliforme se trouve en grains soit isolé soit agglomérée. Dans ce Dernier cas ils sont réunis par un ciment argileux chargé lui même d'une certaine quantité d'hydrate de fer. Le fer oxidé hydraté compacte forme des masses plus ou moins grandes dans lesquelles la pesanteur spécifique et la couleur sont les seul caractères. Le fer oxidé hydraté est peu dur; il se laisse rayer par une pointe d'acier; il donne de l'eau par la calcination. Au chalumeau il est presque toujours fusible en masse brunâtre; cette fusibilité est due aux terres avec lesquelles il se trouve mélangé. Quelquefois il contient une quantité plus ou moins grande de phosphore; alors il est très fusible, en donnant un bouton cassant et dégageant une odeur d'ail. Dans ce cas le Minerai présente un aspect résineux et une couleur d'un brun foncé.

4.° fer Carbonaté.

Le fer Carbonaté se trouve dans la nature,
dans des gisements différents; ses caractères
varient avec les gisements. Il se trouve en fi-
-lons dans les terrains anciens, ou disséminé
dans les terrains houillers. Dans le premier
cas, il est cristallisé en rhomboïdre (angle de 107°);
Dans le second cas il se trouve en masse compacte
et terreuse. On distingue, en général, sous le
nom de fer spathique, la variété cristallisée.
Sa couleur est d'un gris jaunâtre; les cristaux
sont assez éclatants, ils deviennent souvent
brunâtres par leur décomposition; ils passent
à l'état de fer oxidé hydraté. Lorsqu'il
est pur il contient 39 d'acide carbonique et
61 d'oxide de fer: sa pesanteur spécifi-
-que varie de 36 à 39: Il est un peu plus
dur que la chaux carbonatée et se laisse rayer
par une pointe d'acier; il est quelquefois
translucide et fait effervescence avec les
acides. Au chalumeau, lorsqu'il est pur, il
noircit, sans se fondre; avec le Borax il se
boursoufle et donne un verre d'un brun foncé.

Le fer Carbonaté des houillères n'est recon-
-naissable qu'à son poids; il forme ordinaire-
-ment des rognons applatis plus ou moins con-
-sidérables. Dans sa cassure, il est terreux
et d'un gris brun foncé: Il se comporte au
chalumeau et avec les acides comme l'autre.

5.° fer Sulfuré.

Le fer se combine au soufre en deux pro-
-portions et forme deux espèces de sulfures
très distinctes par la cristallisation. Celle
appelée Pyrite cristallise en cubes et en dif-
-férents corps réguliers. C'est une des subs-
-tances qui a le plus de variété dans les cris-
-taux. La Pyrite est composée de 54 de soufre

et 46 de fer. Sa couleur est le jaune lai-
-ton: les cristaux sont quelquefois assez écla-
-tants; ils ne présentent pas de clivage. Leur
cassure est unie; quelquefois un peu grenue.

La pesanteur spécifique varie de 41 à
47. Ce sulfure est assez dur; il étincelle sous
le briquet et raye le verre.

La seconde espèce appelée fer sulfuré
blanc, présente des cristaux qui dérivent d'un
prisme rhomboïdal droit dont l'angle est de
106°. Sa composition diffère peu de l'autre.
Sa couleur est d'un jaune verdâtre. Cette subs-
-tance se décompose assez facilement pour l'ac-
-tion de l'air et donne du sulfate de fer.
La plupart des Lignites exploités pour ob-
-tenir du vitriol contiennent ce sulfure: Sa
pesanteur spécifique est de 47; il est dur
et fait feu au briquet. Les Sulfures de fer
donnent au chalumeau une odeur sulfureuse
et une masse brunâtre attirable à l'aimant.

6.° Fer Arsénical.

Le fer Arsénical cristallise en prisme
rhomboïdal droit dont l'angle est de 103°.
il est composé de 20 de soufre, 46 d'arsénic
et 34 de fer: Sa pesanteur spécifique est de
56. Les cristaux ordinaires présentent la
forme prismatique; quelquefois seulement
il y a un biseau qui remplace la base. Le
fer Arsénical est d'un blanc d'argent un
peu gris; il étincelle sous le briquet et dégage
une odeur d'ail par le choc. Au chalumeau
il dégage une fumée et une odeur arsénicale
très prononcée. Projetté sur un charbon in-
-condescent, on obtient un globule cassant
analogue à la Pyrite magnétique.

7.° Fer

7.º fer Arséniaté.

Il contient 62 d'acide Arsénique et 38 de fer et quelquefois une certaine quantité d'eau. Il cristallise en cubes; il est d'un vert olive; ses cristaux sont assez éclatants, translucides et peu durs; leur poussière est d'un jaune verdâtre. Sa pesanteur spécifique est de 32. Au chalumeau il donne une odeur d'Arsénic et un bouton magnétique cassant.

8.º fer Phosphaté.

Ce fer se présente en cristaux dont la forme dérive d'un prisme rectangulaire oblique, dont la base est inclinée d'environ 100.º sur la face correspondante. Sa pesanteur spécifique = 26 : Il contient 22 d'acide phosphorique, 44 d'oxide de fer et 34 d'eau. Ses cristaux sont d'un bleu d'Indigo, transparents. Quelquefois on trouve du fer phosphaté terreux, non cristallin : Il se reconnait par sa couleur bleue : Il est soluble dans les acides; donne beaucoup d'eau par la calcination; il est fusible au chalumeau en donnant un globule noir et une odeur de phosphore prononcée.

9.º fer Chrômaté.

Cette espèce se rencontre rarement à l'état cristallin; il paraît cependant qu'on en a trouvé des cristaux dérivant de l'octaèdre régulier, à Baltimore; La pesanteur spécifique = 46. Il est fort dur, et raye le verre : Il présente un éclat métalloïde analogue au fer oxidulé. Sa composition n'est pas bien connue; cependant on a trouvé par l'analyse d'un échantillon provenant

du

	du Dépt. du Var.	de la Sibérie.
Acide chromique,	43	53
Oxide de fer,	34,7	34
Alumine,	20,3	11
Silice,	2	1
Oxide de Manganèse,	"	1
	100	100.

Au chalumeau le fer Chromaté n'éprouve aucune altération: Il est peu attirable à l'aimant, caractère qui le distingue du fer oxidulé.

10.° fer Carboné ou Graphite.

Le Graphite contient 92 de Carbone et 8 de fer. Cette petite quantité de fer a fait douter plusieurs Minéralogistes, de la nécessité de cette substance et ils ont regardé le Graphite comme un charbon mélangé d'une certaine quantité de fer. Mais on trouve fréquemment dans les fourneaux à fer une substance analogue par ses caractères et sa composition à ce Graphite et de plus cette substance existe en tables à six faces régulières. On voit donc, dans ce cas, que la composition et la cristallographie vient prouver que le Graphite est vraiment un minéral particulier. Il est d'un gris plomb, doux au toucher, peu dur, tachant les doigts et laissant des traces sur le papier: C'est cette substance qui fournit la matière des crayons, sa cassure est schisteuse en grand et inégale en petit; elle a assez d'éclat; elle ne présente aucune électricité, ce qui la distingue de la houille et des autres combustibles. Sa pesanteur spé-cifique varie de 20 à 24; cela tient à des mélanges. Cette substance est infusible; au chalumeau elle est presqu'entièrement volatile; elle est inattaquable par les acides et le feu.

Il existe encore plusieurs autres combinai-
-sons de fer, telles que du fer muriaté, du fer
oxalaté, du fer siliceo-calcaire; mais ces
substances sont fort rares.

Gisemens des Minérais de fer exploités.

Les fers Oxidulé et Oligiste se trouvent
principalement dans les terrains anciens: Ils
y sont disséminés en amas ou en couches puis-
-santes. On les trouve quelquefois aussi
dans les filons. Ces deux substances existent
aussi dans les roches volcaniques. La plupart
des laves d'Auvergne contiennent du fer oligiste.
Quant au fer oxidulé, quoique très abondant
dans ces terrains, il y est rarement visible parce qu'il s'y trouve disséminé en grains fins.
Les sables et alluvions des terrains anciens con-
-tiennent fréquemment ces oxides de fer.

Le fer oxidé rouge, quand il est concrétionné, se
trouve en filons dans les terrains anciens; à l'état
compacte ou terreux; il forme des couches puissan-
-tes dans les terrains secondaires.

Le fer oxidé hydraté existe principalement
dans les terrains secondaires, en couches parais-
-sant contemporaines au terrain. Souvent il
remplit des cavités et paraît alors postérieur,
comme dans ce cas, il n'est pas recouvert par
d'autres terrains; il est difficile d'assigner
son âge. La plupart des Mines en grains
de la France sont dans ce gisement: Beau-
-coup de personnes les regardent comme étant
des terrains d'alluvion; il est probable qu'-
-une grande partie est de l'époque du grès
vert. Outre ce gisement, le fer hydraté existe
dans les terrains les plus modernes, principalem.t
la variété appelée limoneuse qui se trouve dans
certains pays associé aux tourbières et ce der-
-nier minérai contient souvent du phosphore en

donne du mauvais fer.

Les fers carbonatés existent, comme nous l'avons dit dans des gisements différents. Le fer spathique forme des filons dans les terrains anciens et certains terrains secondaires. Le fer carbonaté des houillères existe en rognons dans le terrain qui lui donne son nom. Il est quelquefois disséminé dans les couches même de houille, plus habituellement dans les schistes qui avoisinent ce combustible.

Le fer chrômaté ou chrôme, substance qui donne principalement le chrôme, se trouve en rognons dans les terrains de serpentine. On en connaît dans un grand nombre de localités, mais ceux qui fournissent le plus de chrôme existent dans le Département du Var, en Sibérie et à Philadelphie.

Les autres combinaisons de fer, comme le fer sulfuré, phosphoré, Arsénical et arséniaté, &c..... se trouvent ordinairement dans les filons. La première seule existe dans tous les terrains.

Du Cuivre.

13ème Leçon.

Le Cuivre se trouve dans la nature sous plusieurs combinaisons; il existe aussi à l'état de Cuivre métallique, on l'appelle dans ce cas Cuivre Natif.

Cuivre Natif.

Le Cuivre Natif n'est jamais entièrement pur; il contient un peu de fer et des atomes d'or; sa couleur est plus foncée que celle du Cuivre pur; il est souvent noirâtre; quelquefois légèrement verdâtre à la surface, ce qui tient à un commencement d'oxidation: Il se trouve

ordinairement en masses ramuleuses, dentriques;
quelquefois cristallisé il se présente alors sous la
forme d'octaèdre, cube, cubo-octaèdre, cubo-dodécaèdre.

Cette substance a d'ailleurs tous les caractères
du Cuivre métallique; sa pesanteur spécifique est
un peu plus forte que celle du Cuivre fondu.

Celle du Cuivre natif est   8, 50
Celle du Cuivre fondu est   7, 78

Le Cuivre natif se rencontre quelquefois dissé-
-miné dans les rochers d'un certain âge. Il accompa-
-gne quelquefois la Phrenite. Le plus ordinairement
on le trouve associé avec d'autres Minerais de cuivre.
Il est probable que ce minéral existe a priori dans
ces mines, souvent aussi il paraît provenir de la
décomposition des minerais de cuivre par ceux de fer.
On le trouve principalement dans les Mines de
Cuivre en filons; il est très rare dans celles en
couches. Les échantillons proviennent de
Sibérie et de Reibreitenbach sur les bords du
Rhin près de Cologne. On en a trouvé des mas-
-ses considérables mamelonnées, déposées dans
les terrains d'alluvion au Chili et au Kamt-
-chatka. Au Brésil, on a trouvé une masse
isolée pesant 15 quintaux.

Des Oxides de Cuivre.

Le Cuivre se présente associé à l'oxigène dans
deux proportions, et donne naissance à des minéraux
dont les caractères sont bien différents.

Cuivre Oxidulé.

Le Cuivre oxidulé, caractérisé par
son analyse et par sa cristallisation
est le moins riche en oxigène; il contient
11 d'oxigène et 69 de cuivre métallique,
ce qui correspond à un atôme d'oxigène
pour un atôme de cuivre. quelquefois

mélangé dans toutes proportions avec de l'oxide de fer: Il est alors rouge de brique; les Allemands l'appellent rothe Ziegelerz — Cuivre couleur de brique.

Les cristaux de Cuivre oxidulé affectent l'octaèdre, rarement le cube; l'octaèdre modifié sur les arêtes et rarement sur les angles. Les cristaux présentent souvent le dodécaèdre et l'octaèdre réunis. Les cristaux sont quelquefois translucides, ils présentent alors une belle couleur cochenille.

La couleur de la surface des cristaux est un gris d'acier: sa poussière est rouge cochenille passant à la couleur de brique moins vive que le Cinabre et l'argent rouge.

Sa cassure est unie et concoïde, mais quand il est cristallisé il affecte la forme d'une masse lamelleuse. L'Éclat du Cuivre oxidulé est très vif, quelquefois cependant la surface des cristaux est mate.

Cette substance est dissoluble dans l'acide nitrique avec effervescence de gaz acide nitreux; elle réduit très facilement au chalumeau, sans donner d'odeur.

La pesanteur spécifique est de 56 à 57. Dans la variété capillaire le Cuivre sulfuré est en petits filaments d'un beau rouge soyeux croisés à angle droit.

Cuivre Oxidulé Terreux.

Le Cuivre Oxidulé Terreux constitue une espèce parmi les Minéralogistes Allemands; ils la désignent sous le nom de Ziegelerz: Il existe sous la forme de masses terreuses plus ou moins solides; sans éclat, quelquefois mélangé de parties brillantes dues à du Cuivre oxidulé pur. Sa couleur est le rouge de brique. L'Analyse montre que c'est un mélange de cuivre oxidulé, de fer oxidé rouge et de terres: Il accompagne le cuivre oxidé rouge.

Il existe une autre substance décrite sous le nom de *Pecherz* : Elle est compacte, sa cassure est concoïde sans éclat métallique, elle ressemble à certaines hématides elle contient du cuivre ; Elle est le résultat du mélange de fer oxidé hématite avec le cuivre, le fer y domine : Elle n'est pas fibreuse ni mamelonnée, elle provient du Bannat.

Les cristaux de Cuivre oxidulé proviennent du Cornouailles, de Sibérie et de Reibreitenbach. On en a aussi trouvé à Chessy près Lyon.

Les variétés capillaires proviennent de Sibérie, de Reibreitenbach et du Devonshire (Angleterre).

Les variétés terreuses nous viennent en grande partie de Sibérie ; Elles forment la masse du minérai exploité dans cette province Russe.

Cuivre Oxidé Noir.

Il est en masse terreuse quelquefois concretionné, ses caractères sont, pour ainsi dire, négatifs. Sa manière de se comporter avec les acides et le chalumeau est le seul caractère que l'on puisse donner pour le reconnaître. Il provient souvent de la décomposition des Carbonates. Il contient :

$$\left.\begin{array}{ll} \text{Oxigène} & 20 \\ \text{Cuivre} & 80 \end{array}\right\} 100$$

Ce qui correspond à un atôme de Cuivre et deux d'oxigène d'où la formule qui représente cette espèce est $\ddot{C}u$.

Il donne avec le Borax un émail vert.

Des Sulfures de Cuivre.

Le Cuivre présente plusieurs combinaisons avec le soufre. Dans une seule le Cuivre sulfuré il n'est allié avec aucune autre substance que le soufre ; mais il en est d'autres où il

...prarait combiné à la fois avec le fer et former
des sulfures doubles.

Cuivre Sulfuré.

Le Cuivre Sulfuré peut être parfaitement déterminé par son analyse. Le Cuivre et le
soufre peuvent se combiner artificiellement dans
les proportions de 0,20 à 0,80.

Les analyses de sulfures naturels faites
par M.rs Gueniveau ont donné à peu près
le même résultat. Cette composition correspond
à la formule CuS.

Cette substance est aussi déterminée par sa
cristallisation qui dérive d'un prisme à six
faces régulier.

Il se trouve en masses et en petits cristaux
disséminés. Leur forme est celle d'un prisme à
six faces régulier, et d'un prisme à six faces
tronqué sur les arêtes de la base; ils présentent alors la forme d'un prisme à six faces
surmonté d'une pyramide à six faces. Quelque fois les deux troncatures se trouvent
réunies et forment une double pyramide opposée
base à base. Enfin il y a une table à six
faces dont les côtés sont terminés en biseaux.

Sa couleur est le gris d'acier passant au
gris de plomb; son éclat est très faible, excepté dans les cristaux; il est presque toujours
ductile et prend de l'éclat par la cassure, ce
qui le distingue du cuivre oxidulé qui donne
une poussière rouge et ne prend pas d'éclat.
Dans les Mines de Sibérie on le trouve mélangé avec de l'oxidule et du fer oxidé et
alors il n'est plus ductile.

Pur, il est fusible à la flamme d'une bougie,
mélangé, il ne l'est plus. Au chalumeau il
donne une odeur de soufre et un bouton de Cuivre métallique.

Cette substance présente quelquefois une

forme pseudo-Morphique analogue à des épis de blé : Sa pesanteur spécifique varie de 48 à 54 : Il y a des bois fossiles à l'état de Cuivre sulfuré.

Les cristaux proviennent de la Sibérie, du Bannat, de la Saxe et du Cornouailles : Les beaux échantillons compactes sont de la Sibérie.

Le Cuivre oxidulé qu'on pourrait se confondre avec la substance que nous décrivons. Mais le premier est aigre, très éclatant, donne une poussière rouge : L'acide nitrique y produit des vapeurs nitreuses ; tandis que le Cuivre sulfuré est presque toujours fusible à la flamme d'une bougie : Est ordinairement fort ductile.

Cuivre Pyriteux.

Le Cuivre Pyriteux est caractérisé par son analyse. Mr Gueniveau a trouvé dans le Cuivre de St Bel près Lyon 0,30,20 de cuivre 0,32,30 de fer 0,37 de soufre : Dans le Cuivre Pyriteux de Baigory, 0,35 de cuivre 0,33 de fer 0,35 de soufre. Mr Chenevix a obtenu les proportions suivantes : 0,30 de cuivre, 0,53 d'oxide de fer 0,10 de soufre.

Mr Proust a trouvé à peu près les mêmes résultats que Mr Gueniveau. On y rencontre des atomes d'argent : D'après ces résultats presque identiques on est conduit à regarder ce minéral comme une combinaison en proportion définie de cuivre, fer et soufre.

Mr Beudant admet que cette substance serait alors composée de

Soufre —— 35
Cuivre —— 35 } 100
fer —— 30

Composition qui conduirait à un bisulfure de fer et de Cuivre et donnerait la formule

$$CuS^2 + FS^2.$$

La cristallisation caractérise également cette substance; sa forme ordinaire est le tétraèdre régulier. Celui-ci souvent tronqué sur ses angles ou sur les arêtes donne l'octaèdre et le cube; certains cristaux présentent une hémi-tropie analogue au Spinelle.

Cette substance se trouve rarement cristal-lisée, plus souvent en masse. La couleur jaune d'or, jaune laiton, plus jaune que le fer sulfuré est constante: On rencontre des variétés irisées, sa dureté est assez grande; cependant elle ne fait point feu au briquet. Sa cassure assez inégale n'est point distinctement conçoïde. On a observé quelques clivages pa-rallèlement au tétraèdre.

Au chalumeau elle donne une odeur sul-fureuse et des globules noires en forme de scorie; en la mêlant avec du charbon, on obtient des boutons métalliques; avec le Borax elle donne un émail d'un assez beau vert.

Une variété décrite par quelques minéra-logistes sous le Mine de cuivre blanche, (Weisses-Kupfererz) est toujours un peu jaune et terne.

Le Cuivre Pyriteux est une des Mines de Cuivre les plus communes. La plupart des Mines de Cuivre d'Angleterre et d'Alle-magne produisent des Cuivres Pyriteux. Cette substance forme des amas et des filons.

Au Hartz le Cuivre pyriteux est en veines et en filons; Au Rammelsberg en amas; à Fahlun en Suède il forme un amas parallèle aux couches; à Baïgorry il forme un filon puissant. La Mine de St Bel près Chessy paraît être plutôt une couche qu'un filon, elle a cependant quelques caractères de ce dernier.

Le Cuivre Pyriteux subit quelquefois une décomposition dans l'intérieur des Mines en passant au brun. Les Allemands l'ont décrit sous le nom de Kupfer-schwarz. Il paraît que c'est un mélange d'oxide de cuivre et de sulfure de fer. Il se réduit très difficilement au chalumeau, en donnant une scorie.

Le Cuivre sulfuré et pyriteux forme la base principale des mines de cuivre exploitées dans les schistes du Mansfeld, il est disséminé dans cette roche en parties indiscernables. Quelquefois on observe dans les tranches de petites veines ayant de l'éclat qui sont ou jaune comme le cuivre pyriteux ou gris comme le sulfuré; dans cette roche l'argent est aussi en épie.

Cuivre Gris..

On a réuni sous ce nom plusieurs substances contenant du soufre, du cuivre, et plusieurs autres métaux, comme le fer, l'Arsenic, l'Antimoine, l'argent, le plomb et quelquefois du Zinc: Il est probable qu'il y a plusieurs espèces groupées sous ce nom. Les Allemands en distinguent trois sous les noms de Fahlerz, Graugültigerz, et Schwarzgültigerz. Les Analyses font penser qu'il en existe un plus grand nombre, mais Mr. Beudant et Mr. Berzélius regardent que l'on peut en distinguer trois. On les indiquera après la description générale de cette espèce. Tous ces minéraux sont d'un gris d'acier plus ou moins foncé. Les mines les moins grises contiennent de l'Antimoine, les grises et les noires contiennent de l'Arsenic. Ces substances se cristallisent sous la forme de tétraèdre régulier avec différentes modifications qui donnent l'Octaèdre, le Dodécaèdre et les composés, c'est la même forme que celle du cuivre pyriteux, ce qui fait que quelques personnes ont voulu les considérer comme du cuivre pyriteux mélangé d'Arsenic et

d'antimoine, mais tout porte à croire qu'ils
sont entièrement différents.

Le Cuivre gris se trouve en masse cristallisé, les cristaux sont assez souvent groupés dans les cavités, quelquefois empâtés
dans les roches. La couleur de la variété
arsénifère est grise de plomb avec une
cassure grenue et peu d'éclat à l'exception
de la surface des cristaux. La variété antimonifère est gris noirâtre comme le fer;
sa cassure concoïde présente beaucoup d'éclat.
Au chalumeau la variété arsenifère, éclate,
donne une fumée blanche et se change en un
métal cassant. La variété antimonifère, donne
le même résultat avec la différence que l'on
obtient pour la première les fumées avant la
fusion et pour la dernière ces deux circonstances se manifestent simultanément, le bouton en outre est éclatant.

Cette substance est aigre et présente beaucoup de caractères qui la distinguent du
cuivre sulfuré.

On a associé en outre au Cuivre gris
plusieurs substances que l'on a désignées
sous le nom de Bournonite trouvées en Allemagne et en Angleterre, paraissant être
un sulfure triple de Cuivre, d'Antimoine et
de plomb et dont les formes sont essentiellement
différentes de celles du Cuivre gris. Elles cristallisent en prismes à six faces régulières,
et en prismes rectangulaires formes également incompatibles entre elles; ce qui nous
annonce qu'on a réuni sous les mêmes formes
plusieurs minéraux appartenant à des substances différentes.

Cette substance a d'abord été trouvée à
Koepenick: Les cristaux qui y proviennent de
cette localité sont cannelés à l'extérieur, arrondis
et tendant au prisme à six faces; vus dans le
sens de leur axe, ils y paraissent être une

réunion de petits prismes. Les cristaux du Cornouailles et des Alpes ont la forme de tables quadrangulaires très applaties terminées par des biseaux sur les arêtes de la base.

Les trois espèces admises par Mr. Beudant sous le Cuivre gris Arsenifère ou Rennautite: Le Cuivre gris Antimonifère et le Cuivre Antimonifère et plombifère.

La composition de la première de ces espèces serait :

Soufre ———————— 28,74
Cuivre ———————— 45,32
fer ———————— 9,26
Arsénic ———————— 11,84
Argent ———————— 11,00

Composition qui mène à la formule,

$$9\,CuS + F.Ar.$$

La Composition de la seconde :

Soufre ———————— 28,00
Cuivre ———————— 37,75
fer ———————— 3,25
Antimoine ———————— 22,00
Argent ———————— 0,25
Zinc ———————— 5,00

Composition de laquelle il est presqu'impossible de conclure une formule.

Enfin la troisième serait composée de

Soufre ———————— 13,50
Cuivre ———————— 16,25
fer ———————— 13,75
plomb ———————— 34,50
Antimoine ———————— 16,00
Argent ———————— 2,25

Assemblage de :

42 Antimoine de plomb
42 Cuivre pyriteux de plomb et d'argent.

Gisement des Mines de Cuivre.

Les Mines de Cuivre se trouvent en filons

Dans les terrains primitifs et disséminées dans les couches: Elles forment aussi des amas comme cela a lieu à Fahlun en Suède. — A Gyromagny le Cuivre sulfuré et pyriteux se trouve en filons. — A Baeguy le Cuivre gris, le Cuivre sulfuré et carbonaté existe en filons entremêlés de fragments de la roche environnante. — En Sibérie, les gîtes les plus nombreux sont des couches dans un terrain primitif qui y paraît approcher du terrain de transition. Les mines du Chili s'exploitent sur différents gisements: On trouve beaucoup de cuivre dans les terrains d'alluvion.

La mine de Cuivre carbonaté de Chessy forme une couche dans un terrain de grès analogue au grès bigarré: Dans les terrains secondaires on rencontre le cuivre _Morno-bitumineux_ en couches à l'état de sulfure et de pyrite.

Le Cuivre gris est ordinairement argentifère et est exploité à la fois comme mine de cuivre et mine d'argent.

Cuivre carbonaté bleu.

Dans la nature il existe deux Carbonates de cuivre, l'un bleu, l'autre vert: On voit quelquefois le passage de l'une des couleurs à l'autre; ce qui joint à la petite différence de composition a fait croire pendant longtemps qu'on devait les réunir sous la même espèce; mais on a reconnu depuis que leurs cristallisations étaient essentiellement différentes.

Les cristaux de cuivre carbonaté bleu dérivent d'un prisme rhomboïdal oblique de $98°,50'$ et $81°,10'$: La base est inclinée sur les faces latérales de $91°,30$ et $88°,30$. Ces cristaux présentent beaucoup de modifications, mais la forme primitive est toujours dominante: Les principales sont des troncatures

sur les arêtes de la base, très inclinées, coïnci-
-dant presqu' avec le plan de la base; et
une troncature assez inclinée sur les angles de
la forme principale.

Le Cuivre carbonaté bleu existe soit à
l'état cristallin, soit à l'état compacte; il
forme aussi des masses rayonnées sans être
fibreuses. Les cristaux croisés confusément ta-
-pissent des cavités ou forment des rognons.
La couleur est bleu d'indigo passant quelque-
-fois au bleu d'azur. Dans les variétés
concretionnées le bleu est plus clair.
Cette substance fait effervescence avec les aci-
-des. Au chalumeau il noircit d'abord et don-
-ne du cuivre métallique si l'expérience se
fait avec le contact du charbon: Avec le
borax on obtient un émail vert.

La substance appelée pierre d'Arménie
n'est autre chose qu'une roche pointée de
cuivre carbonaté bleu.

Le Cuivre carbonaté est composé de
Acide carbonique : ——— 26
Oxide de cuivre ——— 69
Eau ——————— 5
Ce qui peut mener à la formule
$\ddot{C}u\ddot{c}^2 + \frac{1}{2} \ddot{C}u Aq^2$.

Cuivre carbonaté vert.

Cette substance est rarement cristallisée,
ses cristaux qui tapissent des cavités dérivent
d'un prisme rhomboïdal droit d'environ 103°
et 77°. Elle est le plus ordinairement à l'état
fibreux en filets séparés et en masses concre-
-tionnées fibreuses dans un sens et testacées
dans l'autre; C'est la Malachite, lorsqu'elle
présente des couches alternativement foncées
et claires; elle est très estimée: Les fibres
sont soyeuses.

Le Cuivre carbonaté vert fait effervescence

avec les acides; Au chalumeau il se fond, pé-
-tille et noircit, sur le charbon donne un bouton
métallique et avec le borax il se réduit en
émail vert.

Ce carbonate est composé de

Acide carbonique ——— 20
Oxide de cuivre ——— 72
Eau ——————— 8

Composition qui conduit à la formule.

$$\ddot{C}u\ddot{c} + Aq.$$

Cuivre hydraté silicifère.

Le Cuivre hydraté silicifère est composé
ainsi; 0,61 d'oxide de cuivre, 0,39 de silice
et 0,20 d'eau : La silice est très variable
de proportion de 0,35 à 0,59 circonstance
qui semble indiquer que a silice n'est pas
essentielle à la composition. Si la quantité
d'eau variait proportionnellement à la silice
ce serait de la silice cuprifère. D'autant
plus que les caractères extérieurs sont sem-
-blables au quarz résinite.

Cette substance se présente sous la
forme concretionnée; elle est d'un bleu-verdâ-
-tre, dans lequel tantôt le vert tantôt le
bleu prédomine : Le vert devient quelque-
-fois noirâtre.

A la surface des mamelons on observe
un éclat gras qui est très faible dans la
cassure, de même que dans le quarz rési-
-nite; il happe à la langue dans les par-
-ties mates; sa cassure est assez unie et légèrement concoïde, les parties brillantes
rayent le verre, les autres sont souvent
rayées par le couteau. On enlève la couleur
de cette substance en dissolvant le cuivre,
la silice est inattaquée. Au chalumeau
avec le borax on obtient un émail vert.

Le Cuivre carbonaté vert et le Cuivre

hydraté se trouvent accompagnant les autres minérais de cuivre. — Les Carbonates bleus sont plus rares que les verts: Ils se trouvent principalement dans un terrain de grès qui paraît être du même âge que le grès bigarré. On en exploite en Sibérie, au Bannat et à Chessy: Les Malachites viennent principalement de la Sibérie; quant au Cuivre hydraté, il provient du Chili et de Sibérie; cependant on possède quelques échantillons de la Thuringe.

Cuivre dioptase.

Il cristallise en prisme à six faces terminé par un pointement à trois faces; ce pointement conduit à un système rhomboïdal dont l'angle est 124° et 56°.

Cette substance fort rare n'a été trouvée que cristallisée. Les cristaux sont empâtés sur du cuivre carbonaté vert ou Malachite; Elle paraît composée de,

Silice _____________ 33
Oxide de cuivre _____ 55
Eau ________________ 12

Composition qui les rapproche du cuivre hydraté dont elle est peut être le type.

L'oxide de cuivre se combine avec l'acide arsénique dans différentes proportions. Cette différence dans les composans paraît en relation avec la forme cristalline de manière qu'il existe plusieurs espèces d'Arséniate de cuivre. Nous allons indiquer les prin

1°. Cuivre arseniaté Octaédrique: La forme de cette substance est un octaèdre obtus dont les faces sont inclinées de part et d'autre de la base commune de 60°40' et 70°22': Sa couleur est bleu de ciel: sur la surface des cristaux on remarque un éclat assez vif. Sa pesanteur spécifique est 2,88 . Sa composition est de

Acide Arsénique ———— 14

Oxide de cuivre ———— 49

Eau ———————— 35

2°. <u>Cuivre arseniaté</u> <u>lamelliforme</u> ou <u>Rhomboëdrique</u> : Il est cristallisé en tables ou plutôt en lames très minces à six faces qui portent des troncatures inclinées à l'une des faces dans des sens opposés ; cette forme conduit à un rhomboëdre dont les faces sont inclinées de $110°30'$ et $69°30'$. Sa couleur est d'un beau vert d'émeraude, il a assez d'éclat et une demie transparence. Sa pesanteur spécifique est de 2,54. D'après Mr Chenevix il est composé de,

Acide arsenique ——— 21

Oxide de cuivre ——— 58

Eau ———————— 21

3°. <u>Arseniate</u> de <u>Cuivre</u> — prismatique Droit : Il cristallise en prisme rhomboïdal droit dont l'angle est $110°50'$ et $69°10'$. La plupart des échantillons sont d'un bleu très foncé passant au noir ; ils forment des masses de cristaux très imparfaits réunis en éventail et passant à la structure fibreuse. Sa pesanteur spécifique est 4,28 . Il est composé d'après Mr Chenevix

D'Acide arsenique ——— 39,70

Oxide de cuivre ——— 60,00

4°. <u>Arseniate</u> de <u>Cuivre prismatique</u> <u>oblique</u> : Cette espèce est la même décrite par beaucoup de personnes sous le nom de Cuivre arseniaté en octaèdres aigus : Il est d'un vert olive ; présente de l'éclat sur les faces des cristaux, qui sont ordinairement groupés dans des cavités. Sa pesanteur spécifique est de 4,28 . Il paraît composé

D'après l'analyse de Mr. Chenevix de

Acide arsenique	30
Oxide de cuivre	54
Eau	16

Outre ces espèces on trouve souvent des Arsé-niates fibreux qui se rapportent tantôt à une de ces espèces tantôt à une autre. Sa couleur très variable, est quelquefois vert pré, quelquefois vert jaunâtre avec un éclat métallique: Les fibres sont isolées ou réunies. On lui a don-né le nom de Malachitiforme à cause de cette Structure; la surface est souvent mamelonnée, cette dernière variété conduit au cuivre arsé-niaté terreux, substance analogue que l'on a observée dans quelques endroits; elle a des parties fibreuses; on n'en connaissait d'a-bord que dans le Cornouailles, mais depuis on en a trouvée dans le pays de Nassau. Il existe en outre une variété ferrifère.

Les Arseniates de cuivre y présentent des caractères analogues. Ils sont peu durs; au chalumeau se fondent, se décomposent, donnent des fumées blanches ayant une odeur d'ail très prononcée: On obtient un bouton métalli-que très cassant quand on opère sur du charbon: Solubles dans les acides.

Cuivre Muriaté.

Sa forme est celle d'un prisme rhomboï-dal: Les cristaux sont tellement petits que l'on n'a pu en déterminer les loix: On re-connait seulement un prisme à 4 faces surmonté d'un biseau. On a trouvé aussi cette substance en sable.

Le Cuivre Muriaté est vert émeraude; les cristaux sont très éclatans, les masses le sont peu. Il existe quelquefois en couches superficielles au Vésuve où il recouvre la sur-face de certaines laves: se dissout dans les

acides, sans effervescence : Très rare ; il
provient du Chili. Sa pesanteur spécifi-
-que est 4 , 43 . Il paraît composé de
    Acide hydro-chlorique _______ 12
    Oxide de Cuivre ___________ 72
    Eau ___________________ 16
Cette composition conduirait à la formule
$$\ddot{C}u^{3}\,(Hch)^{2} + 6\,Aq .$$

14ᵐᵉ Leçon .

du Plomb.

Plomb Natif.

On a annoncé l'existence du Plomb
Natif dans plusieurs localités. La plus grande
partie du plomb natif ainsi trouvée a été rencon-
-trée à de petites distances des fonderies ; il est
assez probable qu'il est un produit métallur-
-gique : Cependant on en a trouvé dans des la-
-ves de l'isle de Madère, dans de petites
masses contournées ; ce plomb jouissait de la duc-
-tilité, de la densité et des autres caractères
du plomb métallique : On peut donc le regarder
comme natif. Dans l'Amérique du Nord
près la rivière d'Anglès, le plomb natif a
été trouvé associé avec de la Galène et for-
-mant des bandes successives ; il était mé-
-langé de Pyrite et de Quarz, ce qui an-
-nonce qu'il appartenait à un filon.

Plomb oxidé rouge ou Minium natif.

On a trouvé des échantillons de ce minérai
dans plusieurs localités : On en connais qui
vient de Hesse-Cassel, de Schlankenberg, de
Sibérie et de Virdel dans le Yorckshire ; il est
en masse amorphe rouge, mêlé de terre ocreuse.

Il est reconnaissable seulement par sa couleur, son poids et ses caractères chimiques.

Plomb sulfuré ou Galène.

C'est la mine la plus habituelle et la plus abondante; elle est composée de 16 de soufre et 84 de plomb. Sa cristallisation qui est très prononcée dérive du cube, on trouve des cristaux cubiques, et les différentes modifications régulières qui dérivent de cette forme: Les formes les plus habituelles sont le cubo-octaèdre, l'octaèdre et le dodécaèdre. Le clivage est très facile parallèlement aux faces du cube; Lorsque cette substance est lamelleuse on obtient le clivage par la seule fracture. Sa pesanteur spécifique moyenne $= 7,5$ à $7,6$. Cette substance est d'un gris de plomb très éclatant, ne tâche pas les doigts; d'une cassure très lamelleuse dans les masses cristallisées, d'une cassure compacte et terne dans les masses compactes. Sa poussière est d'un gris assez clair. Elle est très facile à racler et s'égrène sous le marteau: Elle est fusible au chalumeau avec facilité; elle se fendille d'abord, donne une odeur sulfureuse et un culot de plomb métallique quand les vapeurs ont cessé. Beaucoup de Galènes donnent une odeur arsenicale, ce qui tient à un mélange d'Antimoine: quelquefois elles dégagent une odeur de rave; dans ce cas elles sont mélangées de sélénium de plomb ce que l'on reconnait en essayant la substance dans un tube de verre: Le sélénium se sublimant en rouge cochenille.

La Galène contient habituellement une certaine quantité d'argent et sous ce rapport on dit souvent que c'est une mine d'argent; mais cette quantité quelquefois fort importante pour les arts est toujours très peu

considérable; car une galère qui donne 5 ou
d'argent au quintal de plomb peut être
coupellée avec avantage pour en retirer
l'argent.

La Galène se trouve en véritée, en
amas et en filons dans les terrains anciens
on en trouve également disséminée en véin
dans les terrains secondaires; mais le premier
gisement est le plus important pour l'industrie

Plomb Phosphaté.

Est composé de 24 d'acide phosphorique
et 76 d'oxide de plomb: Cette substance
est aussi caractérisée par sa cristallisation
qui dérive d'un prisme hexaèdre régulier
dont la hauteur est à l'apothème à peu
près comme 66 est à 37: Elle se trouve ou
cristallisée ou en masses aciculaires; les
cristaux sous des prismes hexaèdre réguliers
ou les mêmes portent une troncature sur toutes les arêtes de la base: quand ce trou-
catures atteignent une limite, le cristal présente la forme d'une double pyramide posée base à base et tronquée au sommet;
cette dernière variété est plus habituelle au
plomb phosphaté mélangé d'une certaine
quantité d'arséniate. Cette substance présente deux couleurs différentes, l'une d'un
beau vert et l'autre brune: Les cristaux sont
assez éclatans à l'extérieur; leur cassure
vitreuse présente un éclat adamantin. Sa
pesanteur spécifique = 64. Au chalumeau
le plomb phosphaté se fond facilement et
donne un bouton polyèdrique: Cette substance est quelque fois argentifère.

Le gisement du plomb phosphaté est
le même que celui de la Galène.

Plomb

Plomb Carbonaté.

La combinaison de plomb et d'acide carbo-
-nique se présente sous plusieurs formes dif-
-férentes, ce qui tendrait à faire admettre plu-
-sieurs carbonates: Nous ne parlerons que de
la plus habituelle qui cristallise en prisme
rhomboïdal droit sous l'angle de 117 degrés.
Les cristaux que présente cette substance sont
des prismes plus ou moins modifiés dérivans de
la forme précédente, par différentes modifi-
-cations sur les angles et sur les arêtes; l'une
des formes les plus habituelles est une double py-
-ramide posée base à base. Ce Carbonate est
composé de

      Oxide de plomb ———— 84
      Acide carbonique ——— 16

Cette substance se présente en masses acicu-
-laires, en masses compactes et en masses ter-
-reuses: dans ce dernier cas la pesanteur et
la propriété de faire effervescence avec les
acides suffisent pour la distinguer. — Elle est
une des plus éclatantes qu'on connaisse, du moins
dans la cassure; l'éclat est très vif et analogue
à celui du Diamant; — Elle n'est pas lamel-
-leuse, d'où il résulte que sa cassure est vi-
-treuse.

Cette substance est peu dure et rayée faci-
-lement par une lame d'acier; elle jouit d'une
réfraction très forte: Sa couleur habituelle est
le blanc grisâtre ce qui lui a fait donner le nom
de plomb blanc; elle est quelquefois noire par
altération. Sa pesanteur spécifique = 67.
Au chalumeau cette substance se fond, mais
avant elle décrépite et jaunit. Projetée sur
un charbon elle donne un bouton de plomb
métallique.

On a confondu pendant longtemps sous le
nom de plomb carbonaté, des sels composés de

carbonaté et de sulfate: On en distingue trois qui sont le plomb sulfaté-carbonaté, le plomb sulfato-tricarbonaté et le plomb sulfato-carbonaté cuprifère.

Le plomb carbonaté se trouve ordinairem.t avec le plomb sulfuré; il est moins abondant que cette substance; cependant il existe quelquefois en quantité assez grande pour être susceptible d'exploitation.

Plomb Sulfaté.

Cette substance se trouve en cristaux octaédriques à base rectangulaire: La forme primitive dont ces cristaux dérivent est un prisme rhomboïdal droit sous l'angle de 103° 42'. La hauteur et les côtés sont à peu près comme les nombres 33 et 32: Les cristaux sont souvent modifiés et présentent un clivage très net parallèlement aux faces du prisme rhomboïdal. Cette substance est ordinairement translucide et quelquefois transparente; elle est alors incolore: Sa cassure est vitreuse et présente un éclat considérable analogue à celui du plomb carbonaté avec lequel elle est très facile à confondre; mais elle ne fait pas effervescence avec les acides; on l'en distingue par ce moyen. Elle jouit d'une double réfraction considérable. Sa pesanteur spécifique = 63; elle est très tendre, plus que le plomb carbonaté. Quelques variétés sont jaunâtres et d'autres colorées accidentellement en noir: Elle est composée de

Acide sulfurique ——— 26

Oxide de plomb ——— 74

Le plomb sulfaté contient quelquefois du cuivre, et on a décrit une espèce particulière désignée sous le nom de plomb sulfaté cuprifère; il est alors bleuâtre: Il est très rare, on en trouve cependant dans un assez grand

nombre de veines, mais en petite quantité.
Les gîtements principaux sont en Écosse
et en Sibérie.

Plomb Chromaté.

Cette substance se trouve en cristaux dérivant
d'un prisme rhomboïdal oblique de 93°. 30', (a)
Sa composition est de

      Acide chromique ——— 32
      Oxide de plomb ——— 68

Elle est très reconnaissable par sa couleur qui
est d'un beau rouge orangé. Elle a un clivage
parallèle aux faces du prisme, sa cassure
est donc lamelleuse. Sa pesanteur spécifi-
-que = 60. Sa poussière est d'un rouge
orangé, facile à écraser, peu dure. Elle ne
fait pas effervescence avec les acides. Au chalumeau elle donne une scorie noirâtre et par d'o-
-deur arsenicale; avec ces deux caractères, on
peut facilement distinguer le plomb chromaté,
des différentes substances avec lesquelles sa
couleur pourrait le faire confondre.

Le plomb chromaté n'a été trouvé que dans
peu de localités. Les échantillons qu'on trouve
dans les collections, proviennent principalement
de Bérésof en Sibérie: Il paraît qu'il
y est assez abondant et qu'on l'emploie en
peinture.

Plomb Molybdaté.

Cette combinaison est dans la proportion de
      Oxide de plomb ——— 61
      Acide Molybdique ——— 39

Le plomb Molybdaté n'est connu qu'en cris-
-taux: Ils sont en octaèdre à base quarrée,
dérivant d'un prisme à base quarrée dont la
hauteur et le côté sont comme 32 est à 41.
Cette substance est d'un jaune pâle, peu dure,

et donne une poussière d'un jaune clair : sa
pesanteur spécifique égale 50. Au chalumeau elle fond ; et donne des globules de plomb si
ou la jette sur un charbon. Cette substance assez rare
provient de Saxe.

Plomb Arseniaté.

Cette substance est fort rare ; elle se trouve
tantôt en petits cristaux hexaëdriques réguliers,
tantôt en petites fibres soyeuses : Elle est
reconnaissable par sa couleur jaune ; Elle est composée de

    Oxide de plomb _____ 66
    Acide Arsénique _____ 34

Sa pesanteur spécifique = 54 à 56.
Au chalumeau elle donne une odeur arsénicale
très prononcée : Les échantillons proviennent
principalement de S.ᵗ Briest, près Autun.

Plomb Muriaté.

On appelle ainsi un sel double d'acide
Muriatique et d'acide carbonique. On en
connaît quelques échantillons, toujours cristal-
-lisé : Les cristaux quoiqu'imparfaits pa-
-raissent dériver d'un prisme droit rectangu-
-laire. Cette substance est peu éclatante et
présente une cassure lamelleuse parallèlement
aux faces du prisme. Au chalumeau elle
est très fusible et donne une flamme bleue,
en le traitant par l'oxide de cuivre.

Mercure.

Mercure Natif.

On le trouve fréquemment dans les
Mines de Mercure. Il paraît être le

résultat de la décomposition de ces mines. Il est à l'état métallique, présentant les caractères propres à ce métal; seulement il est un peu moins liquide, parcequ'il est toujours mélangé avec des substances étrangères.

Mercure Argental.

On appelle ainsi une combinaison de Mercure et d'Argent en proportions constantes de

    Mercure ——— 65
    Argent ——— 35

Cette substance cristallise suivant les formes régulières de la Géométrie. Les cristaux les plus habituels sont le Dodécaèdre; ces cristaux présentent toujours des faces un peu arrondies, ce qui tient à du Mercure métallique qui existe toujours à la surface. Sa couleur est celle de l'argent. Il est peu dur et se laisse écraser sous le marteau: sa cassure est un peu concoïde; sa pesanteur spécifique est égale à 14, 11. Sur un charbon le Mercure se dégage et il reste l'argent métallique; cette expérience est concluante quand elle est faite dans un tube. Le Mercure Argental n'a été trouvé que dans les mines de Mosche-Lausberg où il accompagne d'autres mines de Mercure.

Mercure Sulfuré.

Combinaison de Soufre et de Mercure dans les proportions de

    Mercure ——— 86
    Soufre ——— 16

C'est la seule mine de Mercure qui fournisse le métal au Commerce. Sa pesanteur spécifique = 69 à 70. Le sulfure de mercure se présente en cristaux, en masses cristallines et en masses compactes. Les cristaux sont fort rares; ils présentent des divisions suivant les faces d'un prisme hexaèdre régulier. Mr. Haüy a adopté pour forme primitive, un rhomboèdre aigu, dans lequel la plus petite incidence des faces est de 71° 48′, et la plus grande de 108° 12′. Cette substance est d'un beau rouge; c'est elle qui fournit le Cinabre: Cette couleur suffit pour reconnaître le Mercure sulfuré. Elle est peu dure, facile à gratter avec le couteau. Sa poussière est d'un beau rouge. Au chalumeau elle est volatile avec fumée. Si on la frotte avec un peu de force sur une lame de cuivre, celle-ci se blanchit. Par la distillation on sépare facilement le Mercure du soufre.

Le Mercure sulfuré se trouve en couches dans des terrains de grès et de calcaire qui paraissent d'une époque postérieure au terrain houiller.

On le trouve fréquemment mélangé de coquilles; dans ce cas la roche dégage une odeur bitumineuse qui lui a fait donner le nom de Mercure hépatique. Les mines de Mercure sont assez rares: les principales sont celles d'Almaden en Espagne, d'Idria en Carinthie et du Duché de Deux-Ponts: Le Mercure y est fort abondant.

Chlorure de Mercure.

Cette substance est extrèmement rare: On n'en connait que quelques échantillons. Elle est composée de

Chlore —————— 15
Mercure ————— 85

Elle est cristallisée ou en masse amorphe: Les cristaux sont des prismes à base carrée. Elle est vitreuse et molle, fusible à la flamme d'une bougie. Sa pesanteur

spécifique = 71. Elle a été trouvée à Al-
-maden et à Mosche-Lausberg.

15ᵉᵐᵉ Leçon.   de l'Or.

L'Or se trouve toujours à l'état natif,
le plus ordinairement pur et quelquefois allié
à d'autres métaux principalement l'argent
et le Tellure: On le trouve aussi disséminé
dans des pyrites ferrugineuses; dans ce cas
on ne sait s'il existe en combinaison, ou si au
contraire il est à l'état de mélange. La plus
grande partie de l'Or du Commerce provient
du lavage des sables; il y est disséminé en
paillettes invisibles.

Or Natif.

Il se présente en petits cristaux apparte-
-nant aux formes régulières de la Géométrie,
les plus ordinaires sont l'octaèdre, le cubo-oc-
-taèdre et le cube. On le trouve aussi en la-
-melles très minces, en fibres rameuses;
il est toujours reconnaissable par sa couleur et
inaltérabilité. Sa pesanteur spécifique égale
19 de même que l'or travaillé.

L'Or Natif se trouve en petites veines
principalement avec du Quarz; quelquefois
dans les sables aurifères on trouve des mor-
-ceaux d'or natif assez considérables: On les
désigne alors sous le nom de Pépites. La
collection du Muséum en possède un échantil-
-lon de une livre quatre gros.

Alliage d'Or et d'Argent.

Cet Alliage est en proportions assez va-
-riables. Cette substance se trouve en petites

lames minces de la même manière que l'Or
Natif et dans des gisements analogues. On
le désigne en Minéralogie sous le nom de
Electrum: Il est attaquable par l'acide nitrique, ce qui le distingue de l'Or Natif.
Sa couleur est beaucoup moins foncée. Il a
été trouvé principalement en Sibérie: Il y en
a qui contient 64 parties d'Or et 36 d'Argent et d'autres 28 d'Or et 72 d'Argent.

Tellure

Le Tellure est exploité dans plusieurs
endroits comme Mine d'Or; On le désigne
alors sous le nom de Tellure Aurifère. La
proportion d'Or est variable, quelquefois
elle s'élève jusqu'à 30 p%; souvent elle
en surpasse par 1/2 pour %. Sa couleur
de l'Or n'est pas reconnaissable dans cette
Mine. Cette substance est en petits filaments
assez allongés et d'un blanc éclatant.

Ce métal donne par l'action du feu
une fumée blanche avec une odeur de rave
très prononcée ce qui suffit pour le faire reconnaître. Le Tellure est presque toujours
aurifère; il appartient aux terrains anciens
et provient principalement de Nagyac en
Transylvanie.

L'Or n'est exploité que dans peu de
parties du Globe; la Hongrie, la Transylvanie et l'Amérique Méridionale sont
à peu près les seuls lieux qui fournissent
ce Métal: Il existe cependant en Piémont
des Pyrites aurifères qui sont traitées;
la plus grande partie provient d'Amérique,
ainsi qu'on le voit dans le tableau suivant
dressé par Mr. de Humboldt.

	Or fin Kilog.ᵐᵉˢ	Argent fin Kilog.ᵉˢ	Valeur en francs.
Mexique	1609	537.512	124.968.607
Nouvelle Grenade	4714	"	16.245.218
Pérou	782	140.478	33.904.525
Chili	2807	6887	11.192.840
Buenos-Ayres	506	110.764	26.352.076

Le produit des Mines d'Or et d'Argent donnait le résultat suivant, lors du voyage de Mr. Humboldt ; toutes les exploitations connues des métaux précieux produisent annuellement 19126 Kilog.ᵐᵉˢ d'Or et 869960 Kᵍ. d'Argent dont la valeur est d'environ 260 Millions. L'Or forme le quart de cette somme, la quantité d'or extraite est à celle d'argent comme 1 : 45. L'Amérique seule fournit les $\frac{90}{100}$ du produit en or et $\frac{91}{100}$ du produit en argent.

L'Or se trouve en petites veines dans les terrains anciens. Tout l'or de lavage provient de la destruction de ces terrains.

Argent.

L'Argent se trouve dans la nature à l'état Natif et sous diverses combinaisons.

Argent Natif.

Il est cristallisé et en masses filamenteuses qui se croisent souvent dans tous les sens et paraissent comme tricotées ; on le désigne alors sous le nom de filiciforme : Dans d'autres cas, ces fibres présentent l'apparence de petites tiges, on dit alors que l'argent est herborisé.

Les cristaux d'Argent Natif comme tous les métaux natifs, affectent la forme des figures régulières de la Géométrie; les plus habitu- elles sont le cube et l'octaèdre. Dans les surfaces fraîches, l'Argent natif présente la couleur qui lui est propre mais il noircit bientôt à l'air : Il est dentelé et possède les différentes propriétés de l'Argent ; il se trouve ordinairement avec les Mines d'argent.

Argent Natif Aurifère, ou Electrum,

décrit en parlant de l'Or.

Argent Antimonial.

Combinaison d'argent et d'Antimoine à l'état Natif, composée de

    Argent ——— 77
    Antimoine ——— 23

Cette substance cristallise en prismes hexaè- dres irréguliers dérivant d'un prisme rhom- boïdal. Sa couleur est d'un blanc d'argent: sa pesanteur spécifique = 9,44. Soluble dans l'acide nitrique, en donnant un dépôt blanc d'antimoine : Au chalumeau donne une odeur antimoniée : se trouve avec les autres Mines d'Argent.

Argent Sulfuré.

En composé de

    Argent ——— 87
    Soufre ——— 13

Il se trouve cristallisé et à l'état compacte. Ses cristaux sont cubiques et octaédriques. Il présente un éclat métallique gris d'acier ou gris de plomb: sa pesanteur spécifique = 7 ; il est très ductile, se laisse facilem^t

couper au couteau, caractère qui suffit pour le distinguer de toutes les espèces métalliques sem-blables. Il est fusible au chalumeau et donne un bouton métallique lorsque l'on opère sur un charbon.

Argent Antimonié Sulfuré.

Est vulgairement appelé Argent rouge. Cette substance est un sulfure double d'Antimoine et d'argent : sa composition moyenne d'après un grand nombre d'analyse est

Soufre	18
Antimoine	23
Argent	59

ou

Sulfure d'argent	68
Sulfure d'Antimoine	32

Cette substance cristallise en rhomboèdres obtus sous l'angle de 108° 30'; Les cristaux qui sont analogues à ceux de la chaux car-bonatée sont très variés et présentent de nombreuses modifications. Sa pesanteur spé-cifique = 55 à 56. Peu dur, se laisse rayer par le couteau et donne une poussière d'un beau rouge cochenille, couleur qui est éga-lement celle du minéral pur et surtout lorsqu'il est translucide. Cette couleur est caractéristique, elle ne pourrait le faire con-fondre qu'avec le mercure sulfuré dont les autres caractères sont différents : C'est ainsi qu'il se volatise entièrement au chalumeau, tandis que l'Argent rouge donne des vapeurs blanches avec une odeur d'ail et un bouton métallique blanc composé d'argent et d'un peu d'Antimoine.

Chlorure d'Argent.

Est composé de 75 parties d'argent et 25

De Chlore; il cristallise en cubes et pèse 4,75. Il est d'un gris verdâtre, très peu dur, reçoit l'empreinte du marteau et se laisse couper facilement. Il est fusible à la seule flamme d'une bougie: Il est très rare; on en a trouvé dans les Mines d'argent principalement au Mexique, en Saxe et en Sibérie.

Outre les différents minerais d'argent précédemment décrits et qui sont tous exploités à l'exception du Chlorure; ce métal se trouve associé avec plusieurs métaux qui deviennent alors de véritables mines d'argent [a]; elles sont traitées également pour l'exploitation des deux métaux. Plusieurs mines de cuivre contiennent une certaine quantité d'argent; presque toutes celles appellées Cuivre gris donnent une quantité assez notable pour couvrir les frais d'exploitation. L'Antimoine, le Cobalt, le Nickel sont aussi associés à l'argent: On exploitait il y a 30 ans dans le Dépt. de l'Isère, des Mines d'argent contenant ces métaux. Enfin l'Argent Natif est souvent disséminé dans une proportion plus ou moins considérable dans des terres ocreuses paraissant être un minerai de fer: Une portion d'argent très considérable provient au Mexique de ce genre de minerai désigné sous le nom de Pacos et de Collorados: On exploite dans les mines du Huelgoat en Bretagne, des minerais de cette nature.

Les Minerais d'Argent forment ordinairement des filons dans les terrains de transition.

Zinc.

Zinc sulfuré ou Blende.

Le Zinc sulfuré ou Blende est une

combinaison contenant

    Zinc ———— 67
    Soufre ——— 33

presque toujours cristallisé ou lamelleux.
Ses cristaux dérivent d'un tétraèdre régulier
et affectent souvent cette forme. On l'observe
aussi fréquemment sous la forme d'un dodécaèdre
rhomboïdal. Il présente six sens de clivage
parallèlement aux faces du dodécaèdre. C'est
une des substances les plus lamelleuses, aussi
est-elle très miroitante et ce caractère suffit
avec un peu d'habitude pour la distinguer.
Sa pesanteur spécifique = 4,16 : sa couleur
habituelle est le jaune verdâtre et le brun
hyacinthe ; souvent ces deux couleurs passent de
l'une à l'autre. Il est peu dur, facile à
rayer ; sa cassure est toujours très lamelleuse ;
les lames sont très souvent transparentes et
presque toujours translucides. Les surfaces
sont très éclatantes ; l'éclat est demi-métallique.
Il est infusible au chalumeau, à la tempéra-
-ture la plus élevée. Cette substance est
fréquente dans les Mines de plomb ; elle est
rarement assez abondante pour être exploitée
seule.

Zinc Oxidé.

Il contient

    Zinc ——— 80
    Oxigène ——— 20

Souvent mélangé avec une certaine quantité de
Manganèse qui le colore en rouge. Ses cris-
-taux sont peu déterminés

Zinc Oxidé Silicifère,
ou mieux
Silicate de Zinc.

Est appelé souvent Calamine, nom propre

vux mines exploitées de Zinc. Son analyse
a donné

Silice ——————— 26, 23
Oxide de Zinc ——— 66, 37
Eau ——————— 7, 40

La quantité d'eau varie dans ses analyses ;
beaucoup de personnes supposent qu'elle n'est
pas essentielle ; la composition du minéral de-
-viendrait alors,

Oxide Zinc —— 72
Silice ——————— 28

Ce minerai se trouve en petits cristaux, en
masses lamelleuses et concrétionnées ; les cristaux
sont d'ordinaire de petites lames à 4 faces, pré-
-sentant un biseau sur chaque arête de la base,
sa forme primitive est un octaèdre rectangulaire
dans lequel l'incidence des faces sur la base est
de 120°. Sa pesanteur spécifique = 34.
Cette substance est blanche ou jaune, quel-
-quefois incolore et translucide : Elle est
peu dure, facile à rayer et à pulvériser ;
son éclat est nacré. Un caractère qui sert
pour la reconnaître est d'être soluble en
gelée dans l'acide nitrique. Ce minéral est
difficile à décomposer par la chaleur et ne
peut être employé pour obtenir le Zinc.

Zinc Carbonaté.

Est composé de
Oxide Zinc —————— 65
Acide Carbonique —— 35

Ses cristaux dérivent d'un rhomboèdre obtus
dont l'angle n'est pas bien déterminé : Sa
couleur est d'un blanc jaunâtre ; il est en
général opaque, assez dur ; sa poussière
passée avec frottement sur le verre, le dépo-
-lit : Sa pesanteur spécifique est fort
variable, elle passe de 36 à 43. Il est
soluble avec effervescence dans les acides,

caractère qui joint aux autres le fait dis-
-tinguer facilement: Il n'a aucune appa-
-rence métallique. Le Zinc carbonaté est
le minerai qui fournit tout le Zinc du Com-
-merce: Les mines les plus abondantes
sont dans le pays de Liège et à Tornowitz
en Sibérie; il en vient aussi beaucoup des
Indes. Les minerais de Zinc se trouvent
en filons dans les terrains de transition et
disséminés dans quelques Calcaires secondaires.

Etain.

Ce Métal se trouve dans la nature en
Oxide et en sulfure: Le sulfure est très
rare et on n'en possède que quelques échan-
-tillons.

L'Etain Oxidé est donc la seule mine
qui fournisse ce métal; Il est composé de

Etain ——— 79
Oxigène —— 25

Il est presque toujours cristallisé, ses cris-
-taux dérivent d'un prisme droit à base
quarrée dont la hauteur et le coté sont
comme les nombres 43 et 32. Les cristaux sont
presque toujours des prismes à 4 faces ou à 8
surmontés de pointements à 4 ou à 8 faces;
souvent aussi les cristaux sont croisés dans
un certain sens, ils présentent alors un
angle rentrant qu'on désigne sous le nom
de bec d'étain; cet angle rentrant est un
caractère constant qui fait reconnaître fa-
-cilement les cristaux d'étain. Cette subs-
-tance étincelle sous le briquet, raye le verre,
est difficile à casser et à réduire en pous-
-sière; elle n'est pas lamelleuse. Sa couleur
habituelle est d'un brun hyacinthe assez
analogue à celle du Grenat. Sa pesanteur
spécifique = 67 à 70. L'Etain Oxidé

est infusible et très difficile à décomposer; inattaquable par tous les réactifs excepté la potasse caustique à une haute température.

Ce Minéral se trouve dans les terrains anciens en veinules et en filons; il est disséminé dans la masse même du granite.

En Bohême on exploite avec avantage du granit contenant 1/2 pour 0/0 d'Étain; on pulvérise et on lave.

Ce minéral se trouve fréquemment dans les alluvions anciennes comme l'Oural, la Platine. L'Étain le plus pur provient de l'exploitation de ces sables stanifères: Cette pureté paraît due à sa grande inaltérabilité, tandis que les minéraux qui l'accompagnent comme les Pyrites et les Arséniures sont décomposés.

Antimoine.

Antimoine Natif.

Il se trouve dans plusieurs localités; les plus beaux échantillons proviennent de la Mine d'Allemont près du bourg d'Oisans; il est souvent mélangé d'une petite quantité d'Arsenic. Pur, l'Antimoine natif est très lamelleux, présente des clivages suivant toutes les faces du Dodécaèdre rhomboïdal; il est d'un blanc d'argent très éclatant; Mélangé d'Arsenic il est grenu et d'un gris d'acier.

Antimoine Sulfuré.

Est composé de
Antimoine _____ 73
Soufre _____ 27

Il se trouve toujours cristallisé ou en masses

Lamelleuses : ses cristaux ordinairement très
alongés dérivent d'un prisme rhomboïdal
de 91° 3' dont la hauteur et les côtés sont
comme les nombres $\sqrt{27}$, $\sqrt{28}$, $\sqrt{26}$. Il
présente un clivage très facile parallèle à une
des faces. Sa couleur est le gris d'acier assez
éclatant ; il tache le papier en noir ; il est
fragile, on l'écrase avec les doigts et on en tire
facilement des lames avec l'ongle : sa pesan-
-teur spécifique = 45. Il est fusible à la
simple flamme d'une bougie. Il ne peut
se confondre avec presqu'aucune substance
métallifère si on prend garde à son éclat
et à son infusibilité.

L'Antimoine sulfuré est la seule Mine
d'Antimoine. Il se trouve en filons dans
les terrains anciens. Il existe encore une
combinaison d'Antimoine désignée sous le
nom d'<u>Antimoine</u> - <u>Oxidé</u> <u>Sulfuré</u> : sa cou-
-leur est d'un rouge mordoré ; il est composé de

    Oxide d'Antimoine —— 30
    Sulfure d'Antimoine —— 70

Enfin on trouve dans la nature de l'<u>An-</u>
-<u>timoine-oxidé</u> ; le plus ordinairement il pro-
-vient de la décomposition de l'Antimoine
sulfuré et recouvre cette dernière substance.
Cependant on trouve aussi de l'Antimoine
oxidé cristallisé ; il est en petites lames
d'un blanc nacré, paraissant rectangulai-
-res : il est fusible à la simple flamme
d'une bougie : il est composé de

    Antimoine —— 84
    Oxigène —— 16

on y trouve des dépouilles de grands animaux, non plus de Sauriens comme je vous en ai indiqué ci-dessus, mais des Quadrupèdes ou Mammifères, &c... Le Bassin de Paris en est formé, on y remarque une al-ternative singulière de dépôts d'eau douce et d'eau salée.

École Royale
des
Ponts et Chaussées.

Cours de Géologie

Rédigé d'après des Notes prises aux Leçons de M. Dufrenoy dans l'année 1828—1829.

1re Leçon.

La Géologie embrassait autrefois l'étude de tous les faits relatifs à la connaissance de la terre, ainsi que l'indique l'étymologie de ce mot. Les anciens Géologues s'occupaient donc non seulement de la constitution minérale de la terre, mais ils étudiaient aussi ses révolutions annuelles, ses diverses et les différents phénomènes célestes qui étaient en rapport plus ou moins direct avec notre globe. Enfin les phénomènes atmosphériques, électriques, &c... Depuis un demi-siècle des faits nombreux ayant appris de quelle importance était pour les sciences et pour l'industrie l'examen approfondi de la Constitution minéralogique de la terre, la Géologie a été resserrée dans les limites de cette étude: Elle est donc une partie de la Minéralogie considérée en général, et elle se distingue de la minéralogie spéciale ou proprement dite, en ce que, dans cette dernière science, on considère les minéraux isolément, abstraction faite de la position qu'ils occupent dans la nature.

Dans la Géologie au contraire, on considère la place, le rôle, que les minéraux simples ou composés occupent dans la nature; leurs gissements, leurs associations; circonstances qui servent constamment de guides dans la recherche des Mines.

Considérées sous ce rapport, on peut réunir les espèces minérales en deux groupes: celles qui étant fort rares et peu abondantes, ne peuvent être un objet d'étude que dans un intérêt purement minéralogique, et celles qui se trouvant en grand dans la nature forment isolées ou réunies les couches qui composent la surface de notre Globe. Ces espèces minérales, ou cette réunion d'espèces, constituent ce qu'on appelle Roches.

Ces Roches sont simples ou composées : Simples, lorsqu'elles sont formées d'un seul minéral ou de plusieurs minéraux se fondant l'un dans l'autre de manière à ne pouvoir être distingués ; Composés, lorsqu'au contraire, on reconnaît les différents minéraux qui entrent dans leur composition. Un corps très composé pour un Chimiste, peut donc être simple pour un Géologue, si les éléments dont il est formé ne s'apperçoivent pas à la vue. Les Roches forment ordinairement des masses de plus ou moins d'étendue et d'épaisseur variable que l'on appelle Couches, lorsqu'elles sont terminées par des plans à peu près parallèles ; toutes les Roches à l'exception du Granite et de celles qui appartiennent aux Terrains Volcaniques, se trouvent en couches ; les autres masses minérales qui entrent dans la composition de notre Globe, telles que les Amas, les filons, &c..., sont formées de minéraux très différents et très variés ; mais ne sont pas considérées comme des Roches, quoiqu'elles en aient quelquefois la composition.

Les Roches se trouvent rarement isolées dans la nature. Ordinairement on voit des Couches de natures différentes associées les unes aux autres, de telle manière qu'on est obligé d'admettre qu'elles ont été formées dans les mêmes circonstances et qu'elles sont intimement liées. On appelle Terrain la réunion de ces différentes Couches. Le Terrain de pierre à plâtre des environs de Paris composé de Couches successives de pierre à plâtre, de Marne et d'argile nous en offre un exemple. Les Terrains Houillers en présentent encore de plus frappants par la diversité des couches qui entrent dans leur composition ; et sur tout par le retour presque périodique des mêmes couches. Ainsi on voit les Couches de Houille, de fer carbonaté ; de Schiste houiller, et de Grès houiller revenir à peu près dans le même ordre.

On dit alors que les Couches alternent. Ce

moi ne peut s'appliquer à des terrains différents quoiqu'ils présentent aussi un retour périodique; et on prendrait une fausse idée du terrain des environs de Paris, si on disait que les terrains d'eau douce et les terrains marins qui le composent, alternent ensemble, parceque cela donnerait une idée de contemporanéité qu'on ne peut avoir de terrains formés dans des circonstances très différentes.

Les Roches ne se trouvent pas indistinctement répandues dans la nature, et un voyageur qui apporte quelqu'attention au pays qu'il traverse, en est bientôt convaincu. Supposons qu'il parte de Paris et qu'il s'en éloigne dans une direction quelconque, par exemple, qu'il se rende à Limoges; il traversera d'abord les Terrains Tertiaires qui forment le bassin de Paris et qui s'étendent jusqu'au delà d'Orléans; puis une bande de Craie et de Sables appartenant à la même formation et se prolongeant jusqu'à peu de distance avant Bourges. Le pays présente ensuite des monticules d'un calcaire jaune très coquiller, fournissant de très bonnes pierres de taille et désigné sous le nom de <u>Calcaire Jurassique</u>. Ensuite viennent des Grès, parmi lesquels sont compris les Grès houillers, dont les couches, plongeant vers le Nord, reposent directement sur le Granite, qui forme presque tout le centre de la France et en même temps le noyau sur lequel les Terrains Secondaires semblent s'être déposés.

Si, au lieu de partir de Paris, le voyageur fût parti de Bordeaux ou de Londres, villes dont le sol est également formé des Terrains les plus modernes; il aurait trouvé une succession de terrains assez analogue. Cette constante disposition nous porte naturellement à conclure que les masses minérales qui constituent la surface du Globe se succèdent suivant un ordre régulier. On conçoit de quel intérêt il est pour les sciences et pour l'industrie, de déterminer cet ordre qui peut nous guider dans la recherche des substances minérales utiles.

Les couches qui entrent dans la composition d'un terrain ne sont pas exactement horisontales, quoiqu'elles le paraissent à l'œil, elles forment un leger angle avec l'horison et sont disposées de manière à se recouvrir successivement comme on le voit ci-contre. Cette disposition est commode pour l'étude; car sans elle nous verrions toujours les mêmes couches, à moins de rencontrer de grandes déchirures qui aient mis le terrain à nud sur une grande épaisseur.

La nature du terrain étant souvent en rapport avec la forme du sol, il sera nécessaire pour arriver à sa connaissance d'étudier la configuration extérieure de la surface du globe. Mais comme tout nous fait voir que cette surface a été ravagée à plusieurs époques, que des vallées se sont ouvertes à tous les âges, et que leurs débris ont formé de nouveaux terrains; nous serons forcés d'indiquer aussi quels sont les agents qui ont exercé et exercent encore leur action destructive à la surface, pour autant que possible, connaitre les lois et les causes des anciens changements.

Ces considérations nous conduisent à diviser ce Cours ainsi qu'il suit:

La structure extérieure de la surface du Globe.

Les agents dont on observe l'action à la surface de la terre et les dégradations qu'ils ont causées et qu'ils causent journellement.

La structure intérieure et la composition des grandes masses minérales ou des terrains qui constituent la surface du Globe.

La structure et la composition des masses partielles, savoir: des Couches, des Roches, et en même temps des Amas, Veines, filons, &c, &c....

La composition des Terrains.

Enfin nous terminerons par un Résumé des principaux faits géologiques qui auront été indiqués dans les différentes parties du Cours, et nous donnerons une idée des Théories de la terre les plus célèbres

Chapitre 1er.

De la structure extérieure de la surface du Globe.

On n'entend pas ici par structure la forme sphéroïdale de la terre, mais les inégalités que sa surface présente, et les rapports qui existent entre elles. Leur examen nous conduit à connaître la manière dont le Globe a été modifié, et à fixer les points de la croûte extérieure aux quels se rapportent les différents terrains.

La surface de la terre présente deux grands Continents et des îles nombreuses plus ou moins grandes, des mers, des amas d'eau intérieurs, ou Lacs d'eau douce, et Lacs salés.

La relation des mers aux Continents est à peu près :: 3 : 1 .

Il y a une plus grande étendue de terres au Nord qu'au Midi, ainsi sous la zône glaciale le rapport des terres est au Nord :: 100 : 30

Sous la Zône tempérée, ———— :: 100 : 13

Sous la Zône torride, ———— :: 100 : 92

Continents : On a remarqué que les grandes pointes des Continents sont tournées vers le sud : l'Amérique, l'Afrique, les presqu'Îles de l'Inde, le Kamtschatka, la Californie, les florides, le Groenland. On rapporte cette disposition parcequ'elle a été mise en avant dans quelques systèmes où l'on suppose de grandes débacles dans une direction constante.

Les Îles sont souvent disposées par lignes, et forment des groupes; elles sont souvent composées des mêmes terrains, de sorte qu'elles paraissent avoir formé un seul tout dans un temps reculé. Les rivages opposés de certains Détroits présentent la même disposition et souvent la même nature; La Manche, Gibraltar, le Bosphore, &c.......

Les Lacs et les grands amas d'eau paraissent aussi situés sur les mêmes lignes, ainsi la Mer noire, la mer Caspienne, la mer de Marmara, le lac Baïkal se trouvent sur une même ligne qui va de l'E. S. E. au N. N. O.

Les Continents s'abaissent vers les mers souvent graduellement, mais souvent aussi leur pente est rapide. Le point le plus élevé est rarement le plus éloigné de la mer. L'Amérique, l'Espagne, la Scandinavie nous en offre des exemples. Généralement le partage des eaux est causé par les chaînes de montagnes; mais cela n'a pas lieu partout; à Moscou, il y a partage des eaux sans chaîne de montagnes.

Les Continents se composent de proéminences présentant des pentes très sensibles et très fortes et de pays au contraire plats et unis sur une grande étendue. Ces proéminences qui sont rarement isolées constituent ce qu'on appelle montagnes. Les parties unies forment les plaines; ce dernier mot peut être pris dans un sens absolu, comme pour la Hollande, l'Egypte &c... mais on l'emploie aussi dans un sens collectif; on dit alors les plaines de la Seine, de la Somme &c.... Enfin on peut s'en servir par opposition aux montagnes, c'est dans ce sens qu'on appelle la partie basse de la Suisse, les plaines de la Suisse.

Des Mers. Les mers communiquent entre elles et ont un niveau général sauf les exceptions que présentent les Golfes et les Détroits, les Méditerranées; puisque dans ces cas l'écoulement peut ne pas être proportionné à la quantité d'eau reçue; Les vents peuvent aussi faire varier le niveau moyen de la mer près des côtes, ainsi la Méditerranée qui loin de l'Océan n'a pas de marées sensibles s'élève souvent à plusieurs pieds au dessus de son niveau par certains vents : Mais ce niveau général a-t-il été constamment le même, c'est une question sur laquelle les Géologues sont divisés en trois

opinions; Les uns pensent que le niveau de la mer
s'abaisse constamment; D'autres qu'il s'élève au
contraire tous les jours; le plus grand nombre croit
que ce niveau est constant. D'après les nombreux fossiles
marins que l'on retrouve même sur les plus hautes monta-
-gnes; Il est probable que la mer s'est élevée à de certaines
époques à une très grande hauteur, et que ce n'est que
par un grand bouleversement causé peut être par un chan-
-gement dans l'axe de la terre, que l'on peut expliquer
ces états antiques du globe.

On donne comme preuve de l'abaissement
du niveau de la mer les bancs de Coquillages que
l'on trouve sur la Chaîne Scandinave en différents
points jusqu'à 400 pieds au dessus de ce niveau.
Ces Coquilles sont présumées analogues à celles
qui vivent dans les mers voisines. On cite des faits
analogues aux environs de Nice, dans la vallée de
l'Arno, dans les Apennins, mais ces dépôts surtout
ceux des Apennins paraissent appartenir à des
Terrains Tertiaires: On s'appuie encore sur les
bancs de Coraux et de Madrepores qui dans la
mer du sud forment des espèces d'îles: Mais on
regarde ce dernier fait comme une preuve de très
peu de poids, parce que l'on peut penser avec
raison que les Madrepores se sont élevés au des-
-sus des eaux par un concours de circonstances.
On a cherché à prouver le fait de l'abaissement
par des expériences directes: C'est dans ce but que
Celsius et Linnée ont fait faire en 1731 des
repères fixes sur les bords de la Baltique. Ils
ont cru voir un abaissement de $0^{m},18^{d}$ en 13 ans, d'au-
-tres marques leur ont donné $0^{m},15$ en 25 ans. M.
De Buch qui regarde comme positif le changem.t
de niveau l'a expliqué par l'élévation des rives.
On a cité aussi comme preuve de l'abaissement
du niveau de la mer que certaines villes étaient autre-
-fois sur le bord de la mer, comme le port d'Aigues-
-Morte en Provence; Ces faits prouvent seulem.t
que la mer s'est retirée de ces lieux par suite

d'attérissements qui se sont formés sur les bords
de la mer et ont déplacé ses rives.

D'autres faits semblent prouver au contraire
que le niveau de la mer s'élève; Nous mettrons
en première ligne la tradition de la submersion
d'une grande terre appelée Atlantide. Si ce fait
est exact il aura eu lieu par une révolution su-
-bite, et non par une élévation successive de la
mer. Les preuves qu'on invoque le plus sont celles
tirées de certains monuments, en partie recouverts
par les eaux : Ainsi à Cadix par une marée très
basse, on a trouvé un Temple d'Hercule; à
Baïa, à Caprée, au Lac Lucrin, au Hâvre,
on a trouvé des ruines qui sont maintenant au dessous
du niveau de la mer : A Pouzzoles près de Naples
on a trouvé un Temple de Sérapis que les Géologues
citent à l'appui des deux opinions; le pavé de ce
temple se trouve actuellement au dessous du niveau
de la mer, circonstance qui tend à prouver que le
niveau s'est élevé : Mais trois colonnes qui sont
encore debout présentent à dix pieds au dessus du
sol des trous de Phollades, coquillages qui se placent
toujours au niveau de la mer; ce fait semblerait
donc prouver au contraire que la mer a été plus haute
à une certaine époque et qu'elle s'est abaissée.
Pour expliquer cette double élévation et abaissement
de la mer, on a supposé qu'il s'est formé depuis la
construction de ce temple un lac volcanique salé qui
s'est écoulé postérieurement, probablement aussi par
suite d'une nouvelle éruption volcanique.

L'Opinion la plus générale est que le niveau
de la mer n'a pas changé; Elle est appuyée aussi
sur des faits assez nombreux : Un des principaux
___________ est tiré de la disposition des Bains de
Cléopâtre à Alexandrie qui reçoivent les eaux de
la mer, comme ils devaient les recevoir à l'époque de
leur construction.

Salure de la Mer. C'est un grand phénomène
qui a été soumis à beaucoup d'hypothèses mais
dont aucune n'est satisfaisante. Quelques personnes

on pensé que la salure de la mer venait de ce qu'elle dissolvait des sels fossiles sur lesquels elle passait: D'un autre côté on attribue à des dépôts de la mer les sels fossiles que l'on trouve loin des côtes, explications qui sont contradictoires. On a pensé aussi que la salure provenait de décompositions chimiques dans la mer et dans l'Atmosphère; cette hypothèse non plus que l'autre ne peut supporter l'examen. Ce qui a donné lieu à cette hypothèse, c'est l'existence de Lacs salés qui n'ont aucune communication avec la mer; plusieurs se sont formés au milieu de plaines sablonneuses désignées sous le nom de Steffs.

La salure de la mer est faible et tout porte à croire qu'elle est constante au milieu des mers; seulement elle est altérée vers l'embouchure des grands fleuves, ainsi les eaux du fleuve des Amazones se mêlent avec peine à celles de la mer, et elles ne sont encore que saumâtres à plus de 50 lieues de son embouchure. On a prétendu que l'eau était plus salée au fond qu'à la surface à cause de la différence de pésanteur spécifique; des expériences nombreuses prouvent le contraire: Il est vrai qu'en Suède, on prend pour alimenter les Salines, l'eau à une certaine profondeur et non pas à la surface, mais c'est un cas particulier, qui paraît dû à ce que l'eau est plus douce à la surface à cause de la fonte des glaces, qui fournit de l'eau très pure qui surnage pendant quelque temps à la surface avant de se mêler avec les couches inférieures.

———

2ème Leçon.

Les Montagnes sont rarement isolées; elles forment ordinairement des groupes très allongés dans un sens auxquels on a donné le nom de Chaînes. Les Chaînes présentent souvent des ramifications et se divisent pour ainsi dire en plusieurs chaînes, de là les noms de chaînes centrales et latérales ou transversales.

Forme des Montagnes. Les Montagnes présentant des formes différentes qui sont en relation presque constante avec la composition des roches; on peut en distinguer quatre :

1°. Des pics élevés, des aiguilles, des dents, des roches à pic, indiquent en général des montagnes anciennes très élevées, composées de roches schisteuses disposées par couches verticales ; les Alpes, les Pyrennées nous offrent de nombreux escarpements de ce genre.

2°. Les montagnes arrondies présentant des Dômes, des mamelons élevés à pente uniforme, sont composées le plus ordinairement de roches granitiques; point ou peu stratifiées ; le Limousin, le Forez, l'Auvergne, les Vosges, &c.... appartiennent à cette classe. On la trouve encore dans les roches peu dures et faciles à désagréger telles que les Grés &c.

3°. Les Cimes plates avec des escarpements à pic et par étages s'observent dans les terrains calcaires horisontaux du Jura et du Nivernais. On retrouve encore cette forme dans quelques roches amphiboliques, qui sont désignées par les Suédois sous le nom de Trapp à cause de sa disposition en escalier.

4°. Enfin les Montagnes coniques isolées présentant des pentes rectilignes et une base formée de déblais souvent de forme parabolique appartiennent aux terrains volcaniques : On y observe souvent des Cratères qui ne laissent aucun doute sur leur origine.

Il existe quelques exceptions aux règles qui viennent d'être établies, et principalement dans les Alpes et dans les Pyrennées où des roches calcaires affectent la forme dentelée : Mais ces roches sont associées avec des schistes et sont disposées par couches verticales ; ce qui n'est pas habituel au terrain auquel elles appartiennent.

Hauteur. La hauteur des Montagnes paraît en relation avec leur forme, ainsi les roches schisteuses sont généralement plus élevées que les roches Granitiques ; Et les Montagnes calcaires atteignent rarement de grandes hauteurs, sauf les anomalies dont je viens de parler et qui existent dans les Alpes et dans les Pyrennées.

Les Montagnes présentent une suite de sommités et de dépressions ; et quand on parle de la hauteur d'une chaîne on entend la hauteur moyenne. Ces sommités s'élèvent quelquefois à des hauteurs considérables au dessus de la chaîne. Je vous en citerai quelques exemples.

	Hauteur moyenne	Hauteur du Cimes
Himalaya,	2450 toises	4026 Toises
Andes,	1850	3350
Alpes,	1150	2450
Pyrennées,	1150	1787
Venezuela,	750	1350
Brésil,	400	900

Je vais indiquer aussi la hauteur des principales montagnes du Globe.

Mont-Blanc,	(Alpes)	4811 mètres
Mont-Perdu,	(Pyrennées)	3365
Caucase,	(mesure incertaine)	5648
Chimborazo,	(Amérique Méridionale)	6544
Montagnes de la grande Tartarie.		7821

Autres cimes de l'Himalaya, 7088^m — 6959^m — 6925^m

Ces dernières mesures ont été données par des voyageurs Anglais : elles n'ont rien de certain.

Ces sommets, si élevés par rapport au niveau des mers, le sont quelquefois peu relativement aux vallées qui peuvent elles mêmes être à 7 ou 800 toises. Les Volcans sont plus élevés au dessus de leurs bases.

L'Etna a	3237	Mètres
Ténériffe	3710	
Vésuve	1198	

La hauteur d'une chaîne peut s'évaluer par celle des dépressions, appellées, Cols, Portes, ou Passages selon les localités ; car dans les plus hautes Montagnes les cols sont plus élevés.

Largeur. La largeur d'une chaîne de montagnes se mesure sur une perpendiculaire à sa direction qui va jusqu'aux plaines. On trouve que la chaîne la plus large est celle des Andes qui a jusqu'à 80 lieues tandis que les Alpes ne passent pas 30 et les Pyrennées 20 à 25.

L'étendue des Chaînes est très variable. Les Alpes ont 350 lieues de Nice en Illyrie, les Pyrennées en ont 87 et les Andes 1300.

Pente. La pente des Montagnes (il s'agit de la pente particulière à chaque montagne et non de la pente de la chaîne) varie avec leur composition, elle est abrupte lorsque les roches sont schisteuses et douce dans le cas de granites. La pente des chaînes n'est pas la même des deux côtés : Ainsi les Alpes sont moins rapides vers la France : les Pyrennées de même, bien qu'elles occupent plus de terrain en Espagne ; mais cela tient à l'existence d'une seconde chaîne paral-lèle à la première séparée par une vallée intermédiaire, qui est la Cerdagne. Les sommités élevées sont recouvertes de neiges perpétuelles qui donnent naissance aux glaciers. Ces neiges se tiennent à des hauteurs plus ou moins considérables suivant la latitude.

Dans les Alpes et les Pyrennées la limite des neiges est entre 13 et 1400 toises.

Sous l'Equateur elle est à 2400 : En Suède et en Norwège sous le 55° de latitude elle descend jus-qu'à 700 Toises.

Les Glaciers ont un mouvement propensif vers le bas et tendent à descendre dans les vallées.

Lacs. Il existe des Lacs, à la partie su-périeure des Montagnes, Lacs qui sont alimentés par les glaciers ; en remontant avec attention les vallées on voit qu'il en a existé à toutes les hauteurs ainsi que semble l'indiquer les élargissements et les rétrécissements qu'elles présentent.

Des Vallées. On appelle ainsi des excava-tions qui séparent des chaînes transversales, quelque-fois même celles qui se trouvent entre des Collines et des plateaux peu éloignés. On en distingue deux espèces : les Vallées longitudinales qui longent les montagnes et se trouvent souvent à la séparation de deux terrains différents et les Vallées latérales qui coupent en général les chaînes perpendiculairement à leur direction. Dans ces dernières Vallées, on remarque que les côtés sont composés des mêmes roches et que les couches se correspondent. Cette circonstance prouve d'une manière incontestable que ces Vallées ont été ouvertes postérieurement à la formation de la Chaîne.

Les Vallées présentent ainsi qu'on vient de le dire des élargissements et des rétrécissements qui ont fait penser qu'elles étaient primitivement un assemblage de Lacs qui ont rompu leurs Digues et se sont écoulés. Leur largeur est donc très variable.

À chaque Vallée correspond souvent une Dépression ou Col, souvent aussi il existe des vallées opposées sur les deux versants d'une chaîne.

La pente des vallées est très variable, beaucoup plus rapide à mesure qu'on approche de son origine; donc dans les chaînes basses rapide dans les chaînes élevées.

L'Ouverture des Vallées paraît très ancienne; quelques personnes l'attribuent à l'action des eaux; beaucoup d'autres supposent qu'elles sont dues à des commotions souterraines peut être à des soulèvements. Il y a eu des vallées formées à différentes époques: Le terrain de Craie, par exemple, est sillonné de vastes Dépressions qui étaient probablement des Vallées avant que les Terrains Tertiaires s'y soient Déposés.

Chapitre 2ème.

Dégradations éprouvées par la surface du Globe par les agents dont nous observons l'action.

Ces Dégradations sont de deux sortes; les premières continuelles, les secondes subites: Les Agents sont:

1°. L'Air agissant chimiquement ou mécaniquement.

2°. Le Calorique dégagé soit par l'Atmosphère, soit par les Volcans.

3°. L'eau agissant chimiquement ou mécaniquement.

L'Air a une action chimique inconnue mais certaine

Ainsi e Malus dans ses expériences sur la po-
-larisation de la lumière a observé que des plaques
de Quartz poli, si elles n'étaient pas enfermées
avec soin donnaient des résultats dépendants du
temps de leur séjour à l'air.

Beaucoup de roches s'altèrent au contact
de l'air: La Chaux sulfatée anhydre qui accompa-
-gne le Sel gemme nous en offre un exemple frap-
-pant. Si l'on ouvre une galerie dans cette roche qui
est dure et Cristalline, on la voit d'abord devenir
terne à la surface; puis dans l'espace de 4 ou 5
ans devenir tendre et friable; Ce changement de
texture est le résultat d'un changement de la na-
-ture. La roche a absorbé de l'eau et est passée
à l'état de chaux sulfatée ordinaire; souvent même
sur les fissures il s'est formé des cristaux de cette
dernière substance. L'action de l'air est encore
plus prononcée sur les Métaux.

L'Air par son action mécanique transporte
des sables qu'il accumule; la formation des Dunes
est due à cette cause; Ces sables transportés ainsi
ont en Bretagne englouti plusieurs villages et
reculé le rivage; L'Air charrie aussi les cendres
des Volcans; Malte en a été une fois couverte
lors d'une éruption de l'Ethna.

Action du Calorique.

Calorique de l'Air. La température de
l'air en s'élevant favorise les décompositions: mais
c'est surtout lorsqu'elle s'abaisse au dessous de Zéro
que son action est prononcée, elle cause alors la con-
-gélation de l'eau, qui augmentant de volume, écarte
les rochers et les détache: Elle produit alors des
avalanches ou moraines qui s'étendent à une assez
grande distance.

Il faut ici mentionner la température propre
de la terre qui apporte aussi quelques modifications à
la surface du Globe.

Calorique des Volcans. Les éruptions Volcaniques produisent un sol nouveau souvent fort épais et composé de matières fondues, de sables, de cendres et de boues : Ces déjections boueuses provien -nent de l'agglutination de sables et de cendres qui sont rejettées sous forme de boues par l'introduction d'une très grande quantité d'eau dans les Volcans. outre ces irruptions il y a aussi des alluvions bou -euses qui sont dues à l'action des pluies abondan -tes qui accompagnent, suivent et précèdent les éruptions volcaniques. Ces phénomènes sont locaux, cependant le sol nouveau produit par les Volcans peut s'étendre à de grandes distances : Il y a un courant de lave de l'Etna qui s'est étendu jusqu'à 14 lieues : Il paraît que l'Edna a donné naissance à un courant de 20 lieues.

Les éruptions Volcaniques donnent lieu à la formation d'îles ; en 1720 il s'en est formé une dans les Açores. L'île Santorin est en partie le résultat de déjections volcaniques. Mr. de Humboldt a signalé un autre phénomène ; c'est le soulèvement qui a eu lieu en 1759 au volcan de Jérulo ; le terrain s'est soulevé sur plus de 2 lieues en quarré sans aucune déjection mais il y a eu tout autour rupture et éruption de matiè -res boueuses.

Ces phénomènes ont peu d'étendue actuelle -ment relativement à la masse du globe ; mais l'es -pace considérable que recouvre les terrains volcani -ques éteints et dont l'origine est certaine tend à faire croire que l'action des volcans était autre -fois bien plus grande et qu'elle a diminué cons -tamment jusqu'à nos jours. En raisonnant par analogie quelques Géologues pensent qu'on doit étendre encore bien plus les produits du feu : ils regardent les Volcans bien constatés comme faisant une dernière époque de l'action du feu sur le Continent ; et les Porphires qui se trouvent au mi -lieu des terrains secondaires formeraient une espèce d'époque intermédiaire entr'eux et le soulèvement

des Granites; ce qui confirmerait cette dernière opi-
-nion c'est la disposition des terrains secondaires
sur les Granites, et peut être plus encore leur
constante altération : En effet les couches calcaires
cessent d'être horisontales à l'approche des Grani-
-tiques, elles sont inclinées également sur les deux
pentes et souvent même on trouve à la surface
des montagnes des bandes de calcaire de texture diffé-
-rente à la vérité mais contenant les mêmes fossi-
-les que les calcaires qui recouvrent leurs pentes
ou qui forment les plaines qui existent à leurs
pieds.

Les éruptions volcaniques sont presque tou-
-jours accompagnées de tremblement de terre mais
ces derniers phénomènes se manifestent souvent
sans paraître en relation avec des phénomènes
volcaniques; Ils produisent des désastres considé-
-rables et des accidents forts singuliers : En 1783
lors du tremblement de terre qui a eu lieu en
Calabre, des terrains ont été portés à plusieurs
centaines de toises; seulement, les couches qui
étaient horisontales sont devenues inclinées; une
grande ferme et des arbres ont été transportés
avec le sol.

Action des Eaux.

Les Eaux produisent des effets bien plus
généraux que les agents précédents : Elles ont deux
actions; l'une destructive, l'autre reproductive.

1°.   l'Action destructive des Eaux est ou
mécanique comme celle de la mer sur les rochers
qu'elle mine; elle est d'autant plus puissante que
l'eau charrie plus de matières solides : Elle est
aussi dissolvante comme on le voit par certaines
eaux chargées de sels calcaires.

2°.   l'Action reproductive de l'Eau est égale-
-ment mécanique ou chimique. Elle est mécanique
lorsque l'eau forme des alluvions, des accumulations
de galets ou de sables. Elle est le résultat de

propriété dissolvante quand l'eau forme des dépôts comme les stalactites; on a observé que dans ce dernier cas l'eau renfermait de l'acide carbonique et que ce n'était que lorsqu'une cause quelconque faisait dégager cet acide que l'eau pouvait déposer. Indépendamment des stalactites on observe en Auvergne des dépôts modernes considérables qu'on désigne sous la dénomination générale de Tufs. En Italie, le <u>Traversin</u> pierre à bâtir dont on se sert à Rome est un Tuf moderne, les eaux des bains de S.t Philippe déposent si facilement qu'en y jettant un corps solide il est couvert en 7 ou 8 jours d'une couche de chaux carbonatée de 5 à 6 pouces.

Dégradations subites extraordinaires bien constatées.

Les causes de ces dégradations sont de diverses natures.

Les Irruptions de la Mer ont causé en Hollande des ravages immenses: C'est à une de ces catastrophes qu'est due la formation du Zuiderzée.

Les tremblements de terre et les Éruptions Volcaniques occasionnent quelquefois des éboulements et des fissures très remarquables; lors d'une éruption de l'Etna il s'est formée une fente de près de 10000 toises.

Une foule de faits constatent aussi de grandes alluvions causées par l'irruption des torrents; je ne citerai que celle qui a eu lieu en 1818 dans la vallée de Bagnes: Cette vallée qui est latérale remonte au grand S.t Bernard et se rend dans le Valais ou vallée du Rhône très près de son embouchure dans le lac de Genève: Il y a environ 18 lieues en suivant les détours depuis le point où a eu lieu l'éboulement jusqu'au point où le Rhône se jette dans le lac. Cette vallée remonte à une fort grande hauteur et dans sa partie supérieure ___________

il existe des glaciers : un de ces glaciers s'est ébou-
lé et a barré la vallée de façon qu'il s'est
formé un lac immense du côté de la montagne.
On a cherché à parcourir une galerie dans la glace,
pour faire écouler les eaux graduellement, mais
les eaux après avoir coulé lentement ont élargi
la galerie et la digue étant venue à rompre
elles se sont précipité avec fracas dans la vallée;
voici la marche du torrent dans les diverses
parties de son trajet.

De la digue au village de Bagnes il y
a 6 lieues, la différence du niveau entre ces
deux points est de 2953 pieds : l'eau a mis
40 minutes à faire le trajet ce qui lui donne
une vitesse moyenne de 33 pieds par seconde.

De Bagnes à Martini, 4 lieues et 1043
pieds de chute; l'eau a mis 50 minutes.

De Martini à St Maurice la chute
est 186 pieds et la distance 4 lieues, le torrent a mis 66 minutes.

Enfin de St Maurice au Rhône le torrent
a été 219 minutes pour descendre de quelques
pieds répartis sur 4 lieues, il n'avait plus
que la vitesse d'un piéton.

On voit donc que la chute totale étant 4187
pieds le torrent a mis 6 heures ½ pour faire
18 lieues, il avait donc une vitesse moyenne de
$9^{m}\frac{49}{100}$ pour 1000 toises.

D'après ce qui a été rapporté par l'ingénieur chargé du travail, il y a eu au sortir
de la vallée supérieure au dessus de Bagnes
d'énormes rochers lancés en l'air et transportés à des distances immenses : aux différents
refermements que présente la vallée le torrent
éprouvant des nouvelles résistances avait encore
lancé des rochers considérables, mais ils dimi-
nuaient de grosseur en s'écartant de la digue.
Des maisons et des forêts entières ont été entraînées : tous ces bois surnageant étaient poussés
par le torrent avec une telle masse de matières

terreuse que M^r. Escher prétend que l'eau contenait 7/8 de matière solide; plus loin le bois s'est déposé par couches séparées par des tranches de boue, ce qui peut donner une idée de la formation de certains lignites.

Cet exemple d'une dégradation assez considérable occasionnée par l'accumulation des eaux d'un seul torrent peut faire concevoir les causes de dégradations semblables, mais sur une bien plus grande échelle; telle sont, par exemple l'ouverture du Bosphore, celle du Détroit de Cadix qui s'élargit continuellement, celle du Canal de la Manche &c....

L'Étude des Terrains secondaires nous apprend que notre globe a été soumis à certaines périodes à des dégradations plus immenses. Ainsi on voit dans ces terrains des couches nombreuses de galets dont l'épaisseur considérable atteste combien sont grands les changements, peut-être même les révolutions qui ont eu lieu à ces époques. La présence de blocs roulés sur les sommets de certaines montagnes, dont la nature est différente des roches qui composent ces montagnes est encore un exemple de ces dégradations. La chaîne du Jura offre ce phénomène d'une manière d'autant plus intéressante qu'on voit le lieu d'où viennent ces blocs et qu'on assiste presque à la catastrophe. Cette chaîne est circulaire et cependant sur les flancs ou trouve des blocs nombreux de granite et d'autres roches dures (le Jura a 700 toises): Ces rochers sont disposés en face des grandes vallées des Alpes qui sont;

1°. l'Arbe qui descend de la vallée du Mont-Blanc.
2°. le Rhône qui se jette dans le lac de Genève
3°. l'Olav.
4°. la Lima.
5°. la Reuss ou le Rhin.

En outre la nature des blocs est celle des montagnes

correspondantes à ces vallées, il est donc probable que ces blocs viennent des Alpes; on a émis diverses opinions sur le mode de transport.

J'assure les croit portés par des radeaux naturels, d'autres supposent qu'ils l'ont été par des glaçons énormes.

Mr. de Buch croit qu'ils ont été amenés par un phénomène analogue à celui de Bagnes: ce qui a l'air de confirmer son opinion c'est que le volume des blocs et la hauteur à laquelle ils se trouvent (de 800 à 1900 pieds) d'autant plus considérables qu'ils se trouvent en face des vallées dont on peut supposer qu'il est sorti une plus grande quantité d'eau ce qui y paraît *prodigieux* et presque impossible à admettre c'est la vitesse que l'eau aurait dû nécessairement avoir pour transporter de tels blocs, car il a trouvé que pour l'eau pure cette vitesse aurait dû être de 19360 pieds par seconde et de 360 pieds en admettant qu'elle fût celle du torrent de Bagnes chargé d'une grande quantité de matières terreuses, vitesse encore bien trop considérable.

Mr. de Brochant a modifié l'hypothèse de Mr. de Buch en supposant la vallée qui sépare le Jura des Alpes remplie autrefois d'alluvions qui établissaient une faible différence de niveau entre le point de départ des blocs et leur position actuelle: Dans ce cas il aurait fallu à l'eau une vitesse bien moindre.

Il est encore peut-être plus difficile d'expliquer la présence de blocs analogues que l'on trouve sur les montagnes de la Basse Allemagne; ils sont tous de même nature et MMrs de Buch et Hausmann ont reconnu leur identité avec les rochers qui constituent la chaîne scandinave de l'autre côté de la Baltique. Il a donc fallu que ces blocs eussent reçu une force capable de leur faire traverser le bassin de la Baltique qui probablement n'était pas encore lui-même à cette époque occupé par la mer.

3.ᵐᵉ Leçon.

Température de la Terre.

La Température de la surface de la terre varie suivant les saisons et les climats. Cette variation très considérable à la surface même, est très petite quand on prend la température à quelques pieds au dessous elle est alors presque constante pour un même lieu et un peu plus faible en s'avançant vers les pôles.

La température de la terre est due à différentes causes. M. Fourrier qui est le créateur de cette théorie l'attribue à trois causes; Deux extérieures, les rayons solaires et la chaleur planétaire, et une intérieure qui est la chaleur propre de la terre.

Il remarque que la chaleur solaire est rayonnante et obscure; la première produit deux effets, l'un est périodique et s'accomplit dans l'enveloppe extérieure du globe; l'autre est constant, on l'observe en mesurant la température à différentes profondeurs, à 30ᵐ au dessous de la surface de la terre; à cette profondeur la température d'un lieu ne varie pas dans le cours de l'année, elle reste fixe; mais elle est différente pour les divers climats ainsi que nous venons de l'indiquer.

Elle résulte de l'action perpétuelle du soleil et de l'inégale exposition des différentes parties de la surface de la terre: Elle diminue en allant de l'équateur aux pôles.

L'effet périodique des rayons solaires se manifeste dans les variations diurnes et annuelles que l'on observe à quelques pieds au dessous de la surface jusqu'à 3 ou 4ᵐ de profondeur, les variations de température diurnes sont sensibles au dessous de 4ᵐ elles ne sont plus qu'annuelles. La période devient de plus en plus longue à mesure qu'on s'approfondit: l'échauffement de ces différents points est tel que la température moyenne annuelle d'un point quelconque d'une verticale, c'est à dire la valeur moyenne de toute la tempéra-ture que l'on observerait en ce point dans le cours de l'année est indépendante de la profondeur; elle est la même pour tous les points de cette même verticale : c'est la température constante des lieux profonds. M. Fourrier a reconnu que cette période est égale au quarré de la profondeur, ainsi les variations annuelles de température, se font sentir à une profondeur 19 fois plus grande que la variation diurne.

Les corps transparents liquides ou solides se laissent librement traverser par la chaleur lumineuse. Arrivée à la terre cette chaleur se change en chaleur obscure qui se propage moins vite. Cette distinction de la chaleur lumineuse et de la chaleur obscure explique l'élévation de la température causée par les corps transparents. La masse des eaux et les glaces polaires opposent moins d'obstacle à la chaleur lumineuse affluente qu'à la chaleur obscure qui retourne en sens contraire dans l'espace extérieur. La présence de l'Atmosphère produit des effets analogues : c'est par ces considérations que M. Fourrier explique la température constante de l'intérieur de la terre à 40.m environ de profondeur pour un même lieu.

Chaleur planétaire.

La seconde cause qui, selon M. Fourrier, influe sur la température de la terre, est la cha-leur des corps planétaires : on ne peut la recon-naître immédiatement, mais le raisonnement la prouve d'une manière presqu'incontestable. Supposons, par exemple, un froid absolu; tous les effets de la chaleur observée à la surface de la terre seraient dus à la présence du Soleil; dans ce cas, la moindre variation dans la distance de cet astre, produirait des changements considéra-bles dans la température. L'intermittence des jours et des nuits, produirait des effets bien plus instantanés que ceux que nous observons, et des variations de température beaucoup plus grandes, et telles que les végétaux et les animaux ne pourraient peut-être pas les supporter. Il demeure donc prouvé par le raisonnement qu'il existe une cause qui modifie ces effets. Mr. Fourrier l'attribue à la chaleur provenant du rayonnement des astres, cette chaleur est considérée comme un peu moindre que celle propre à congeler le Mercure.

Chaleur propre de la Terre.

Mr. Buffon pense que la terre ayant été détachée d'un corps incandescent s'est refroidie peu à peu. D'autres personnes attribuent cette chaleur à un développement journalier de calorique produit par des combinaisons chimiques, dans l'intérieur de la terre. D'après eux l'intérieur de la terre serait dans un état permanent d'incandescence. Mr. Fourrier suppose que cette chaleur a été communiquée à la terre, à l'époque de sa formation, et il la considère comme ayant été uniforme, il a cherché quelles sont les lois de décroissement de cette chaleur. L'examen mathématique de cette question l'a conduit à reconnaître (ce que le raisonnement prouve) que le refroidissement extrêmement rapide à la surface, est très lent et presque nul à de très grandes profondeurs. L'expérience est d'accord avec ce résultat de la théorie; car on observe qu'à mesure qu'on s'approfondit, la température augmente, ainsi que nous l'indiquerons plus bas en parlant des expériences faites à ce sujet. D'après ce que nous venons de dire, il est évident que cette augmentation de température ne peut provenir de l'action du soleil; il faut donc qu'elle soit le résultat de la chaleur propre de la terre.

Mr. Fourrier a trouvé qu'en remplaçant la terre par un globe de feu, l'accroissement de un degré par 30m. en allant de la surface au centre qui peut être considéré comme incandescent, donnerait 1/4 de degré centésimal pour la température actuelle de la surface due à cette cause. Cette élévation de chaleur étant en raison directe de la propriété conductrice du corps, elle est pour un globe de feu de 1/4 de degré; celle de la surface de la terre doit être de 1/30 de degré centésimal: Il est à remarquer que ce résultat sera le même quelle que soit la cause de cette chaleur, ou constante ou primitive.

Cette élévation de température de la surface de la terre a été beaucoup plus considérable dans des époques très reculées; elle a diminué graduellement et continue à décroître: ce décroissement devient tellement lent, qu'il s'écoulera d'après les calculs de Mr. Fourrier, plus de 30 mille ans avant que cette chaleur soit réduite à moitié de sa valeur actuelle; c'est-à-dire qu'elle soit de 1/60ème de degré centésimal: Tout le conduit à conclure que depuis l'École grecque d'Alexandrie jusqu'à nous, la diminution de chaleur n'a guère été de la 300ème partie d'un degré centésimal. Ce résultat nous prouve que la déperdition continuelle de la chaleur propre ne peut occasionner désormais aucun refroidissement du climat.

Quoique la quantité de chaleur qui s'échappe ainsi de la surface de la terre soit très petite; elle est cependant mesurable; et Mr. Fourrier trouve que celle qui traverse durant un siècle un mètre de superficie et se répand dans les espaces célestes, pourrait fondre une colonne de glace qui aurait pour base ce mètre quarré et une hauteur d'environ 3 mètres. Quant à la chaleur centrale de la terre elle est infiniment grande; et à quelques myriamètres de la surface, elle doit être supérieure ou au moins égale à celle du feu fondu.

On a fait des expériences sur la chaleur propre de la terre à différentes profondeurs d'abord en Allemagne, ensuite en France et en Angleterre. Ces expériences sont très délicates. On ne peut les faire que dans les Mines, et souvent les résultats obtenus sont altérés par des causes

Les Climats ne peuvent changer.

Evaluation de la déperdition de la chaleur dans un siècle.

étrangères, telles, par exemple, que les décompositions des Pyrites qui produisent un accroissement de
température, le renouvellement lent de l'air; la présence
continuelle des ouvriers &c... C'est à ces différentes
causes que l'on doit attribuer les résultats contradictoires obtenus dans quelques endroits. Un moyen assez
bon de prévenir ces anomalies est de sceller des ther-
momètres à longue tige dans les rochers. Souvent
aussi on mesure la température des sources qui s'écou-
lent à différentes hauteurs dans les Mines. Pour
compter sur l'exactitude de ces résultats, il faut
examiner si les eaux ne viennent pas de la surface
de la terre, ou si elles n'ont pas séjourné à des
hauteurs supérieures à celles des lieux où l'on observe
la température; de manière à avoir pris la température de cette hauteur.

Nous allons indiquer des expériences faites
en diverses Mines pour connaître la chaleur propre
de la terre à différentes hauteurs.

A Giromagny dans les Vosges.

à 101^m on a trouvé   12°,50
à 206 ...... id 13,10
à 308 ...... id 19,00
à 432 ...... id 22,70

à Bex en Suisse.

à 108^m on a trouvé   14°,40
à 183 ...... id 15,40
à 220 ...... id 17,40

A Freyberg dans une Mine de cuivre et d'ar-
-gent, sans Pyrites.

à 73^m on a trouvé   9°,00
à 170^m ...... id 12,80
à 270^m ...... id 15,00
à 380^m ...... id 18,70

Aux Mines de Cornouailles.

à 151^m on a trouvé   11°,00
à 200 ...... id 18,00
à 250 ...... id 22,00
à 300 ...... id 24,00
à 366 ...... id 26,00

À Huelgoat en Bretagne.

À 30 ou 40.ᵐ ou trouve . . . 11°,00
à 70 . . . . if 12,20
à 30 . . . . if 15,00
à 140 . . . . if 17,00
à 230 . . . . if 19,70

L'existence des Pyrites dans les Mines de houille, cause de trop grandes variations dans les résultats des expériences, pour compter sur leur exactitude. Dans les Mines de Cornouailles il y a très peu de Pyrites.

En comparant ces résultats on voit que la température augmente constamment en s'approfondissant, mais l'augmentation ne suit pas une loi constante dans toutes les Mines : La moyenne des expériences citées ci-dessus serait de 1° par 27.ᵐ 14.

Température des Lacs et des Mers.

Des Expériences semblables faites dans les lacs et les mers, ont donné des résultats entièrent contraires aux précédents. Il en résulterait que la température irait plutôt en diminuant à mesure qu'on s'approfondit. Mʳ Perrau dans le voyage du Capitaine Baudin sur les Mers australes a trouvé 25° pour la température de la surface et 7°,10 à 700 toises de profondeur, il pensait que s'il avait pu faire descendre le Thermomètre plus bas, il serait parvenu à une température égale à Zéro. Un Anglais a fait récemment des expériences qui ont donné pour la même profondeur également une température de 7°,00 ; comme il lui a fallu beaucoup de temps pour retirer le Thermomètre, au moins une heure, il n'était pas sûr d'avoir la température des fonds. Pour que ces expériences fussent plus concluantes il avait eu la précaution de placer le Thermomètre dans un cylindre de fer, qu'il a laissé pendant 3 jours à 7 ou 800 toises et a trouvé également 7°.

M. De Saussure dans le lac de Genève a trouvé 4° ou 5° à 300m de profondeur; la température de la surface étant 25 à 30°.

Ces expériences sur la température des eaux ne peuvent conduire à aucun résultat sur celle de la terre puisque nous venons de voir que celle qu'elle communique à la surface est très faible. Quant à ce refroidissement que les eaux paraissent éprouver il est dû à des causes particulières et souvent locales.

Parmi les causes qui influent sur la température des eaux, la plus naturelle est la densité de l'eau froide: En Suisse, par exemple, les eaux froides descendant des glaciers dans les lacs, tendent à aller au fond à cause de leur densité et lui donnent leur température en y séjournant.

On a aussi cherché à attribuer l'abaissement de la température des eaux, dans les profondeurs des mers australes, à la fonte des glaces polaires et aux courants qui vont des pôles vers la zone équatoriale.

La supposition d'une chaleur propre à la terre, fournit la meilleure explication des sources thermales remarquables, ou la constance de leur température et de leur volume. On a cherché à les expliquer par des décompositions de pyrites mais cette explication très incomplète pour les eaux chaudes ordinaires est entièrement nulle pour les eaux gazeuses; elles sont à la vérité plus difficiles à expliquer, par la chaleur centrale.

Les Volcans doivent peut-être aussi leur origine à la chaleur de la terre, mais il paraît qu'il faut quelques circonstances pour favoriser leur formation, sans cela on ne concevrait pas pourquoi les éruptions se font toujours aux mêmes endroits et dans le voisinage de la mer.

Structure intérieure des Masses qui composent la surface du Globe.

La surface du globe est couverte de végétaux

excepté dans quelques endroits où il n'existe que des sables ou des rochers. La terre végétale qui la recouvre presque partout est composée ordinairement d'éléments semblables à ceux qui entrent dans la composition des roches qui forment le sol. On peut donc attribuer sa formation à la décomposition de ces roches. Il y a cependant quelques exceptions, ainsi dans les pays de montagnes elle est formée des débris de rochers provenant de ces montagnes, qui apportés par des alluvions de ⸺ sont répandus sur la surface du sol inférieur. Quand ces alluvions se répandent dans les plaines qui avoisinent les montagnes quelquefois elles sont mélangées de parties terreuses qui donnent de la fertilité au pays mais le plus ordinairement ce sont des dépôts de galets, de rochers d'une décomposition très difficile et qui ne sont pas propres à la végétation, sous ce seul rapport on voit déjà une différence très tranchée entre la composition de ces deux grands groupes de terrain. Si on examine ensuite avec quelqu'attention les fragments qui se rencontrent parmi la terre végétale de ces deux pays si différents par la configuration du sol. On remarque que les uns sont durs, souvent cristallins, rarement calcaires; que les autres sont comparativement tendres, compacts, argileux et souvent calcaires. Enfin un examen un peu plus approfondi fait connaître que dans l'un les fossiles sont très rares, souvent même qu'il n'en existe pas et que dans l'autre au contraire les corps organisés s'y trouvent en grande abondance. Ces différences dans la forme des terrains, la nature des roches qui les composent, et plus encore la présence ou l'absence des êtres organisés nous conduisent à les séparer en deux groupes bien distincts, auxquels on donne par opposition les noms de terrains primitifs, et de terrains secondaires. Malheureusement il n'existe pas une limite bien tranchée entre eux, ce qui a conduit à faire entr'eux une coupure artificielle que l'on désigne sous le nom de terrains intermédiaires ou de transition, terrains qui participent des deux ainsi que l'indique leur nom.

La partie supérieure des terrains secondaires présentera des fossiles entièrement différents de ceux qui existent dans leurs couches inférieures, en outre il paraît ainsi que nous allons l'indiquer que la surface de la terre a éprouvé à une certaine époque de la formation de ces terrains de grands changements: circonstances qui ont engagé les géologues à adopter une quatrième classe de terrains qu'ils ont désigné sous le nom de Tertiaires.

Les terrains Primitifs que l'on suppose les plus anciens sont composés en conséquence de roches très dures presque toujours cristallines, souvent granitoïdes: Elles contiennent rarement des calcaires si même elles en contiennent quelquefois: On n'y a jamais trouvé de fossiles ni de couches formées de la destruction de roches qui entrent dans leur composition.

Les Terrains de Transition contiennent des roches cristallines, quelquefois granitoïdes, des roches compactes, des roches argilleuses et souvent aussi des roches arénacées c'est à dire composées de détritus d'autres roches: Ils contiennent quelques fossiles. Ceux qui appartiennent au règne animal sont particuliers, et ne présentent pas en général de genres analogues vivants. Quant aux fossiles végétaux ils sont de la famille des Monocotylédons, et sont analogues à ceux qui existent dans le terrain houiller qui les recouvrent immédiatement, mais qui sont rangés dans les terrains secondaires. Ces végétaux fossiles de nature très différente avec la végétation de nos climats présentent des genres semblables à ceux qui croissent sous la Zône torride.

La limite entre les terrains primitifs et les terrains de transition est aussi très difficile à tracer. Le passage insensible d'un de ces terrains à l'autre a occasionné souvent des erreurs dans le rapprochement de différents terrains et tous les jours on range dans les

terrains de transition des terrains regardés comme
primitifs mais dans lesquels on vient d'observer quelques fossiles. Les Alpes nous offrent un exemple
remarquable de cette modification dans la classification des terrains : les roches qui les composent
ont été regardées longtemps comme primitives.
Mr. Brochant a prouvé qu'une grande partie
d'entr'elles contenaient des empreintes végétales et
qu'elles doivent être regardées comme de transition.
Enfin des travaux récens font présumer qu'une grande
partie de ces roches contiennent des fossiles des
terrains secondaires et qu'elles doivent y être as-
similées. Nous verrons plus tard en parlant de
la description des terrains quelles sont les circons-
-tances qui paraissent avoir influé si fortement sur
les terrains des Alpes et leur avoir communiqué des
caractères qui sont si peu habituels aux terrains
secondaires.

Les terrains houillers sont considérés comme la
première assise des terrains secondaires : Il ne
faut pas croire cependant qu'ils soient nettement sépa-
-rés des terrains qu'ils recouvrent : fréquemment au
contraire ils sont associés aux terrains de transition,
de manière qu'on observe quelques couches de houille
dans les couches les plus supérieures de ce dernier
terrain. La séparation du terrain houiller et des
couches secondaires supérieures est y les tranchée.
Ainsi en général les couches houillères présen-
-tent des contournements nombreux, tandis que les
couches qui les recouvrent sont horizontales et ré-
-gulières : le caractère le plus saillant est celui
tiré des fossiles. D'abord les Dycotyledon qui
n'existent pas dans les terrains houillers commen-
-cent à paraître dans les couches qui lui sont supé-
-rieures : Mais c'est surtout dans les fossiles ap-
-partenant au règne animal que cette différence est
très grande; les coquilles sont plus analogues à
celles qui habitent actuellement nos mers et les ver-
-tèbres commencent à se montrer : Ainsi il existe
déjà des poissons et de grands reptiles qui paraissent

avoir vécu seulement à cette époque car on ne retrouve plus leurs débris dans les couches supérieures. Les Mammifères ont probablement habité la terre pos- -térieurement à la formation des terrains secondaires puisqu'on ne trouve pas de dépouilles de ce genre d'animaux dans les couches qui composent ces terrains; Cependant on cite une exception à cette règle générale établie par Mr. Cuvier, il est vrai que cette seule exception se présente dans des circonstances qui y permettent encore le doute.

A mesure qu'on s'éloigne des terrains anciens on re- -marque une gradation dans les perfectionnements des êtres organisés et un plus grand nombre d'espèces.

    La surface de la Craie présente dans beaucoup de lieux des sommités et des dépressions semblables à celles que nous observons actuellement sur nos continents. Ces inégalités qui probablement étaient à une cer- -taine époque de la formation de notre globe des montagnes et des vallées sont recouvertes de terrains plus modernes; Et on remarque souvent dans les dépressions des amas assez considérables de cailloux roulés provenant souvent de la destruction même de la Craie: De plus les couches de la Craie et des terrains supérieurs quoique parallèles ne sont pas continues; ces deux circonstances ont fait présumer qu'il s'était écoulé un laps de temps considérable entre le dépôt des terrains de craie et de ceux qui leur sont supérieurs. Cette conjecture est rendue encore plus vraisemblable par la considération des fossiles, car dans les terrains inférieurs à la Craie on trouve seulement des genres analogues aux espèces actuellement vivantes, et les Mammifères y sont très rares si même il en existe réellement. Dans les couches supérieures à ce terrain, on trouve fréquemment parmi les Mollusques des espèces ana- -logues à celles qui habitent actuellement nos mers: Et les dépouilles des Mammifères y existent en très grande abondance. Ce sont ces considérations qui ont conduit les géologues à diviser les terrains secondaires en deux classes qui sont les terrains secondaires et les terrains tertiaires. Ces dernières paraissent avoir été formés par des causes moins générales que celles qui ont présidé aux dépôts des terrains secondaires, et nous verrons qu'effectivement il y a assez de différence dans des bassins éloignés.

Les terrains secondaires et tertiaires présentent des sous-divisions que nous indiquerons en décrivant les terrains ; les plus importantes sont celles dues aux coquilles d'eau douce, et à celles de Marais appelées Lacustres.

Outre les 4 classes de terrains dont nous venons de parler, on en distingue encore 2 autres : ce sont les Alluvions qui se distinguent en alluvions journalières et alluvions anciennes. Les premières se forment continuellement sous nos yeux, les autres sont le résultat de grandes catastrophes, on les appelle Dilluviennes pour les distinguer des premières.

Enfin une sixième espèce comprend les terrains Volcaniques ; ils sont postérieurs à tous ceux régulièrement déposés, sur lesquels on les voit souvent reposer.

On n'a trouvé jusqu'à présent aucun fossile humain dans les couches régulièrement déposées, ceux que l'on a découvert à la Guadeloupe et dans les Landes, étaient bien à la vérité des ossements humains ; mais ils étaient empatés dans des tufs plus ou moins solides. Nous ne parlerons pas du prétendu homme fossile découvert il y a quelques années dans la forêt de Fontainebleau, le grès présentait bien quelques formes qui pouvaient prêter à l'imagination, mais il ne contenait aucun ossement qui pût permettre d'émettre raisonnablement cette opinion.

————

4ᵉᵐᵉ Leçon.

La plupart des terrains sont composés de couches plus ou moins régulières ; mais il en est quelques unes comme les Granites et les Porphyres qui ne présentent que rarement cette disposition ; et que l'on peut par opposition aux premières, appeller terrains non stratifiés. Cette différence remarquable dans la structure des terrains paraît être en rapport direct avec la manière dont ils ont été formés; les uns portant tous les caractères de dépôts successifs au milieu d'un amas immense: les autres au contraire, offrant plutôt l'idée d'une formation presque spontanée. Les granites et les porphyres présentent cependant quelquefois l'apparence de stratification et certains porphyres sont même tellement schisteux qu'on emploie quelquefois comme en Tyrol cette roche pour ardoise.

Les limites des couches sont à peu près indéfinies, il est extrêmement rare qu'on les ait observées; on voit cependant souvent des couches s'amincir, ce qui indique d'une manière certaine que les dépôts quoique très étendus n'ont recouvert en même temps qu'une certaine partie de la surface de la terre; On peut dire que les limites des couches sont en général celles des terrains: Les couches sont inclinées, et se recouvrent, elles forment des bandes qui souvent sont interrompues par des escarpements sur lesquels on les voit se correspondre, circonstances qui annonce évidemment une rupture ou une dégradation quelconque.

L'épaisseur des couches varie beaucoup, elle est plus grande dans certains terrains; et quoiqu'on n'ait point observé de règle générale, cependant on peut dire que les couches des terrains anciens sont plus épaisses que celles des terrains modernes.

L'inclinaison des couches est presque nulle dans les terrains secondaires; elle est très grande pour les terrains houillers et les terrains de transition: Les couches de ce dernier sont souvent verticales; la réunion des couches de ces différents terrains vu sur une grande échelle forme des espèces d'éventails renversés. Dans cette disposition, le centre de la chaîne sur ces couches verticales est formé de terrain ancien; Les terrains de transition sont inclinés, et enfin les terrains secondaires sont horizontaux; Les Montagnes des Alpes présentent cette disposition:

Marginalia :

Les Terrains sont composés de Couches.

Dimensions des Couches.

Inclinaison et Direction des Couches.

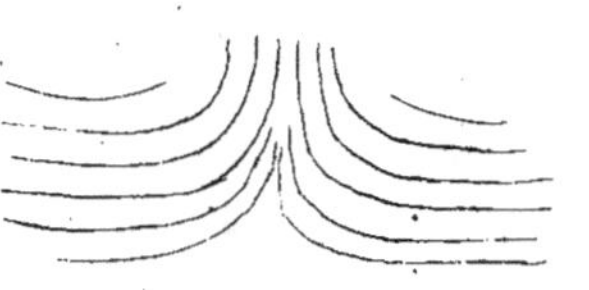

Ainsi les Granites et les gneiss du Mont-blanc sont dis-posés verticalement, et les calcaires qui s'appuyent des-sus sont inclinés; une disposition à peu près sem-blable se fait remarquer dans les terrains du Jura.

Les terrains Volcaniques présentent souvens des coulées successives qui forment des couches très im-parfaites dues à la viscosité de la lave, et aux obstacles qu'elle trouve; quelquefois cependant il y a une grande régularité dans la disposition des couches, cela a lieu principalement lorsqu'entre deux coulées se trouve une couche d'alluvion.

La Stratification est en rapport direct avec la forme des Montagnes: Ainsi des Stratifications inclinées produisent des aiguilles, des flancs déchirés, les montagnes composées de couches horisontales présen-tent des plateaux et des escarpements à pic. Pour connaître la position des terrains les uns par rapport aux autres, il faut Déterminer la Direction des couches et leur inclinaison.

La Direction est la ligne d'intersection des couches et du plan horisontal, l'inclinaison est perpendiculaire à cette Direction.

Pour prendre la Direction et l'inclinaison on se sert de la Boussole, du quart de cercle et du fil à plomb. La boussole particulière que les géologues employent habituellement est faite en forme de montre. On a eu soin pour pouvoir lire les directions plus facilement d'inverser la position respective de l'Est et de l'Ouest: on a deplus adapté intérieurement un petit fil à plomb et un quart de cercle pour prendre les inclinaisons.

Il est nécessaire d'apporter quelque soin dans la Détermination de la Direction des Couches; quelquefois les roches présentent les fissures dans des sens différents de la stratification, et qui cepen-dant pourroit se confondre avec ce dernier. On fait cesser cette incertitude en examinant les schistes De la roche des cristaux qu'elle renferme. la Direction des couches est ordinairement celle de la chaîne; et on remarque que les couches situées sur

---

La Stratification est en rapport avec la forme des Montagnes.

Manière de Déterminer l'incli-naison et la Direction des Couches.

le même versant prolongent ordinairement de la
même manière. Dans les Alpes par exemple elles
ont Direction constante du _Nord-Est_, au _Sud-Ouest_.
Dans les Pyrénées de l'Est à l'Ouest, les
couches situées sur le versant Espagnol, plongent
vers le Sud, celles qui recouvrent les flancs Nord
s'abaissent vers la France. Dans les couches
verticales, on remarque que dans celles qui contiennent
des Galets ils sont disposés dans une position
verticale. M^r De Saussure le premier fit
cette observation à Valorsine; depuis cette remar-
-que a été faite dans toutes les montagnes.

Cette Disposition remarquable est importante à
constater pour la structure du globe; on ne peut en
effet supposer que ces couches se soient ainsi Dis-
-posées, elles Doivent-Donc avoir été D'abord hori-
-sontales, puis relevées Dans cette position où on
les observe par des causes inconnues. La Direc-
-tion de ces couches de Poudingue De Valorsine est
la même que celle Des couches anciennes sur les-
-quelles elles reposent; ce fait intéressant a été vé-
-ifié Dans toutes les montagnes.

Il existe aussi Dans Des terrains secondaires
et même tertiaires Des couches presque verticales,
l'Ile Wight présente Des couches De Craie
et D'argile plastique qui sont verticales.

Le Dernier fait que présente la stratification, c'est
l'alternative régulière De plusieurs séries De couches.
Dolomieu a fait cette remarque Dans les terrains
houillers où cette Disposition est très sensible. Ainsi
à partir de la houille on a les grès ayant certains
caractères puis D'autres grès Des schistes bitumi-
-neux &c.... pour ensuite la houille et le schiste
bitumineux reviennent et les grès se succèdent Dans
une Disposition inverse.

Dolomieu explique ce retour périodique Des
mêmes couches en supposant que la surface de
la terre a été recouverte par Des marées très grandes
et périodiques qui auraient successivement et Dans
le même ordre formé ces Dépôts.

Dans les terrains houillers les couches sont très contournées, elles se replient sur elles mêmes un grand nombre de fois: On les voit se relever de tous côtés sur les terrains qui les supportent et y présenter la forme d'un fond de bateau. Cette disposition est la conséquence naturelle de la nature de ces terrains, qui étant entièrement de transport ont dû prendre nécessairement la forme du fond sur lequel ils se déposaient: Les contournements nombreux de ces mêmes terrains ne peuvent être expliqués que par un bouleversement postérieur qui a comprimé les couches et les a forcé à se replier.

Les couches de houille sont traversées de fentes ou failles qui sont en général normales à la direction des couches. Des deux côtés des failles les couches ne se retrouvent pas à la même hauteur. Elles sont plus basses du côté du toit, et paraissent avoir descendu.

Les Couches d'un même terrain sont disposées parallèlement: souvent même celles appartenant à deux terrains différents présentent cette similitude de stratification et si quelques autres caractères ne viennent pas au secours du Géologue il est difficile d'y poser la limite de ces terrains: heureusement que dans le plus grand nombre de cas, la séparation entre deux terrains est marquée par une différence de stratification, différence qui peut être de deux espèces; Ces espèces sont:

1°. La stratification parallèle non continue.
2°. La Stratification brisée.

La figure N°1 montre la première qui est habituelle à la formation de craie et d'argile plastique. Cette disposition ainsi que nous l'avons dit, est connue sous le nom de stratification de parallèle non continue, en effet les couches A, B, C d'argile plastique sont parallèles aux couches 1, 2 et 3 de craie mais elles ne sont pas continues. Cette disposition prouve que le terrain inférieur a été dégradé avant que l'autre ait commencé à se déposer.

Des Différentes Stratifications.

Stratification parallèle non continue.

(figure 1)

3 Craie — C — argile plastique — 3 — C — 3 Craie
2 — B — 2 — B — 2
1 — A — 1 — A — 1
4

Stratification brisée.

(figure 2)

(figure 3)

Stratification non parallèle enveloppante.

Des accidents qui dérangent la Stratification.

Des Cavités vides.

Elle présente deux genres: l'un dans lequel les couches inclinées _m_ reposent sur un autre terrain également en couches inclinées (fig 2) _n_ l'autre au contraire présente des couches contournées comme celles appartenant aux terrains houillers p q reposant sur des couches d'un terrain plus ancien (fig 3) _oo_ le terrain houiller et le calcaire qui le recouvre présente aussi presque toujours les mêmes dispositions, circonstances qui prouvent que les terrains houillers comme les terrains de craie ont été les derniers dépôts d'une formation et qu'il s'est écoulé un temps assez considérable entre les formations de ces terrains.

Les formations qui présentent ces caractères forment d'excellents repères et servent pour ainsi dire de niveaux géologiques.

Nous avons déjà indiqué qu'il existe des terrains peu stratifiés qui se recouvrent et qui alternent ensemble. Les surfaces de séparation de ces terrains ne sont pas planes. Certains terrains du Derbyshire composés de couches de calcaire et de porphyre présentent cette disposition qui est assez commune dans les terrains regardés comme volcaniques.

Le nom seul indique assez ce genre de stratification: ce sont des courbes qui enveloppent de tous côtés celles du terrain inférieur.

Les terrains présentent souvent des masses minérales, des cavités, des fentes de... qui dérangent cette stratification et influent sur leur régularité. Nous allons les indiquer successivement. Les cavités qui existent au milieu des terrains peuvent être vides ou remplies.

Les cavités vides ont lieu dans certains terrains altérables ou solubles par l'eau, comme les terrains calcaires, les terrains gypseux, salifères ou les grès; ces cavités qui s'étendent souvent dans plusieurs couches sont parallèles au plan des couches, et paraissent dues à l'érosion des eaux qui se sont introduites par des fentes. Lorsque la stratification est horizontale on remarque que les cavités sont

...gée dans ce sens.

Si la stratification est verticale elles sont plus hautes que longues.

Dans les terrains de transition il existe beaucoup de ces cavités; les montagnes de Derbyshire, celles des Pyrénées nous en offrent de nombreuses; quelques unes sont fort étendues; et il sort de plusieurs d'entr'elles des masses d'eau assez considérables; les eaux qui suintent dans ces grottes sont souvent chargées de chaux carbonatée qu'elles déposent sous forme de stalactites; Ces dépôts portent à croire que ces eaux qui pénètrent à travers ont la propriété de dissoudre la chaux carbonatée, dans une assez grande proportion faculté qu'elles doivent probablement à une certaine quantité d'acide carbonique dont elles sont chargées.

Les calcaires secondaires particulièrement ceux désignés sous le nom de Calcaire du Jura présentent aussi beaucoup de ces grottes.

Quelquefois ces grottes forment plusieurs étages qui ne communiquent entre eux que par une fente; elles ont en général pour sol le plan des couches.

Un caractère qui prouve que ces grottes sont dues au creusement des eaux, c'est que si on y fait arriver un courant d'eau, elle s'échappe par un écoulement naturel que souvent on ne peut observer.

Dans les terrains de gypse les grottes sont allongées dans le sens vertical; les Allemands les appellent Kalkshlotten; ce qui veut dire cheminée calcaire; si on les observe avec soin, on remarque qu'elles présentent l'ensemble d'une cavité allongée, mais que par le fait elles ne sont que la réunion de petites cavités qui communiquent entr'elles. Ces grottes sont en général dues à la dissolution du sel gemme qui existe au milieu du gypse.

Au milieu des terrains on rencontre des amas de substances étrangères dues quelquefois à des cavités remplies, on les distingue des véritables amas, lorsqu'ils contiennent des alluvions, sans cela il est souvent difficile de reconnaître leur époque de formation

Des Cavités remplies.

quelques unes renferment des ossements fossiles qui indiquent une formation très moderne.

Tous les terrains fossiles présentent des fentes
perpendiculaires aux couches. Ces fentes qui sont
nombreuses facilitent l'extraction des pierres à bâtir,
en y introduisant des coins, mais ce n'est pas de ces
petites fentes dont nous voulons parler, mais bien
de celles qui existent dans un terrain entier. Elles
sont également perpendiculaires au plan des couches.
Nous avons parlé des fentes produites par des tremblements de terre; il en existe beaucoup dont on ignore
l'origine. On peut distinguer trois espèces de fentes.

   1. fentes vides;

   2. fentes remplies;

   3. fentes sans écartement.

Celles ci sont rares.

Elles le sont ordinairement par des débris
analogues aux alluvions et par des matières incrus-
tantes comme on l'observe dans les grottes.

Il faut encore considérer comme fentes les failles
des mines de houille: ce sont des masses terminées
par deux plans parallèles et qui coupent perpendiculairement les couches. Elles sont en général légèrement
inclinées comme le terrain; On remarque dans ces failles
qu'un côté du terrain a descendu, comme l'indique la
figure ci-contre. Il y a donc une espèce de chûte qui
est du côté du toit.

Cette idée de chûte est exprimée par les Allemands
par le mot de fallen (tomber) dont on a fait
faille en français.

D'après cette disposition assez générale que les
couches du toit ont descendu, les Mineurs donnent pour
règle de rechercher la couche du côté de l'angle obtus.

Il existe aussi des fentes sans écartement. On
s'en apperçoit seulement à l'interruption des couches
et à leur non correspondance:

On indique aussi des fentes qu'on appelle fausses
failles qui sont aussi de véritables fentes. Il n'y a
pas alors d'interruption dans les couches; mais elles
présentent une courbure qui indique que ce sont des

Des fentes.

Des fentes vides.
Des fentes remplies.

(fig. 1.)

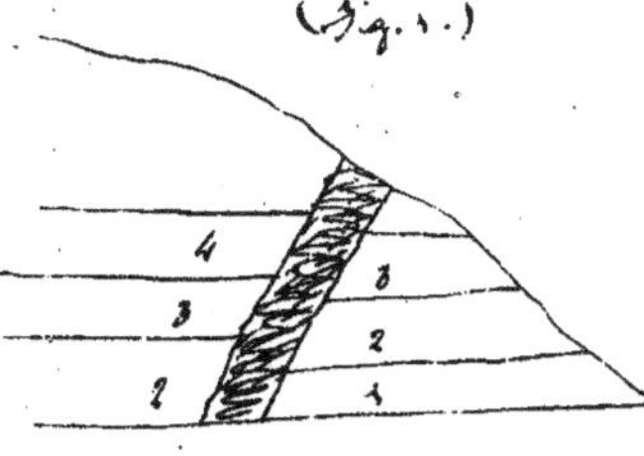

Des failles.

fentes sans écartement

(fig 2)

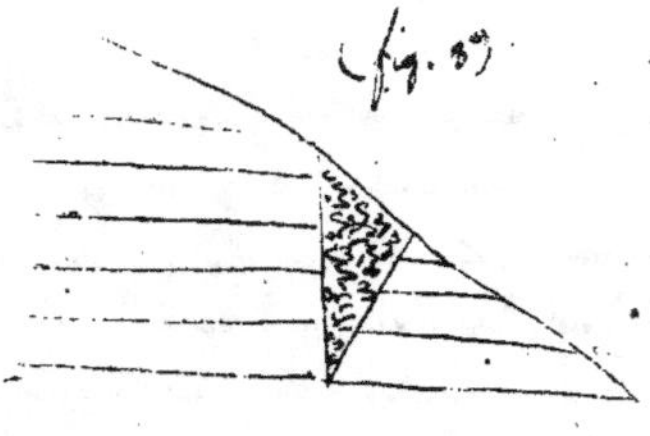

fentes qui se sont formées à une époque où les couches
n'étaient pas encore solidifiées, et où elles sont allon-
-gées; la figure 2 présente cet accident.

Enfin quelquefois des couches de houille présen-
-tent des fentes triangulaires (fig 3) qui sont rem-
-plies de fragments des roches du terrain houiller.
On les désigne dans les mines sous le nom de
Brouillard ou de Couches fracassées.

5.me Leçon.

Des filons.

On appelle filons des masses minérales d'une
forme applatie qui coupent plus ou moins perpendicu-
-lairement les couches des terrains dans lesquels elles
se trouvent. Les matières qui composent les filons
sont différentes de celles qui constituent la roche dans
laquelle ils sont enclavés.

Souvent le mot de filon a été appliqué faus-
-sement à des masses minérales exploitables mais qui ne
peuvent être classées parmi les filons géologiquement
parlant, et auxquelles on a donné ce nom par
extension.

L'Étude des filons est de la plus haute impor-
-tance pour l'exploitation des Mines, ce gîtement
étant sans contredit, celui qui fournit le plus de
métaux. Il ne faut pas croire cependant que
toutes les Mines Métalliques soient exploitées sur
des filons; Ainsi les Mines de Plomb des
Alpes, les Mines de Cuivre de Suède &c...
sont exploitées sur des masses qui ont il est vrai
beaucoup d'analogie avec les filons par les Minéraux
qu'elles renferment, mais qui n'interrompent pas les
couches comme ceux-ci. Ces masses que l'on classe
en général sous le nom d'Amas portent des ca-
-ractères qui les font regarder par beaucoup de
géologues comme contemporaines aux terrains
dans lesquels elles se trouvent.

Les Mines nombreuses de la Saxe, du Hartz

et du Cornouailles exploitées la plupart sur
des filons ont offert aux Géologues tous les moy-
-ens possibles d'étudier ces dépôts métallifères
et leur ont fourni les différents caractères de
ces masses.

C'est Werner célèbre professeur Alle-
-mand, qui le premier a fait connaître leurs
principales propriétés dans un ouvrage inti-
-tulé Théorie des filons qu'il publia en
1791. Dans cet ouvrage remarquable par
les nombreux faits qu'il cite il cherche à
expliquer la formation des filons. Cette ex-
-plication satisfaisante pour un grand nombre
de cas est encore en partie vraie pour la plu-
-part des autres.

Il pense que les filons sont des fentes
qui se sont formées dans les montagnes et
ont été remplies postérieurement par une pré-
-cipitation chimique tranquille qui s'est ré-
-pandue par en haut, il l'a appelée
précipitation superincumbante.

On a objecté à cette opinion plusieurs
faits qui au premier abord ne s'expliquent
pas par la supposition de Werner. Le
premier consiste dans les filons qui traver-
-sent des masses indistinctement stratifiées,
mais l'objection tirée de ce fait tombe devant
la remarque que dans la même contrée des
filons traversent à la fois ces terrains indis-
-tinctement stratifiées et des terrains qui
les recouvrent et qui sont très bien stratifiés.

On a cité aussi des filons que l'on a ap-
-pelés en zig-zag ou en escalier comme on
le voit dans la figure A : Ces filons
rentrent tout à fait dans la définition
des filons que l'on a donnée plus haut, seu-
-lement la fente n'est pas en ligne droite :
En outre on remarque qu'il existe toujours une
traînée de la matière du filon entre les deux
couches. Les Mines de Freyberg offrent

A.

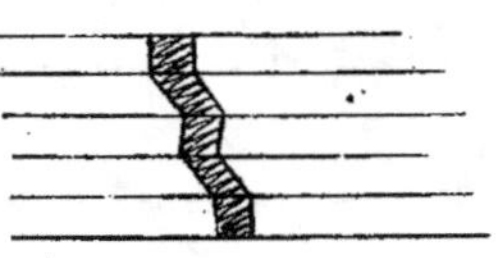

plusieurs exemples de cette disposition.

On en a observé d'autres où le passage du filon est bien plus marqué; dans les Mines du Cumberland par exemple où une partie du filon est contournée et paraît étranglée comme le représente la figure B.

Quelques filons sont parallèles aux couches et semblent former par conséquent des anomalies. Mr Werner avait expliqué cette espèce de contradiction en disant qu'il se pouvait qu'une partie d'un filon se fut répandue entre deux couches. Le fameux filon de Guanaxato (la veta madre) est parallèle aux couches sur une certaine longueur.

Enfin le fait des filons du Derbyshire offre une irrégularité bien plus grande et dont l'explication est fort difficile. le terrain est composé de couches de Calcaire et d'Amygdaloïde appelé Roadstone dans le pays. Le filon exploité dans la couche calcaire a n'existe plus dans l'Amygdaloïde qui est au dessous tandis qu'il se retrouve dans la seconde couche calcaire b qui lui succède; il se termine de nouveau à la seconde couche Amygdaloïde pour reparaître dans la troisième couche de calcaire.

L'examen de ces singuliers filons fait voir d'abord que les couches calcaires sont coupées de la même manière qu'il est habituel aux filons; que les parties isolées paraissent avoir du faire continuité, et qu'ainsi lors de la formation du filon, les couches d'Amygdaloïde ne faisaient pas encore partie du terrain. Il est donc probable que cette roche s'y est introduite à une époque plus moderne et qu'elle y a formé de véritables filons qui se sont répandus entre les couches. Cette supposition la seule qui puisse expliquer d'une manière satisfaisante l'anomalie que nous citons, devient très probable quand on remarque que dans la même contrée ces Roches

Amygdaloïdes se présentent souvent avec
des caractères qui s'accordent peu avec l'idée
qu'ils appartiennent au terrain.

Dans l'étude des filons on doit considérer
leur forme, leur structure, le rapport de composition du filon et du terrain environnant, enfin le rapport des filons d'une même contrée
entre eux.

Pour déterminer la position d'un filon il
faut comme pour une couche indiquer sa direction
et son inclinaison qui sont généralement différentes de celles des couches des terrains dans lesquels
ils sont enclavés.

Ordinairement les masses des filons sont
planes cependant elles sont quelquefois courbes,
elles présentent alors des renflements et des
étranglements; quelquefois les filons se divisent,
ils ont, dans ce cas des appendices que l'on appelle les branches accompagnantes.

Au Hartz les faisceaux de filons ou
pour mieux dire les branches qui courent parallèlement à ces masses et s'y réunissent sont
très fréquentes.

Les filons forment quelquefois à la surface
du sol des masses saillantes, d'autres fois au
contraire ils présentent des cavités. Cette circonstance dépend de la dureté relative de la
masse du filon et des couches environnantes;
il est plus habituel de les voir saillants et
formant une espèce de mur.

On distingue dans un filon le toit, le mur
et les salbandes; par toit on désigne celui
qui recouvre le filon, le mur est au contraire
la partie sur laquelle il repose.

On entend par le mot de salbandes les
parties du filon qui sont adjacentes à la
roche: leur nature est en général différente
de celle du filon et de la roche environnante.
Le plus souvent les salbandes ne sont pas
métallifères, elles sont argilleuses. Souvent

on dit que les filons n'ont pas de salbandes,
c'est lorsque la matte métallique touche aux
couches du terrain.

La puissance des filons est variable
dans les mêmes filons elle est ordinairement
peu considérable.

Ses dimensions en longueur quoique
limitées sont cependant très étendues; rare-
-ment on les connaît.

Parmi les filons puissants on cite le
filon Spitalergang qui a 40^m de puissance
en quelques points. En Saxe il en est un ou
deux autres qui en ont une de 10 à 12^m le
Mordlaner en franconie le plus grand de
l'Allemagne à une puissance de 10 à 12^m et
est exploité sur une longueur de 18000^m.

On cite au Hartz des filons de même
puissance. Le fameux filon de Guanaxato
(la veta Madre) a 45^m de puissance seule-
-ment dans les parties qui traversent les
couches calcaires.

Dans le Cumberland les filons les
plus puissants n'atteignent pas à plus de
cinq mètres. Dans ce pays les filons sont
très étroits dans le schiste et le grès et très
larges dans le calcaire, et surtout dans une
couche particulière qui est appelée dans le
pays Great Lime-Stone. Le filon qui
n'avait qu'un mètre dans les autres couches,
y acquiert une puissance de 5 ou 6.

Dans le Cornouailles les filons métal-
-lifères n'ont pas une grande puissance,
ils atteignent rarement jusqu'à 2^m.
Mais dans ce Comté il existe des filons de
matières non métalliques ordinairement de
porphire qui ont des puissances beaucoup
plus considérables: Quelques-uns de ces filons
appelés Elvan Courbe par les Mineurs
ont 10, 20, 60 mètres de puissance; il y en
a même qui ont atteint la largeur de 120^m.

Malgré ces exemples de filons qui ont une assez grande épaisseur, on peut dire qu'en général leur puissance varie de 0m,30 à 1m,50c.

On cite souvent dans les ouvrages de géologie des filons moins considérables mais ils appartiennent pour la plupart aux couches et non pas aux terrains et ils rentrent dans une espèce de matières minérales que nous décrirons bientôt sous le nom de petits filons.

Nous avons dit plus haut que les filons présentent des élargissements et des rétrécissements; une question très importante et qui se rapporte à la théorie de la formation des filons, c'est de savoir si les filons présentent généralement les rétrécissements à leur partie inférieure, ou si au contraire comme le prétendent quelques géologues ils s'élargissent dans la profondeur. On peut citer des exemples des deux cas.

La limite des filons en longueur n'est pas connue. Il y en a d'extrêmement étendus, d'autres au contraire sont bornés; la difficulté de suivre un filon à cause des dépenses énormes, permet rarement de reconnaître leurs différentes dimensions.

Le filon de Mordlauer a été aussi que nous l'avons indiqué ci-dessus exploité sur une étendue de 18000 mètres. Le filon de Guanaxato l'a été sur la longueur de 12700 mètres.

Le filon de Sure de la Croix dans les vosges a été suivi sur une largeur de 13000m.

Les filons pierreux ont été reconnus sous des longueurs plus considérables. Les Dykes du terrain houiller de l'Angleterre qui sont regardés par les géologues comme des produits souterrains ont une étendue considérable. On en cite vers le Nord du Comté de York qu'on prétend avoir été suivi sur une étendue de 45 à 50 Milles. On voit des

filons de Quarz qui ont une étendue considérable; en Suisse il en existe un qui traverse
le Lac de Côme et qui se présente exactem.ᵗ
dans la même direction et avec la même puis-
-sance: Ce filon est un des exemples les plus
remarquables de la régularité de ces masses minérales.

D'après ce que nous venons d'indiquer on
peut dire en général que les filons ont été
suivis sur une étendue de 900 à 1000 mètres
et que les plus puissants sont généralement
les plus étendus.

On a beaucoup d'incertitudes sur la manière de se comporter des filons dans la profondeur parceque les dépenses ou l'appauvrisse-
ment du filon ont été cause que jamais ou au
moins très rarement on ne les a suivis
jusqu'au point où ils pourraient cesser. Nous
allons indiquer la profondeur jusqu'à laquelle
quelques Mines ont été poursuivies.

La mine de Himmelfurst a été exploitée
à plus de 400 mètres de profondeur; celle de
Clausthal et Andreasberg ont 500.ᵐ La Mine
de Sandstey a 540.ᵐ La Mine de Guanaxato
a 500. et quelques mètres. En Bohême la
Mine de Joachimsthal a été exploitée à
600.ᵐ de profondeur.

Agricola cite les mines de Kuttenberg
en Bohême fermées déjà de son temps qui
étaient exploitées à 1000.ᵐ de profondeur.
A Kitzpühl en Tyrol l'exploitation descendait
également à 1000.ᵐ Oppel Directeur des
Mines de Freyberg dit dans sa géométrie souterraine qu'un voyageur lui a assuré qu'il
existait des puits encore plus profonds aux
mines de Cuivre de Rohrhübel en Tyrol.

Composition et Structure des filons.

Les filons contiennent en général beau-
-coup plus de substances cristallisées et cristallines

que les roches. On y trouve des minéraux très rares et qui leur sont particuliers : Cette différence dans la composition entre les roches et les filons fait présumer que ces masses minérales n'ont pas été formées dans les mêmes circonstances. Quelques filons renferment des galets, du sable, des matières de transport, quelquefois des fragments assez considérables de la roche environnante. La Mine de Baigory présente ce phénomène d'une manière très remarquable. Dans d'autres on a trouvé des fragments de la masse même des filons. On en cite dans plu- -sieurs Mines de la Saxe, près de Gersdorf. Les filons d'Agathe de .... sous des exemples remarquables. On a indiqué dans la Thuringe un filon contenant des corps organisés.

Nous avons dit que les salbandes sont les parties du filon adjacentes à la roche. Elles sont ordinairement de nature différente de celle du filon ; Elles sont ordinairement argilleuses. Cette circonstance donne l'idée d'un retrait qui s'est formé dans la masse du filon et qui a été rempli postérieurement. Dans la Savoie il existe un fait qui donne l'idée d'une double formation de filons : Le terrain dans lequel est enclavé le filon est un calcaire com- -pact, la masse du filon est également de chaux carbonatée ; Elle est composée de trois parties a, b, c ; La première a est un cal- -caire sale gris assez analogue à la roche environnante ; La seconde b, présente un calcaire plus clair que le précédent mais encore sale, tandis que la troisième partie c est de calcaire lamelleux. Ce filon connu sous le nom de Sant du Lièvre peut être supposé avoir été ouvert trois fois et rempli de dépôts analogues, mais de plus en plus tranquilles.

Les substances qui composent les filons sont souvent disposées par bandes correspondantes.

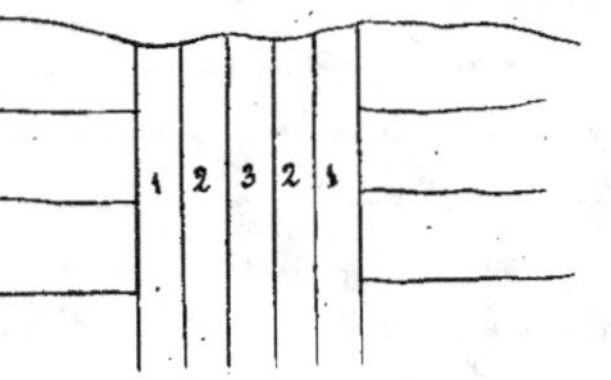

La figure contigüe indique cette disposition très fréquente dans les filons du Hartz : On voit les bandes 1 qui sont semblables former les extrémités, les bandes 2 également semblables entre elles mais différentes des bandes 4 leur succèdent ; le milieu est occupé par une bande unique : Ces bandes sont quelquefois nombreuses. Cette disposition qui est loin d'être générale est très importante, elle sert de fondement à la partie de la théorie de Werner dans laquelle il dit que les filons ont été remplis par en haut ; Les filons présentent souvent des cavités ou Géodes qui sont tapissées de cristaux lesquels ont leurs pointes tournées vers le centre du filon : Souvent aussi on y voit des parties concrétionnées.

Les filons métallifères ont une grande inégalité de richesse : Dans certains cas ils s'appauvrissent, dans d'autres ils s'enrichissent ou s'ennoblissent suivant l'expression des Mineurs. Il n'y a aucune règle à cet égard, cependant une remarque singulière et assez générale, c'est qu'un filon qui traverse un terrain composé alternativement de roches de natures différentes s'enrichit et s'appauvrit dans les couches analogues.

Dans la Mine de Kongsberg en Norwège le filon devient extrêmement riche en passant à travers une couche de schiste contenant de la pyrite.

Dans le Cumberland les filons de Plombifères présentent ce phénomène d'une manière très marquée : ils sont enclavés dans un terrain composé de schiste, de grès et de calcaire. Quand le filon traverse le calcaire il est très riche et très puissant, moins riche dans le schiste et encore moins dans le grès. Une chose également remarquable qui arrive dans cette contrée c'est que lorsqu'il y a eu chûte d'une partie du terrain, le filon est plus

riche quand les parois sont l'une de calcaire,
et l'autre de grès, que lorsqu'elle sont de grès
ou de schiste à la fois.

Rapport des filons avec la Roche environnante.

On remarque que les couches ne se correspondent pas des deux côtés d'un filon et que les parties du toit sont celles qui ont généralement des-
cendues. Cela tient à ce que les filons se sont
ordinairement formés avec une pente en rapport
avec la pente du terrain. Cette règle est si générale
que les Mineurs lorsqu'ils ont perdu un filon
le cherchent du côté du toit.

Les filons coupent souvent plusieurs terrains
qui paraissent d'âge assez différents, les nombreux filons d'étain et de cuivre du Cornouailles
se prolongent fréquemment du schiste dans le
granite sur lequel il repose. Le filon de
Guanaxato traverse un terrain de porphyre
et de calcaire.

Il y a peu d'adhérence entre le filon et la
roche environnante, et on trouve leur surface lisse.

La roche qui encaisse les filons est quelquefois
altérée aux points de contact. Cette circonstance
a été réclamée par toutes les personnes qui ont émis
des opinions théoriques sur les filons.

On cite encore l'existence de Minérai dans
la roche, fait très important pour la théorie,
mais qui est assez peu commun et surtout très
peu étendu; c'est-à-dire que ce n'est qu'à une
petite distance du filon jusqu'à quelques mètres seulement que l'on observe cette circonstance,
ce qui se conçoit de la même manière que l'altération
de la roche au contact.

Une objection plus forte contre la théorie
de Werner sur les filons, c'est la présence de
ces masses minérales ou amas de même nature
que les filons qui se trouvent dans certains terrains.

Car l'idée la plus naturelle est de leur suppo-
-ser la même origine, et cependant beaucoup de Géo-
-logues les regardent comme contemporains aux
terrains qui les renferment. Nous dirons bientôt
quelques mots sur ces amas, qui nous paraissent
la plupart ainsi que les filons d'une origine plus
moderne que le terrain environnant. Il faut
avoir soin quand on discute de semblables faits
de ne pas confondre les filons proprement dits
et les masses minérales auxquelles les Mineurs
donnent ce nom par extension.

Rapport des filons entr'eux.

Les rapports sous la même composition et la
même direction que des filons d'une même contrée
présentent souvent; Dans une même contrée on
observe quelquefois deux systèmes de filons paral-
-lèles entr'eux, et qui se coupent les uns les autres
Les failles des Mines de houille sont également
parallèles: Les filons se comportent alors entr'eux
comme les filons par rapport à la roche; c'est
-à-dire qu'ils se coupent et se rejettent les uns
les autres et indiquent qu'il existe entr'eux une
postériorité et une priorité: Cette disposition re-
-marquable nous conduit à admettre plusieurs âges
de filons. Dans le District de Freyberg si
riche en Mines métalliques il y a deux systèmes
de filons argentifères: Dans l'un d'eux les filons
sont composés de Quartz, de pyrites et de Mi-
-nerai argentifère; Dans l'autre ils renferment
de la baryte sulfatée, de la chaux carbonatée et
de la Galène argentifère.

Le Cornouailles présente également plu-
-sieurs systèmes de filons, qui se coupent et se
rejettent successivement: Nous allons les indi-
-quer suivant leur ordre d'ancienneté.

1°. Des filons de rocher, de porphyre ap-
-pelés Elvan.

2°. Des filons d'étain qui présentent deux

âges, les uns sous presque contemporains à l'*Elvau* et d'autres postérieurs.

3°. Deux systèmes de filons cuprifères.

4°. Des filons d'étœ *Broisaux* qui contiennent de la galène de l'argent et du Cobalt.

5°. Des filons argileux qui coupent tous les filons métallifères.

Maintenant que nous avons parcouru les caractères principaux des filons, nous allons récapituler les idées théoriques que *Werner* en déduit pour expliquer leur formation. Ce célèbre professeur annonce que les filons ont été originairement des fentes; leur position, par rapport à la roche, les fragments de la roche environnante qu'ils renferment, les caractères qui se déduisent de la chute d'une partie du terrain, la différence de composition de la masse du filon et des terrains environnants sont autant de preuves de ce premier principe.

Le second est qu'ils ont été remplis postérieurement en grande partie par une précipitation chimique, et il ajoute que ce remplissage a eu lieu par en haut et par une dissolution *superincumbante*.

Les caractères qu'il invoque sont:

1°. Qu'on trouve dans certaines couches faites évidemment par l'eau les mêmes substances minérales que dans les filons.

2°. La structure rubannée que présente certains filons, qui est analogue à celle que l'on observe dans certains dépôts stalactiformes. On peut supposer en effet qu'une première couche se dépose sur le pourtour, la dissolution se purifie ou est modifiée par une cause quelconque et forme une seconde zone de nature différente de la première, une nouvelle circonstance, ou le retour de celle qui a présidé au dépôt de la première couche donne une troisième couche, et ainsi de suite, et il résulte de là, que si on coupe une masse ainsi disposée la section présente des bandes alternatives.

Ce second principe est en partie admis par tous les Géologues, c'est qu'ils ont été remplis postérieurement; quant au remplissage par enhaut il est certains filons pour lesquels c'est presqu'évident, mais pour la pluspart des autres au contraire cette supposition est difficile à admettre et le remplissage par en bas, c'est-à-dire, par injection ou par volatilisation est plus concevable. Comment concevoir en effet que les substances métalliques si rares dans les couches se sont concentrées dans une dissolution qui aurait déposé ces matériaux? Le remplissage par en bas expliquerait cette difficulté; si nous admettons par exemple comme Hutton que dans les entrailles de la terre il règne une grande chaleur, capable de fondre et même de réduire les métaux en gaz, que ces gaz retenus captifs à cause de la grande pression à laquelle ils y sont soumis, viennent par une raison quelconque à surmonter cette pression il se formera alors dans les parois solides qui forment la croûte extérieure du globe, des fentes par lesquelles pourront sortir à l'état solide, liquide ou même gazeux, des roches cristallines analogues aux granites et aux porphyres, pour former ces vastes filons d'_Elvan_ que nous observons dans les Cornouailles, peut-être même des masses beaucoup plus considérables encore et des matières métalliques qui tapissant des fentes de peu de puissance ont donné naissance aux filons.

La description des filons termine ce que j'avais à dire sur les accidents qui dérangent la structure des terrains.* Il serait peut être utile de donner une idée de la structure des couches avant de parler de ces masses interposées, mais comme ils présentent des caractères analogues à ceux que nous avons indiqués, il vaut mieux les étudier de suite.

On distingue trois genres de ces masses

interposées les _Veines_, les _Amas_ et les _petits Filons_.

Les _Veines_ sont de petites couches minces et peu étendues dans le sens de la direction et de l'inclinaison. Ces veines dérangent peu la stratification. Elles portent tous les caractères d'être contemporaines aux couches, et il est probable que, par une raison qu'il nous est impossible d'assigner, la dissolution qui déposait le terrain a éprouvé un changement de nature, car elles ont ordinairement une composition essentiellement différente du terrain. Elles sont souvent métalliques; les métaux qu'elles renferment et les minéraux qu'on y trouve fréquemment sont les mêmes que ceux qui existent dans les filons, peut-être alors ces veines, ne sont elles que de petits filons horizontaux qui se sont introduits à la séparation des deux couches. On confond fréquemment les Veines avec les couches, et presque toutes les Mines qui sont indiquées comme étant exploitées en couches le sont en veines. Il arrive souvent que plusieurs veines sont réunies dans une même couche et forment une espèce de réseau.

Les _Amas_ sont des masses souvent assez considérables étendues dans plusieurs directions, plus ou moins arrondies. La composition de ces amas est fort analogue à celle des filons et c'est ainsi que nous l'avons indiqué une des difficultés élevées contre l'explication des filons par Werner. On n'y trouve pas de bandes correspondantes comme dans les filons, et ils contiennent moins de cristaux que ces derniers.

Les Mineurs Allemands désignent les masses minérales sous le nom de _Liegende- stock_ qui veut dire masse couchée, en opposition avec les _Stehende - stock_ ou masses debout qui coupent les couches et paraissent être des cavités remplies.

Les _Amas_ présentent souvent de petites branches accompagnantes qui s'étendent en

Différent seul dans la roche comme celles des
filons. Beaucoup de Mines sont exploitées
en amas. La Mine de Galène argentifère de
Pesey en Savoie est en amas. Les Dépôts
d'Anthracite sont des amas; la fameuse mine de Cuivre
de Fahlun en Suède est un amas; il a plus
de 1200 pieds de profondeur, et de 600 à
1500 pieds de largeur. La coupe de cet amas
à différentes hauteurs est moins grande, ce qui
annonce qu'il se termine. Le minerai de cuivre
forme l'extérieur de cet amas il ne se trouve pas
dans l'intérieur. La mine de Cuivre du Rammelsberg est également en amas. C'est à des amas
de ce genre qu'on doit rapporter les mines de Cuivre, d'argent et de plomb des Alpes. Les Mines
de Cuivre de la Suède et de la Hongrie sont
des gisements semblables.

Souvent les Couches (les granites par exemple)
présentent de petits amas composés d'un gra-
-nite à grains plus fins, et plus micacé, mais dans
ce cas ce sont des nœuds, des nids, peut-être
résultant de la cristallisation.

Les Amygdaloïdes, celles d'Oberstein, par
exemple, contiennent fréquemment des nids d'A-
-gathe, dans ce cas tout porte à croire qu'ils
sont postérieurs au terrain; Mr Brochant
les regarde comme le produit d'infiltration. Ces
Noyaux d'Agathe présentent des couches concentri-
-ques et des cristaux à l'intérieur. Le Docteur
Maculoch qui a adopté cette opinion a repré-
-senté des Agathes dans lesquelles on observe
que la partie inférieure est formée de couches ho-
-risontales et la partie supérieure est occupée
par des Stalactites.

Les petits filons : On désigne ainsi
des filons qui ont en général une très faible
puissance et qui ne traversent qu'une couche.
Souvent ils sont de la même nature que la roche
dans laquelle ils existent : Ils n'affectent pas
de direction constante et ils paraissent s'être

formées dans tous les sens et successivement de la
même manière que des fentes qui se produiraient
par le retrait dans une masse argileuse qui se des-
sèche. Ce phénomène est habituel dans les marbres. Dans ce cas la nature des filons est la
même que celle de la roche, il y a seulement une
Différence dans la pureté de la matière qui les
compose. Ainsi la roche est d'un calcaire compact de couleur plus ou moins foncé, tandis que
les filons sont ordinairement de calcaire spathique blanc. Il est assez probable alors que les fentes
se sont faites avant que la cause qui déposait les
couches de calcaire eût cessé d'agir et qu'elles ont
été remplies par ce même liquide, mais qui plus
tranquille ou épuré par les premiers dépôts a produit un calcaire blanc et spathique. D'après cette
supposition ces petits filons seraient peu postérieurs
à la formation des couches dans lesquelles on les
observe. Les petits filons renferment quelquefois
des minerais métallifères; il y a des mines exploitées sur des gisements de cette nature quand
leur disposition permet d'en exploiter plusieurs
ensemble : Les Allemands les appellent Stock-
werks, qui veut dire travail en masse parcequ'on exploite la masse de la couche.

La Mine d'étain d'Altenberg en Saxe, celle
d'argent d'Allemont en Dauphiné, celle d'étain
de St. Austle en Cornouailles, la Mine d'étain
de Geyer en Saxe sont exploitées sur des gisements de cette nature.

On observe qu'en général ces petits filons
commencent et se terminent dans la même couche
souvent ils ont la forme de coins. Quant au remplissage nous venons de dire que lorsqu'il n'y a
pas de différence de nature entre les petits
filons et la couche dans laquelle ils sont, on peut
regarder ce remplissage comme presque contemporains et fait dans des circonstances analogues:
Quand au contraire les petits filons sont de nature
différente de la roche, il est probable que le

remplissage est dû à des circonstances particulières analogues à celles qui ont formé la masse des filons.

Je vais rappeller les expressions Allemandes par lesquelles on exprime les différentes masses que nous avons examinées.

1º. Couches, ... Schichten
2º. Veines, ... Lager
3º. Amas, ... Liegender Stock
4º. Petits filons ou amas entrelacés, .. Stockwerk
5º. filons, ... Gänge
6º. Amas transversal, ... Stehender Stock
7º. Amas irrégulier, ... Butzen Werk

La Description des différentes masses minérales interposées dans les terrains et dans les couches terminent ce que nous nous étions proposés de dire avant d'entrer dans l'étude des terrains et des roches qui les composent. Pour bien comprendre ce que nous allons exposer dans cette partie qui constitue véritablement la Géologie il est nécessaire d'avoir présent à l'esprit les espèces minérales qui entrent dans la composition des roches. Nous consacrerons donc Deux Leçons à rappeller les principaux caractères des espèces suivantes qui ont été décrites avec détail dans le cours de l'année précédente.

Chaux carbonatée,
Chaux sulfatée,
Quarz,
Feldspath,
Mica,
Amphibole,
et Pyroxène.

6ème Leçon.   De la Structure des Roches.

Les Roches sont simples ou composées, on les regarde comme simples lorsqu'elles contiennent un ou plusieurs minéraux assez bien réunis pour qu'on ne puisse les séparer mécaniqu.t Composée si cette séparation est possible. Les premières ont une structure intérieure qui se manifeste par la Cassure. On la nomme Structure de séparation : la réunion des minéraux qui entrent dans la composition des roches composées a lieu de différentes manières; on désigne par le nom de Structure d'aggrégation ces différentes manières d'association de minéraux.

Nous allons examiner successivement les divers aspects sous lesquels se présentent ces Deux genres de Structure.

Structure de Séparation.

La Structure est dite indéterminée lorsque la roche se sépare indistinctement dans tous les sens.

Elle est schisteuse ou feuilletée quand la Roche se sépare en feuillets parallèles comme dans l'ardoise. Le plus ordinairement les feuillets sont parallèles aux couches du terrain et en relation directe avec la stratification; dans d'autres cas très rares à la vérité, et qui appartiennent au terrain houiller et au terrain de grès rouge les feuillets sont disposés en travers des couches comme le représente la figure ci-contre. Cette disposition est difficile à expliquer; la supposition la plus naturelle est que chaque portion de couche a été formée premières flots qui ne se seraient pas élevés plus haut que la couche.

Le plan des feuillets est souvent détermi-né par des paillettes de Mica et de Talc; ces Deux substances ont cela de particulier qu'elles se séparent très facilement parallèlement à leurs bases; ainsi on conçoit que si un dépôt quel-conque a donné du Mica et du Talc, il s'en suivra de petites couches qui permettront une séparation facile.

La structure de séparation schisteuse n'est pas toujours due à du Mica; il y a beaucoup de roches qui sans contenir ces substances se divisent par feuillets; Dans les terrains modernes, par exemple, on voit des argiles, des Marnes qui se séparent en couches très minces; on conçoit très bien que cette disposition soit le résultat de Dépôts successifs qui se seraient faits en se desséchant au fur et à mesure.

Structure schisteuse contournée.

On donne ce nom aux roches schisteuses qui au lieu de se diviser suivant des plans se séparent suivant des surfaces courbes présentant quelquefois des inflexions considérables. Ce qui est digne de remarque, c'est que l'on voit une couche qui a la structure contournée très prononcée comme celle de la figure ci-jointe et qui est recouverte ou qui recouvre des couches où la structure est soit indéterminée, soit schisteuse plane. L'idée la plus naturelle est que la couche a reçu une pression qui a refoulé ses extrémités et l'a forcée à se plier.

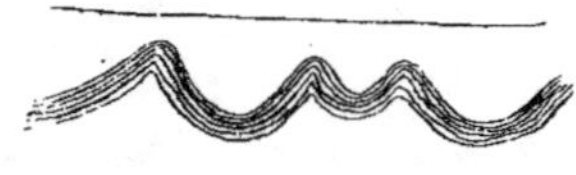

Il existe souvent dans certaines roches plusieurs sens de fissures, il est alors quelquefois assez difficile de reconnaître la véritable position des plans des couches; mais on est aidé par beaucoup d'autres considérations; par exemple si la roche contient des petits cristaux disséminés, il est assez habituel que l'axe de ces cristaux soit parallèle au plan de la stratification.

Structure pseudo-régulière.

Les Roches qui présentent des fissures dans différens sens disposées de telle manière que les fragments qui en résultent lorsqu'on les casse soient à peu près réguliers possèdent ce genre de structure: plusieurs personnes attribuent cet état à une cristallisation; effectivement les fragments ont souvent des plans parallèles ou au moins des arrêtes parallèles comme les prismes de Basalte. Ce genre de structure paraît dû à deux causes très probables: quand les fragments présentent des plans parallèles qui donnent des formes rhomboïdales ils sont probablement ainsi qu'on vient de l'annoncer le résultat de fentes multipliées qui existent dans la roche et par une conséquence du principe que les fentes doivent être parallèles entr'elles, on conçoit que s'il a existé deux systèmes de fentes parallèles, il en est résulté une division naturelle en deux sens qui a donné naissance à cette structure. Les fentes dont nous venons de parler sont la suite d'un certain effort, elles pourraient être dues à un retrait et dans ce cas elles seraient encore dans une seule et même direction parallèlement à la moindre résistance.

Les Basaltes se présentent souvent sous la forme de prismes ou apparences, assez régulières; la cause la plus probable à laquelle on doit attribuer cette forme est un retrait dû au refroidissement. Ces prismes n'affectent aucune régularité, ils ont tantôt 3, 5, 6e... faces; ces prismes qui ne peuvent se déduire les uns des autres excluent toute idée de cristallisation.

Quelques personnes et surtout Dolomieu ont pensé que le Basalte ne prenait la forme prismatique que quand la coulée avait le contact de l'eau; à Pontgibaut, l'observation est d'accord avec cette hypothèse, puisque la coulée est prismatique dans la vallée, sans l'être au dehors; mais il y a beaucoup de localités qui offrent des résultats contraires à la supposition de Dolomieu.

Plusieurs roches présentant des formes prismatiques irrégulières; comme certains grès et les Gypses des environs de Paris: Cette dernière roche affecte cette forme à Mont Martre et mieux à Argenteuil.

Quelques porphyres offrent aussi une disposition prismatique; cette roche rentre peut-être dans le même cas que les Basaltes.

Structure d'Aggrégation.

Nous avons dit que les Roches composées renfermaient plusieurs minéraux d'une séparation facile; les différentes manières suivant lesquelles cette réunion peut avoir lieu donnent aux roches un genre particulier de Structure, que nous avons appellé Structure d'aggrégation. Nous allons indiquer les différences que cette structure présente.

Structure d'aggrégation granitoïde.

C'est lorsque des Minéraux cristallisés sont associés entre eux; le Granit en est le type. D'autres roches présentent aussi la même structure; la disposition des Minéraux qui composent ces roches prouve qu'ils sont contemporains.

Structure Granitoïde rubannée.

Quelquefois dans les Roches granitoïdes, les cristaux d'une même substance, de Mica et de Talc, par exemple, se disposent par bandes et donnent la Structure granitoïde rubannée.

Structure Porphyroïde.

Le nom de cette structure vient du mot Porphyre qui en est le type. Elle offre une matte ou pâte compacte avec des cristaux contemporains. Certains granites renferment de très grands cristaux de feldspath, dans ce cas là la Structure de cette Roche est dite granitoïde et Porphyroïde.

Structure Amygdaloïde.

On dit qu'une Roche a cette structure lorsqu'elle est formée d'une masse compacte contenant des noyaux ou amandes; Elle diffère des Porphyres en ce que ceux-ci contiennent des cristaux: quand ces noyaux sont de même nature, Mr. Brochant dit que la structure est glanduleuse.

Dolomieu distinguait trois variétés dans la structure Amygdaloïde; il supposait que les noyaux pouvaient être contemporains à la pâte, à noyaux douteux et à noyaux postérieurs à la pâte.

Les Amygdaloïdes à noyaux contemporains renferment des noyaux qui ont eu quelque tendance à cristalliser, mais où cette opération est demeurée imparfaite. La forme de ces noyaux est arrondie; tantôt leur masse intérieure est tout à fait compacte; tantôt on y voit des couches concentriques en partie cristallines; ce cas est très rare, mais il se rencontre dans le granite orbiculaire de Corse.

Dans d'autres cas les noyaux présentent des rayons qui divergent du centre à la circonférence, comme dans le porphyre rouge de Corse; ces noyaux n'ont pas de cavités et leur nature est fort analogue à la pâte; presque toujours ils sont très difficiles à séparer: C'est à cette structure qu'il faut rapporter les Variolites de la Durance.

Ces Roches sont celles dont la structure est appellée glanduleuse par Mr. Brochant, elles sont plutôt des porphyres imparfaits dans lesquels la cristallisation n'a pas pu se développer entièrement.

Les Amygdaloïdes à Noyaux douteux n'offrent extérieurement aucune tendance cristalline; il n'en est pas de même à l'intérieur où l'on voit beaucoup de rayons et point de cavités. Leur forme est applatie et irrégulière, ce qui les empêche de se séparer aisément. Les variolites désignées sous le nom de Variolites ou Drac parcequ'on en trouve beaucoup dans le lit de ce torrent sont rangés par Dolomieu dans cette espèce d'Amygdaloïde.

Les Amygdaloïdes à noyaux postérieurs. Dans ces Amygdaloïdes, les noyaux se séparent facilement de la pâte et leur nature en est entièrement différente. La couche extérieure de ces noyaux est compacte, l'intérieur étant cristallisé; les noyaux qui sont assez souvent sphériques ne se ramifient pas au milieu de la roche; les Agathes et les Zéolithes forment souvent les noyaux de cette variété d'amygdaloïdes. Celle d'Oberstein fournit une grande partie des Agathes rubannées que l'on voit dans le commerce.

Structure d'aggrégation entrelacée.

Les Roches présentent cette disposition lorsque deux substances sont réunies en parties à peu près égales et que l'une enveloppe l'autre dans tous les sens. On a voulu donner à cette structure le nom d'Amygdaline; Le Marbre Campan est le type de cette structure; la Stéatite entoure de tous côtés le Calcaire. C'est selon Mr. Brongniart, le résultat d'une cristallisation confuse.

Structure d'Aggrégation irrégulière.

Lorsqu'une substance est dominante et que les minéraux sont mélangés d'une manière tout-à-fait irrégulière; la roche présente cette structure. On doit regarder comme affectant cette disposition les roches de Jade et Diallage ainsi que celles de Calcaire et Serpentine.

Structure Arénacée.

Une Roche est arenacée quand elle est com-
-posée de galets ou grains réunis par un ciment
quelconque; si les galets sont anguleux; la
roche est appellée Brèche; S'ils sont arron-
-dis et assez gros, elle se nomme Poudingue;
s'ils sont très petits, ils forment les grés; ce
nom est le plus généralement adopté; il s'étend
même aux terrains; ainsi on dit le terrain de
grés Rouge &c....

Dans quelques circonstances, il est diffi-
-cile de reconnaître si une roche est arenacée,
pour s'en assurer la première chose est de
constater si les grains sont étrangers à la
roche et diffèrent du ciment: On doit examiner
aussi si les noyaux ne sont pas cristallins,
lamelleux, ou disposés par bandes concentriques,
comme dans les Amygdaloïdes; si leur tissu
est différent de la pâte; s'il est schisteux,
et n'a aucune analogie avec les feuillets de
la pâte; enfin si les différents noyaux n'ont
aucune relation entr'eux; on sera alors cer-
-tain de la préexistence de ces noyaux.

Quand les noyaux sont traversés de filons
et que ceux ci ne se prolongent pas dans la
masse de la roche, c'est encore un caractère
plus sûr que les précédents.

Pour les grés, il faut examiner à la
loupe, si dans la même couche il y a pas-
-sage à des sables incohérents ou à un Poudingue bien prononcé.

Quelques Géologues au lieu de se servir de
l'expression de Roche Arenacée pour indiquer
les roches dont nous nous occupons dans ce
moment, employent le mot de Roche aggregée;
Mr. Brochant n'admet pas cette dénomina-
-tion, parceque des roches comme les Granites
peuvent être considérées comme une aggrégation,

sans cependant être des roches composées de parties
plus anciennes liées par un ciment.

Description des Roches.

On est assez embarassé de la méthode
à suivre pour la description des roches. Doit-
on regarder toutes les variétés de roches comme
formant des roches différentes ou peut-on ne
les considérer que comme des accidents et les
associer aux masses qui forment les éléments
principaux des Roches ?

Dans le premier cas, on a ce qu'on peut
appeller une classification minéralogique, c'est-
à-dire, une distribution des différentes roch[es]
d'après les minéraux qui entrent dans leur
composition; cette méthode joint à quelques avanta-
-ges l'inconvénient de donner des noms différens
à des Roches qui sont exactement dans la
même position géologique, et qui ont été for-
-mées dans les mêmes circonstances. Pour
faire comprendre ce que nous voulons dire, sup-
-posons, par exemple, une mer qui donne des
dépôts de sel ; si dans une partie de cette mer
un courant d'eau douce apporte du sable si-
-liceux ou calcaire, on aura une couche bien
reglée de sel marin empâtant des grains
de Quarz et de calcaire. Si dans la même
mer il se forme en un autre point un dépôt
de fragments basaltiques, on aura une couche
de sel marin, contenant des fragments de Quarz
Convient-il alors de faire deux roches dif-
-férentes parce que dans un cas le sel marin
contient des fragmens de Basalte et dans l'au-
-tre du calcaire ? Cette division n'est pas na-
-turelle ; il est plus simple de regarder toute
la couche comme du Muriate de Soude empâtant différentes substance. Ainsi il nous
parait préférable de ne décrire comme roche
que les aggrégations de minéraux ou les minéraux

qui forment des couches et de regarder les autres comme des variétés du premières auxquelles il est toujours assez facile de les rattacher. M. Brongniart est d'une opinion contraire; il regarde les variétés d'minéraux comme très importantes et a donné une classification très ingénieuse des roches en partant de ce principe. Mais cette distribution n'a pas reçu l'assentiment général; on en a seulement conservé quelques noms qui ont été substitués à ceux de Werner.

La classification des Roches présente aussi beaucoup de difficultés. La première idée fut de les distinguer en roches primitives et secondaires, mais on a bientôt senti tout ce que cette méthode présente de défectueux: Certaines roches se trouvent à la fois dans les terrains primitifs et dans les terrains secondaires, souvent même on n'est pas certain à quel terrain appartient une roche; il convient donc mieux et c'est l'opinion de M. Brochant de les décrire par leur composition, en ayant soin d'indiquer le terrain où elles se trouvent, c'est comme on voit une méthode intermédiaire entre celles de Werner et de M. Brongniart.

Commençons par les Roches à base de feldspath ou Roches feldspathiques.

Roches feldspathiques.

Ce sont celles où le feldspath lamelleux domine, elles ne sont pas très nombreuses; peut-être devrait-on les rattacher au Granite: En effet ces roches ne sont en réalité qu'un granite talqueux qui ne contient ni Quarz, ni Talc et qui forme plutôt des veines que des roches proprement dites.

Le feldspath contient quelquefois du Grenat, du Corindon.

C'est avec cette roche de feldspath lamelleux qu'on doit ranger la roche que Werner

désigne sous le nom de _Weisstein_ ou pierre blan-
-che ; presqu'entièrement composée de feldspath
grenu ; elle contient quelquefois du grenat, sou-
-vent du quarz.

Feldspath compacte ou _Petro silex_ de
Dolomieu et _Eurite_ suivant Mr. Brongniart :
c'est un feldspath compacte tantôt pur, tantôt
mélangé de cristaux, soit de feldspath, de
Mica et de Quarz : il sert de pattage à d'autres
roches.

Feldspath terreux ou _Petro silex_ ou
Eurite terreux : Quelques personnes supposent
que c'est du feldspath décomposé ; d'autres au
contraire qu'il a été déposé ainsi : Ces deux opi-
-nions sont également probables.

C'est cette variété de feldspath qui fournit
la terre à porcelaine comme dans les arts sous
le nom de _Kaolin_.

Feldspath Résineux ou _Résinite_. Cette
roche a été appelée quelquefois _Rétinite_ ; les
Allemands la désignent sous le nom de _Pechstein_
(Pierre de poix) à cause de sa cassure et son
éclat qui sont analogues à celles de la résine.
Il est douteux que cette roche existe dans les ter-
-rains anciens. Elle est associée le plus ordinairem.t
à certains porphyres, qui par leur position ano-
-male dans les terrains paraissent y avoir été in-
-troduits à une époque postérieure à leur forma-
-tion. Les Trachites présentent souvent aussi des
feldspaths résinites, on peut par appendice réu-
-nir au _feldspath résinite_, les _Obsidiennes_
et certains verres volcaniques sous le nom de
feldspath Vitreux.

Le feldspath résinite est le plus ordinai-
-rement pur, il est quelquefois mélangé de cris-
-taux de feldspath et de grains de Quarz.

Dans certains cas, cette roche est d'un gris
de perle, laiteux ; Elle est opaque : Souvent mê-
-me elle présente des grains qui sont même
assez arrondis, et ressemblent à des perles ;

laiteux, opaques : On la nomme alors, Pierre à Perles, Perlite et Perlestein chez les Allemands.

Feldspath Compacte Porphyroïde : C'est la Roche qu'on appelle ordinairement Porphyre ou Porphyre feldspathique : Elle est composée d'une pâte feldspathique et de cristaux de feldspath : il arrive souvent que la pâte est mélangée d'un peu d'Amphibole, les porphyres sont alors verdâtres ; ils sont rougeâtres en général quand le feldspath est pur.

Ces porphyres sont quelquefois à base de feldspath Terreux ; ces derniers appartiennent à une classe particulière de Porphyres qui sont associés principalement avec les terrains de grès rouge ; les Allemands les désignent sous le nom de Thon Porphyr qui signifie Porphyre argileux.

Feldspath Compacte Glanduleux : Roche dans laquelle on observe des noyaux arrondis et quelquefois rayonnés de feldspath au milieu du feldspath compacte. Le Granite orbiculaire de Corse est de cette espèce. Mr. Brongniart l'appelle Pyroméride ; ces roches ne sont pas très nombreuses.

Nous joindrons ici par Appendice une roche que nous désignerons sous le nom de feldspath Compacte Bréchiforme ; c'est un Porphyre dans lequel les noyaux sont anguleux : on ne sait si cette apparence est due à une tendance à la cristallisation ou si elle n'est pas plutôt le résultat d'un feuilletement et d'une réagglutination par la même pâte que les noyaux. Cette roche est très abondante dans les Vosges et notamment près de Framont.

Le feldspath Glanduleux n'est pas pur ; il est généralement mélangé de Quarz et c'est pour cela qu'il a reçu le nom particulier de Pyroméride.

Feldspath Lamelleux et Amphibole-Lamelleux mais distincts, ou Syénite. Cette Roche a reçu ce nom parceque elle employée dans les Monuments des Anciens était tirée de Syène en Egypte. Elle est habituellement associée au porphyre; souvent celle d'Egypte passe au Granite; elle contient du Quarz et du Mica.

Il y a une variété qui provient d'Arendal en Norwège remarquable par la présence de Cristaux de Zircon; Mr. de Buch qui a fait connaître cette espèce ainsi que le terrain qui la contient, la regarde comme le produit d'une action souterraine; il l'a désignée sous le nom de syénite Zirconienne.

Une autre variété également très remarquable de Syénite; c'est la Roche de feldspath et Amphibole qui est désignée sous le nom de Granite Orbiculaire de Corse et qui se compose de couches concentriques de feldspath et d'Amphibole cristallisée.

Roches de feldspath Compacte de Jade et de Diallage.

Cette Roche est appellée Euphotide; il est probable que par la suite on séparera le Jade du feldspath; mais pour le moment nous conserverons la réunion de ces minéraux. Les Allemands ne connaissaient pas cette Roche; ils lui ont laissé le nom italien de Gabro.

Roches de feldspath, Quarz et Mica.

C'est le Granite: ses trois éléments y sont ordinairement en proportions à peu près égales. On trouve dans le Granite, de la Pyrite, du Titane silicéo-calcaire, de l'Etain &c.... Ce dernier minéral y est quelquefois assez abondant pour qu'on puisse l'exploiter.

Nous placerons ici le Granite Graphique ou Pegmatite de Mr. Haüy: il est composé de feldspath cristallisé et de Cristaux de Quarz

tellement disposé qu'ils présentent l'apparence
de caractères hébraïques ; ce n'est qu'une variété
du granite.

Roche de feldspath Lamelleux, de Cale et de Quarz.

Cette Roche est très abondante ; elle forme la
masse principale du Mont-Blanc ; M. de Sau-
rière lui a donné le nom de Protogine parce qu'il
supposait que le Mont-Blanc était une des montagnes les plus anciennes du Globe et le mot Protogine qui veut dire engendré le premier est la
traduction de son idée ; idée qui d'ailleurs ne se
trouve pas vraie puisque les Granites véritables
que nous avons décrits précédemment sont plus
anciens que le Granite Calcaireux qui nous
occupe.

Feldspath Lamelleux de Quarz et Mica
Schisteux, appelé souvent Granite Schisteux
ou Gneiss, d'après les Allemands, et c'est ce
dernier nom qui est le plus généralement adopté.
Le Mica au lieu d'être disséminé dans la
masse comme dans le Granite, y forme de
petites couches qui lui donnent la structure schisteuse. De loin le Gneiss paraît rubanné.
Cette Roche contient du Grenat, du Titane
Silicéo-calcaire, des Tourmalines etc.
Le Mica est souvent remplacé par le Talc
la Roche devient alors un Gneiss Talqueux.

7ᵐᵉ Leçon.   ## Roches Micacées

Le Mica pur ne forme pas de roche, mais
il entre dans la composition d'une assez grand
nombre, associé à du feldspath, il forme le
Schiste Micacé ou Micaschiste, traduction du
mot Allemand Glimmer schist.

Cette Roche passe insensiblement au Gneiss, par le mélange d'une certaine quantité de Quarz, souvent il est assez difficile de dire si une roche est un Micaschiste ou un Gneiss.

Le Micaschiste renferme du Grenat, de l'Amphibole, de la Tourmaline &c...

Le Mica associé au Quarz forme une roche assez rare désignée par les Allemands sous le nom de Greisen; elle accompagne ordinairement les Mines d'Étain: en France on en a trouvé près de Limoges.

Il existe au Brésil et en Suède du Mica-schiste dans lequel le Mica est remplacé par du fer oligiste spéculaire; on a appelé cette roche Itacolumite; au Brésil elle occupe une étendue de plusieurs lieues: On l'exploite comme Minerai de fer.

Roches Amphiboliques.

L'Amphibole Lamelleux pur forme rarement des Roches à lui seul. Dans ce cas cette substance est souvent en cristaux alongés et la roche devient schisteuse. Les Allemands l'appellent Hornblende schiefer.

Amphibole Compacte ou Cornéenne, forme des couches considérables, il est rarement pur, mais mélangé au feldspath si intimement qu'on ne peut les distinguer à l'œil nud: le nom de Cornéenne donne lieu à des erreurs, parcequ'il y a d'autres rochers qui portent ce nom. Les Cornéennes Amphiboliques se distinguent souvent entre elles par les épithètes de dure ou de tendre.

Roches de feldspath et d'Amphibole distincts.

Cette roche est désignée sous le nom de Grünstein par Werner; en France on lui a substitué celui de Diabase; Elle est très abondante dans les terrains anciens. Les grünstein sont associés acci-dentellement avec les Cornéennes: Cette roche se rapproche par sa composition de la syénite qui est également composée de feldspath et d'am-phibole, mais dans la dernière le feldspath domine, tandis qu'ici c'est l'amphibole; en outre il y a cette différence géologique que le grünstein appartient aux terrains amphiboliques et la syé-nite aux feldspathiques.

Quelquefois cette roche est porphyroïde glandu-leuse.

Roches Glanduleuses Amphiboliques.

Nous rangeons sous cette dénomination les Roches dont la pâte compacte donne un émail noir au cha-lumeau, et qui contient des noyaux différents de la pâte. Celles dans lesquelles les noyaux sont de même nature, ne sont qu'une variété de la précédente. C'est par analogie qu'on réunit à l'Amphibole, les roches glanduleuses connues sous le nom d'Amygdaloïdes: Elles se rapportent peut-être au Pyroxène.

Roches de Schiste Argileux.

On appelle ainsi des Roches tantôt verdâtres, tantôt gris de fer, ayant quelquefois de l'éclat, et se divisant en feuilles plus ou moins minces. D'après leur composition on ne sait à quelle espèce minérale, on doit les rapporter, quelques Minéralogistes les regardent comme du Mica en masse: On a donné aussi à cette roche le nom de Phyllade qui veut dire feuilleté: cette dénomination est bonne. L'Ardoise est le schiste le plus parfait.

On réunit dans la même description les schistes argileux, primitifs, ceux de transition et même les plus modernes. On en distingue plusieurs sortes.

1°. Alumnifère: il tient la propriété de donner de l'Alun à ce mélange de Pyrites qui en se décomposant réagissent sur l'alumine que contient la Roche et fournit du sulfate d'alumine.

2°. Schiste tendre ou Graphite. Il est noir, tache les Doigts, souvent traversé de veines de Gypse; c'est lui qui fournit la pierre d'Italie.

3°. Navaculaire: Ce Schiste est ordinairement jaunâtre; son grain assez fin, et son peu de dureté fait qu'on s'en sert avec beaucoup d'avantages pour pierres à rasoir; Il contient de l'argile et des grains Quartzeux; il y a des variétés violettes.

Cette roche est très abondante, elle existe dans les terrains anciens et forme la moitié de ceux de transition.

Roches Talqueuses.

On comprend sous cette dénomination les roches dans lesquelles domine le Talc ou la Serpentine, quoiqu'une réunion de ces roches ne soit pas bien constatée.

Le Talc y ne forme rarement des Roches; Cependant il existe en petites lames qui se croisent dans tous les sens.

Les Roches de Talc lamelleux sont appelées Chlorites; quelquefois ces Chlorites sont schisteuses elles sont très fréquemment mélangées de fer oxidulé en cristaux octaèdres; souvent ces cristaux sont si petits qu'on ne reconnaît leur présence que par le barreau aimanté; Elles sont quelquefois même polaires.

On y trouve aussi du fer sulfuré, du cuivre pyriteux, et des cristaux de feldspath. Ces Chlorites schisteuses feldspathiques passent quelquefois par degrés insensibles au Granite Talqueux.

Ces roches contiennent des petits filets d'Osberte, des cristaux de Grenat, de Stauro-tide, de Disthène, &c.....

La pierre Ollaire très abondante dans cer-tains terrains anciens est une réunion de lames de Talc, mais tellement serrées que la roche est presque compacte. Cette substance contient des cristaux d'Amphibole de l'espèce Actinote.

La Serpentine forme des roches assez fréquentes; elle est mélangée quelquefois de fer oxidulé: On y trouve plus fréquemment du Diallage disséminé en petits filons, des Grenats, de l'Osberte, du fer chromé: Cette dernière substance ne s'y trouve que bien rarement en masse; il paraît que c'est le Chrome qui donne à la Serpentine la couleur souvent mélan--gée de chaux carbonatée qui l'enveloppe de tous les côtés et lui donne la structure entrelacée. La position de cette roche n'est pas bien cons--tatée, on en indique dans les terrains anciens; Elle y paraît se trouver dans des terrains beaucoup plus modernes.

Roches de Quarz.

Elles forment des Couches ou des Masses; Le Quarz Hyalin ne se trouve en couches qu'en Amérique et au Brésil où il est associé avec le fer oxidulé et du fer oligiste: Il porte le nom d'Itacolumite tiré du lieu où il s'est rencontré.

Le Quarz compacte est fréquent dans les Alpes: Il a au premier aspect l'appa--rence d'un grès; Saussure l'avait d'abord regardé comme tel. Mélangé de Mica et de Talc il devient quelquefois très schisteux; se feuillette sous très plans, souvent ils ont moins d'un pouce; Il sert alors de Dalles et même quelquefois d'ardoise.

On voit cette Roche au petit S.t Bernard
Quelquefois ces Quartz sont tachetés par de
l'amphibole, d'autres fois par on ne sais quelle
substance.

Le Quarz Compacte a été regardé jusqu'il y
a peu de temps comme essentiel aux terrains de
transition, effectivement on le trouve dans cette
position, mais celui des Alpes est beaucoup
plus moderne, ainsi que nous avons eu occasion
de le dire en décrivant le Lias.

Le Quarz Lidien appellé par les
Allemands Kieselschieffer, forme des
couches dans les terrains de Transition; moins
abondant que le Quarz compacte il se trouve
dans les Pyrennées.

Le Quarz Hyalin et le Mica sont quel-
-quefois associés ensemble et forment des Roches
qu'on peut appeller de Quarz et de Mica:
C'est le Greisen des Allemands, et l'Hyalomicte
de M.r Brongniart; cette roche est assez
rare, c'est plutôt un passage du Granite.
Elle est mélangée d'Etain, on l'exploite pour
en extraire ce métal: Elle contient aussi du
fer Arsenical.

Roches Pyroxéniques.

Le Pyroxène forme quelquefois des roches.
On en connais dans les Pyrennées principa-
-lement dans la vallée de l'Arriège, ou les dési-
-gne sous le nom de Lherzolite parce qu'on
l'a trouvé d'abord près de l'étang de Lherz;
Elle est en contact avec des terrains anciens
mais comme elle n'est point recouverte on ne
peut assigner son âge.

Le Pyroxène est assez rare dans les terrains
anciens, il est au contraire une partie essen-
-tielle de tous les terrains volcaniques, et des
Porphires qui par leur position anomale

paraissent de formation plus moderne que les terrains où on les observe. Certaines amygd-daloïdes que nous avons associés aux roches amphiboliques seraient peut être mieux placées ici.

Le Trapp qui forme des couches considé--rables parait appartenir au Pyroxène: Cette Roche presque compacte, est très difficile à caractériser; elle est d'un noir verdâtre très foncé, et elle fond en émail noir.

Le Basalte qui se distingue par la forme prismatique qu'il affecte est composé en gran-de partie de Pyroxène.

Dans les terrains Trachitiques, on trouve fréquemment des porphyres composés de Pyro-xène et de feldspath cristallisés. La roche prend alors le nom de Dolérite. On a voulu appliquer cette dénomination aux roches ancien-nes, mais on ne connait pas dans ces terrains de roches composées de Pyroxène et de feldspath: La Dolérite s'appelle encore Porphyre Pyroxénique. =

Le Pyroxène forme encore des roches à l'état terreux.

Des Calcaires.

On donne le nom de Calcaire aux roches composées de Chaux carbonatée.

Cette substance peut être pure et mélangée; pure elle forme des Calcaires Saccaroïdes et compactes.

Mélangée, elle peut contenir une infinité de substances; les mélanges habituels sont de l'argile et du Carbonate de Magnésie. Elle peut contenir cette dernière substance en propor-tion variable, ou en proportion définie. Dans le premier cas, elle forme des Calcaires magnésiens;

Dans le second, elle constitue une roche particulière à laquelle on a donné le nom de Dolomie en l'honneur de Dolomieu qui l'a fait connaître le premier dans les Alpes.

La chaux carbonatée fibreuse est la seule qui ne forme pas de roches.

Les Calcaires saccaroïdes, se trouvent dans les terrains anciens; ils constituent les marbres statuaires, ils sont enclavés quelquefois dans les Granites: souvent ils sont isolés mais ils ne renferment pas de fossiles ce qui fait croire qu'ils sont encore primitifs dans cette dernière circonstance.

Les Calcaires saccaroïdes sont à gros grain ou à petit grain. Les Marbres statuaires grecs, particulièrement le pentélique est à très gros grain presque lamelleux, celui de Carrare au contraire est presque grenu.

Outre les véritables calcaires saccaroïdes il existe qui contiennent une grande quantité de lames, quelquefois assez nombreuses pour faire croire que la roche est saccaroïde: Mais alors ces lames sont dues à des fossiles qui sont remplacés par des calcaire spathiques; pour les distinguer du calcaire saccaroïde nous les appellerons Calcaires spathiques ou Calcaires sublamellaires.

Les Calcaires Compactes sont très abondants, disséminés dans tous les terrains excepté dans les primitifs. Souvent les caractères extérieurs ne suffisent pas pour distinguer le terrain auquel ils appartiennent: Il faut pour le connaître observer leur position géologique.

Dans les terrains de transition, le Calcaire compacte est ordinairement esquilleux, translucide sur les bords s'il est de couleur claires circonstance qui annonce que ce Calcaire est pur, il passe quelquefois à du Calcaire saccaroïde.

Outre la variété que nous venons d'indiquer, les terrains de transition renferment aussi des Calcaires compactes très colorés, qui sont employés dans les arts, comme Marbres d'Ornement.

Les terrains secondaires contiennent exclusivement des Calcaires compactes plus ou moins purs. Quoique souvent on trouve dans des formations assez différentes des calcaires semblables, nous allons indiquer ceux qui sont plus particuliers à chacun de ces terrains.

Au dessus du terrain houiller on trouve en Allemagne les Calcaires Compactes argileux, de couleur foncée, associés avec des Marnes, que l'on a désignés dans le pays sous le nom de Zechstein. On avait cru que le calcaire qui forme une partie des Alpes correspondait à celui-ci, ce qui l'a fait appeller Calcaire Alpin, dénomination qu'on a été obligé de changer parce qu'on a reconnu depuis deux ou trois ans que ces calcaires étaient de formation plus moderne. En Angleterre, on trouve dans une position correspondante au Zechstein un Calcaire renfermant de la Magnésie, en proportion variable, ce qui fait qu'on lui a donné le nom de calcaire Magnésifère.

Plus dessus et à la séparation du grès bigarré et des Marnes irisées, il existe quelquefois un Calcaire appellé Muschelkalk par les Allemands (Calcaire coquillé), caractérisé par certains fossiles. Il est gris de fumée, clair, compacte, souvent un peu esquilleux.

La formation calcaire qui succède à celle-ci est le Calcaire à Gryphite que les Anglais appellent Lias. Il est ordinairement gris, bleuâtre, souvent argilleux, pénétré de filons spathiques dans tous les sens; renferme de la Marne et beaucoup de fossiles particuliers, entre autre la *Gryphée arquée* qui lui donne son nom quoique les Calcaires de cette formation soient généralement bleuâtres. Il y en a de clairs que les Anglais distinguent sous le nom de *Lias Blanc*.

Les formations Oolitiques supérieures à la précédente contiennent des calcaires jaunâtres et compactes et des Calcaires Oolitiques, c'est-à-dire, composés de petits grains arrondis semblables à des œufs de poissons et y a aussi des corps organisés en général à l'état spathique.

Enfin le terrain de craie le plus moderne des terrains secondaires, présente en général des Calcaires blancs, terreux et des Calcaires compactes jaunes très clairs. Dans quelques cas particuliers comme dans les Alpes et dans les Pyrénées, cette formation se compose en partie de calcaire compacte noir, ayant l'apparence d'appartenir à des formations beaucoup plus anciennes.

Outre les Calcaires que nous venons d'indiquer, on trouve encore dans les terrains secondaires, une roche confondue longtemps avec eux, composée d'un atôme de Carbonate de chaux et d'un de Carbonate de Magnésie à laquelle nous avons annoncé qu'on avait donné le nom de *Dolomie*: Il en existe dans tous les terrains secondaires dans des positions peu régulières.

Les *Dolomies* se composent de petits cristaux Rhomboïdaux groupés entre eux, et laissant des intervalles comme des cristaux de Sucre candi. Quelquefois les grains sont très petits, la roche est alors grenue, ressemble à un grès mais l'éclat nacré qu'elle présente habituellement décèle sa nature. Elle se désagrège et s'égrène souvent en sable. La couleur est jaunâtre clair; celle des terrains anciens est d'un beau blanc.

La Dolomie du St. Gothard est mélangée de cristaux de Trémolite Amphibole blanc; On y trouve aussi du Corindon, des Tourmalines, &c.... ces Accidents nombreux dans les collections sont très rares dans la nature.

Roches de Chaux Sulfatée.

La Chaux sulfatée Anhydre, et la Chaux sulfatée ordinaire forme des Couches et des Amas considérables principalement dans les terrains de grès bigarré; il y a des variétés sac--caroïdes et d'autres compactes.

La Chaux sulfatée ou Gypse forme des couches considérables dans plusieurs terrains; elle existe en grande abondance dans les ter--rains modernes comme ceux de Paris; la monta--gne de Mont-martre en est presqu'entièrem.t composée: Dans ce cas le Gypse est mélangé d'une très grande quantité de calcaire.

La Houille, le fer carbonaté, le Sel gemme, les Bois bitumineux qui sont le produit de la décomposition des végétaux forment encore des couches.

Les Bois bitumineux désignés le plus ordinaire--ment sous le nom de lignites se trouvent dans tous les terrains supérieurs au terrain houiller.

La Tourbe se trouve tout à fait à la sur--face et se forme journellement; Elle existe en couches régulières.

Roches Arénacées.

Elles existent dans tous les terrains, à partir de ceux de Transition. Ce sont les Grès; il est très difficile de les décrire isolément des ter--rains où elles se trouvent parceque les plus modernes ressemblent souvent à des grès très an--ciens. Il est cependant certains traits qui leur appartiennent: ils sont formés de fragments tellement

ronne une pâte, de nature très différente et pos-
-térieure. On peut comme M.ʳ Brongniart,
classer ces roches d'après leur nature minéralo-
-gique ou les décrire seulement d'après leur
position géologique; nous préférons cette der-
-nière méthode parce qu'on n'isole pas des roches
appartenant au même terrain, et présentant
quelques différences dans leurs caractères exté-
-rieurs.

On placera en tête une roche dont la
position géologique n'est pas bien connue, ap-
-pelée par les Marbriers Brèche universelle.
Elle est composée de fragments de roches an-
-ciennes, de Granite, de Porphyre &c..... et
reliées par un ciment feldspath compact ou
Pétro silex: Elle vient d'Egypte, et appartient
probablement aux terrains de transition.

2° Les Poudingues Calcaires: On
distingue ceux à noyaux de calcaire compactes
à ciment saccaroïde: Il se pourrait que ce ne
fut par des Roches Arénacées, mais une roche
présentant bien la structure entrelacée nous
n'avons encore prouvées. Il y a en outre des
Poudingues calcaires à ciment compact et à ci-
-ment de grés.

3° La Grauwacke, Ou la Roche Aré-
-nacée des terrains de transition. Elle est com-
-posée d'un ciment de Schiste Argileux, schiste
micacé ou de feldspath: Les fragments sont
fort anciens, ils sont des Granite, de Porphyre
de Schiste micacé, de Schiste argileux, de Quarz
de Serpentine, &c..... Quelquefois ces noyaux sont
très rares et la roche devient schisteuse. Elle
passe même par degrés insensibles à des Schis-
-tes argileux analogues à ceux des terrains
anciens.

La Grauwacke est généralement grise; quel-
-quefois rouge comme dans les terrains de transi-
-tion Anglais: Les Géologues de ce pays les ont
même appelés Vieux Grès rouge, par opposition

au nouveau grès rouge qui est contemporain au
grès bigarré: Il existe dans les Alpes des ro-
-ches ayant tous les caractères extérieurs de vé-
-ritables Grauwakes, et décrites jusqu'à présent
sous ce nom, mais qui y paraissent être plus
modernes.

Mr. d'Aubuisson dans son traité
de Géologie a substitué le mot Traumate à celui
de Grauwake.

4° Le Grès Houiller, contient beaucoup
de fragments de Granite: On l'a appelé pour
cela Granite recomposé; il contient beaucoup
de Mica mais cette substance est disposée par
couches et ne miroite que dans un certain sens;
Ce caractère est très bon pour distinguer cer-
-taines roches arénacées des terrains anciens
La pâte est argileuse marneuse.

Cette Roche est analogue à la Grauwake,
si ce n'est que le ciment ne passe pas au schiste
micacé ou argileux: Il est souvent sablo-
-neux; le grès des Houillères est souvent
schisteux et micacé.

5° Grès Rouge, souvent confondu
avec le Grès Houiller: ciment marneux et
sablonneux coloré par de l'oxide rouge de fer;
contient assez habituellement des Galets de
Quarz et de Kieselschiffer: Les Allemands
l'ont appelé Rothe todte Liegende, (base
morte rouge) le plus souvent on ne dit que
todte liegende, tout à fait différent du vieux
et du nouveau grès rouge des Anglais.

6° Grès Bigarré: Il est à grains
fins renfermant des noyaux assez gros de
Quarz; le ciment est sablonneux et ferrugi-
-neux: La couleur plus ordinairement rouge
est quelque fois verte; Elle varie souvent
dans le même échantillon.

7° On placera ici un grès qui est associé
au Lias et qui est composé de grains siliceux
et d'un ciment blanchâtre argileux: Les Allemands

le désignent sous le nom de Quadersandstein par-
-ce qu'il est employé comme pierre de taille.

8°. Grès Verts ; A la partie inférieure
des formations existent des grès assez remarqua-
-bles par la grande quantité de petits points
verts qu'ils renferment et qui sont dus à du si-
-licate de fer. Mr. Brongniart ayant
cru que ces grains étaient analogues à de la Chlo-
-rite a désigné ces grès sous le nom de Craie
Chloritée. Les grains sont siliceux et le ciment
calcaire ou marneux.

9°. Grès de l'Argile Plastique, ou
Molasse ; Ce grès a des caractères très va-
-riables : quelquefois, en Suisse, par exemple,
il contient des noyaux assez gros ; il est géné-
-ralement peu solide ; cependant quelquefois il
est très consistant : En Suisse, on l'appelle
Nagelflur (muraille, hérissée de cloux) à cause
des galets qui ressortent.

Il existe des grès dans les terrains terti-
-aires, comme celui de fontainebleau ; la pâte
est argileuse ou siliceuse : Dans ce dernier
cas ce grès est très dur et ne peut servir au
pavage : La pâte est souvent calcaire et les
grains sont de Quarz.

Roches des Terrains Tertiaires.

On terminera par un apperçu sur ces
roches modernes.

Des Argiles. Il existe au dessus
de la Craie des Couches puissantes d'Argile,
que l'on désigne sous le nom d'Argile Plas-
-tique parce qu'elle fournis une bonne terre
pour la poterie. Elle contient une grande
quantité de lignites, souvent assez abondants
pour être exploités.

Au dessus de ces Argiles on trouve dans
le bassin, un Calcaire que MM. Bron-
-gniart et Cuvier ont désigné sous le nom

de Calcaire grossier, parceque sa texture est lâche: Il est ordinairement, terreux, tendre, et contient une très grande quantité de fossiles sortans des Cérites.

Des substances qui forment les Veines, les Amas et les filons.

1°. substances qui constituent les Veines.

On trouve dans les Veines du fer spathique des Hématites rouges et brunes, du fer oligiste et oxidulé; des Pyrites de fer et de Cuivre, de la Galène, de la Blende, de l'Etain oxidé, des Wolfram, du sel gemme, du gypse de la chaux carbonatée et fluatée, de l'Asbérite, du Talc lamelleux, de la Topaze, du feldspath lamelleux, &c....

2°. Substances constituans les Amas.

Elles ont beaucoup d'analogie avec les précédentes.

L'Association regardée par beaucoup de personnes comme Roche (Quarz et feldspath) désignée sous le nom de graphique ou Pegmatite, forme des amas considérables.

Le feldspath terreux; le Quarz hyalin, le Quarz lydien, forment aussi des Amas; c'est même la manière d'être la plus ordinaire de ces substances.

Différentes Roches se trouvent en amas; aussi on trouve du feldspath compacte au milieu de feldspath cristallin, et réciproquement du feldspath cristallin au milieu de feldspath compacte: En examinant avec attention la masse compacte on voit qu'elle est souvent composée comme la masse cristalline, et que cette structure de composition est due à la finesse du grain.

Le sel gemme, l'Argile, le Soufre, cette dernière substance forme quelquefois des Amas

considérables dans le quarz suivant M.ʳ de
Humbolt.

L'Anthracite, le graphite, le fer spathi-
-que, le fer carbonaté compacte ou Listhide, le
plomb sulfuré se trouvent en amas. Toutes
les Mines de Plomb et de Cuivre qui se ren-
-contrent dans les Alpes et celles de la chaîne
Scandinave sont dans ce gisement.

Le fer sulfuré, oxidulé et Oligiste, la
Calamine, le Mercure sulfuré, le fer Chro-
-mé, le fer oxidé hydraté, le Plomb phos-
-phaté et carbonaté.

Dans les amas superficiels, appelés
Eisen Worth par les Allemands on trouve
le fer argileux qui est le plus souvent du fer
oxidé hydraté, du fer en grains, du fer limoneux,
ce dernier se trouve dans les terrains d'alluvion,
Des bois bitumineux, Du sable, des Argiles,
quelquefois du fer carbonaté &c.ᵗ ....

3.° Substances qui constituent les filons.

Quant aux filons, on y trouve un très gran-
nombre De substances, et nous ne voulons pas
les énumérer toutes ; mais nous indiquerons
celles qui sont fréquentes dans les filons et
qui y forment les masses principales.

Le Quarz hyalin et la chaux carbona-
-tée lamellaire, sont les Deux substances les
plus abondantes, la baryte sulfatée et la chaux
fluatée sont aussi assez souvent les masses
principales Des filons.

Le Quarz Néopètre ou Quarz Agathe
grossier, les Argiles, les Roches Carenacées,
ces dernières remplissent plutôt Des fentes que
Des filons.

On indique fréquemment Des Roches comme
formant la masse principale de certains filons
par exemple, les Syénites, les Porphyres.
Il est très probable que dans le plus grand
nombre Des cas ce sont Des petits filons, et non

De véritables filons : nous allons cependant les citer :

On a indiqué du granite en filon dans le Gneiss en Saxe, en Bourgogne, dans les Pyrénées. On voit qu'ici il y a peu de diffé-rence entre la masse du filon et la roche envi-ronnante, et il serait possible que ce fut plu-tôt de petits filons presque temporaires.

Des Porphyres : En Saxe il y a des Porphy-res argileux : en Cornouailles, il y en a qui traversent bien certainement des couches et qui forment de véritables filons.

Mr de Humbolt a vu près de Gua-naxato des filons de Syénite dans le Gneiss, et réciproquement des filons de Gneiss dans le Syénite. Cette circonstance tendrait à faire croire que ce sont de petits filons.

On a cité des filons de schiste argileux, de schiste micacé : On doit y joindre les filons de Basalte, et ces filons de roches probablement ignées désignées sous le nom de Dykes par les Anglais.

Parmi les métaux, le Zinc sulfuré, et le Plomb sulfuré sont les plus abondants, le Cuivre pyriteux, le fer Pyriteux, le fer Brunotite, le Manganèse s'y trouvent habituellement.

Quant aux masses accidentelles, ou dissémi-nées dans les filons, les Minéraux que l'on y rencontre le plus fréquemment sont l'Etain oxidé, les Minerais d'Argent, d'Arsenic, de Cobalt, de Nikel, de Bismuth, d'Anti-moine, de fer arsenical, cuivre gris, cuivre oxidulé, cuivre sulfuré : On ne parle pas des minéraux pierreux qui se trouvent très souvent dans les filons.

Les plus rares sont la Chaux phosphatée le Quarz jaspe, Agathe, Quarz silex, la Ca-lamine, le Tellure, l'Uram, la Stilbite, la Laumonite, l'Harmotome &c... Enfin ce qui est très rare du Gypse et de la Houille.

4°. substances qui constituent les petits filons.

Composition des petits filons: 1° Étain oxidé, le schorl ferrugineux, le Cobalt, le fer Arsenical, divers minerais de Manganèse, le Quarz, la chaux carbonatée lamelleuse, se trouvent dans des roches anciennes, mais souvent dans des roches plus modernes, comme dans la Serpentine; cette substance est surtout très abondante dans les calcaires de transition et secondaires.

Le Quarz résinite, le Quarz agathe, quelquefois la chaux fluatée, l'Argile lithomarge, l'Orbeste, l'Amphibole vert ou actinote, se trouvent aussi en petits filons; il existe encore d'autres substances; Ainsi Mr. de Humbolt cite du Bitume dans du schiste Micacé.

Ces détails finissent la quatrième partie du Cours.

8ème Leçon.

Division des Terrains en six Classes.

Nous avons déjà indiqué que certains Terrains contiennent des débris de corps organisés tandis que d'autres en sont entièrement dépourvus: Cette différence remarquable a fait diviser les terrains en deux groupes principaux. On a désigné sous le nom de Terrains primitifs, ceux qui ne contiennent pas de corps organisés, et Terrains secondaires, ceux qui en contiennent. Cette division est également en rapport avec la nature des roches: Les premiers sont ordinairement composés de roches dures et cristallines et les seconds de roches tendres: Cette indication n'est pas exclusive

et on trouve des roches dures qui renferment
des fossiles à la vérité peu nombreux mais
cependant assez pour que l'on ne puisse pas
réunir aux terrains primitifs ceux qui en
présentent. On a donc fait une classe inter-
-médiaire aux terrains primitifs et secon-
-daires, classe tout à fait systématique et
qui a pour but de faciliter l'étude de la
Géologie. Cette classe a reçu le nom de
Terrains de transition ou intermédiaire elle
participe à la fois des terrains primitifs et
secondaires, des primitifs par la dureté des
roches, des secondaires par les fossiles qu'on
y rencontre.

Les formations secondaires les plus
modernes présentent des caractères qui leur
sont particuliers, caractères qui tendent à faire
penser qu'il s'est écoulé un assez grand laps
de temps entre leur dépôt et celui des forma-
-tions secondaires les plus anciennes; ainsi
les roches sont plus terreuses, fréquemment
arenacées: Elles contiennent beaucoup de fos-
-siles qui souvent se rapportent à des es-
-pèces vivantes on a donc cru devoir en faire
une classe à part et on les a désignées
sous le nom de Terrains Tertiaires.

Outre ces terrains régulièrement stratifiés
la surface de la terre est recouverte dans
beaucoup de points d'attérissements que l'on
désigne sous le nom de Terrains d'Alluvion:
mais ces attérissements sont dus soit à des
causes journalières et partielles, soit à une
cause ancienne et générale; ce qui a fait
admettre deux divisions dans ces terrains d'al-
-luvion: L'une désignée par Alluvion se
rapporte aux attérissements locaux; l'autre
par Dilluvion comprend les attérissements
produits par une cause générale à des époques
où la terre a sans doute été soumise à des ca-
-tastrophes qui ont agi en même temps sur

grande partie de sa surface.

Enfin les Terrains Volcaniques forment un sixième ordre de terrains : Nous ne donnons ce nom qu'à ceux dont on reconnaît la formation par le feu d'une manière évidente.

Dans les terrains d'une même classe, on trouve des différences très marquées et constantes dans toute la suite des formations qui la composent. On a donc été amené à sous-diviser chaque classe et ces Divisions sont quelquefois naturelles, mais, souvent aussi, elles sont artificielles. La Différence de stratification nous fournit un caractère excellent pour former ces Divisions. Ainsi le Terrain Houiller dont les couches contournées dans tous les sens reposent fréquemment en stratification discordante sur les terrains anciens, a été évidemment formé à une époque différente des terrains anciens et sa formation est également due à des causes entièrement différentes. La Craie qui forme le dernier étage des terrains secondaires est sillonnée dans tous les sens par des vallées et est recouverte par l'argile plastique qui se trouve bien en stratification concordante avec la Craie; mais, non continue : Ces Deux Terrains forment donc des horizons géognostiques très utiles pour l'étude.

Les Divisions artificielles, moins intéressantes au premier coup d'œil, le sont cependant beaucoup encore parce qu'elles se présentent aussi dans un ordre constant : On observe bien à la vérité le passage d'une formation à l'autre; mais les caractères qu'elles présentent à leurs extrémités opposées sont souvent très différents. Rarement tous les terrains existent réunis dans une même localité de sorte qu'on trouve fréquemment des terrains modernes reposant sur des terrains anciens.

Terrains Primitifs.

Description des Terrains Primitifs.

On a cherché dans ces terrains à établir des subdivisions artificielles ; mais ils présentent beaucoup plus de difficultés que les autres, dans ces subdivisions, et les Géologues sont loin d'être d'accord sur ce sujet, aussi suivrons nous dans leur description un système différent de celui que nous adopterons pour la description des autres terrains. Nous ferons connaître les divisions adoptées par les Géologues les plus célèbres.

Idée de Dolomieu sur la Division de ces terrains.

Dolomieu qui regardait les roches comme formées par des dépôts chimiques dans l'eau, pensait que les premiers dépôts étaient les plus cristallins, et que les autres également cristallisés, contenaient des Mélanges. Il admettait que les Granites, les Gneiss et les schistes micacés étaient les premiers dépôts ; qu'ensuite venaient les porphyres, les Serpentines, les roches amphiboliques, les Calcaires, etc..... et que ces différens terrains étaient recouverts par des roches arénacées.

Opinion de Saussure.

Saussure admettait également que le Granite et le schiste Micacé étaient les plus anciens terrains.

Opinion de Pallas.

Pallas regardait aussi que le granite formait la base des Montagnes et que les schistes étaient disposés sur les flancs.

Division des Terrains anciens suivant Werner.

Vers 1700, Werner a donné une classification des terrains anciens, la seule qui ait été adoptée pendant longtemps. Ce Géologue a observé principalement en Saxe et au Hartz, où les montagnes sont peu élevées et les couches rarement verticales. Ces montagnes ayant peu d'étendue, il est facile de tourner un massif de montagnes, et d'en étudier l'ensemble. Il en est résulté que Werner a eu beaucoup plus de facilité que Saussure, Dolomieu et Pallas qui avaient fait leurs observations dans les Alpes et dans les Monts Ourals pour faire des coupures et des Divisions dans les terrains primitifs. Mais il est arrivé à Werner ce qui arrive à toutes les personnes qui n'observent que quelques parties du Globe c'est qu'il a, par suite, trop généralisé ses Divisions: Aussi a-t-on été obligé de les modifier. Néanmoins, on doit toujours, quand on parle de la description des terrains anciens, indiquer les travaux de Werner; car c'est lui qui a tracé la véritable route que l'on devait suivre dans cette étude: Et on peut dire que c'est en marchant sur ses traces qu'on a modifié ses résultats.

La plus grande différence qui existe entre les terrains primitifs et les terrains secondaires, relativement aux Divisions, c'est que des Géologues travaillant dans des pays différents et très éloignés, trouvent toujours des Divisions à peu près analogues dans les terrains secondaires, tandis que dans les terrains primitifs, on a été conduit à admettre dans presque tous les pays, des divisions différentes. On est donc porté à croire que la nature a suivi une marche beaucoup plus régulière, dans la formation des terrains secondaires que dans celle des terrains anciens.

Depuis les travaux de Werner différentes classifications des terrains primitifs ont été publiées par Mr. Daubuisson, par Mr. de Bonnard et enfin par Mr. de Humboldt dans son ouvrage sur les Terrains. Comme il est impossible de réunir ces classifications en une seule, nous pensons utile de donner la classification

de Werner, la première connue ; et d'indiquer
ensuite les diverses autres que nous venons d'é-
-noncer. Enfin nous terminerons par un ré-
-sumé général dans lequel nous ferons voir
les différences que présentent ces classifications.

Werner distinguait huit espèces de
Terrains primitifs.

1°. Terrain de Granite,
2. ———— de Gneiss,
3. ———— de Schiste Micacé,
4. ———— de Schiste Argileux,
5. ———— de Calcaire primitif,
6. ———— de Serpentine,
7. ———— de Trapp,
8. ———— de Porphyre.

Nous supprimons les terrains de quarz et
de Topaze qui ne forment réellement qu'une
roche accidentelle.

Terrain de Granite.

Dans les Terrains de Granite regardés par
Werner comme le plus ancien, le Granite est
la roche Dominante ; quelquefois le feldspath
est terreux : Il y a peu de stratification. La
roche de Granite est rarement mélangée ; Cepen-
-dant Werner y cite de la Tourmaline Du
Grenat et de l'Etain. Il n'y a jamais de
couches subordonnées dans le véritable granite ;
Il contient très peu de substances métalliques ;
On ne cite que l'Etain en Saxe, en Cornou-
-ille, &c²..... Du fer hématite rouge en filons,
du Manganèse métalloïde, du plomb sulfuré
et de l'Antimoine. Werner pensait que
l'on n'y trouvait pas de Minerai de Cuivre.
Le terrain de vrai Granite existe dans la plupart
des Chaînes ; on trouve en outre dans ces mêmes
Chaînes des Granites qui appartiennent à
d'autres terrains.

Terrain de Gneiss.

La roche qui domine dans le terrain de Gneiss est un Granite feuilleté appellé Gneiss : La stratification de ce terrain est très distincte, il y existe des couches subordonnées de Quarz, du Weisstein, on y trouve également des Porphyres dont la présence est très remarquable parceque quelques personnes pensent que cette roche est postérieure et qu'elle y a été introduite :

Werner cite aux environs de Freyberg en Saxe une couche de Porphire au milieu des couches du Gneiss. Des fouilles récentes font penser que ce porphire est en filon dans le terrain : Le Gneiss est en outre associé avec des couches amphiboliques et des couches calcaires, il contient des veines de Grenat et de plusieurs substances métallifères : Ce terrain est très riche en métaux. La plus grande partie des Mines de la Saxe qui produisent de l'Etain, de l'Argent et du plomb sont exploitées dans ce terrain; Elles sont disséminées dans des filons.

Werner reconnaissait plusieurs formations de Gneiss comme de Granite.

Terrain de Mica-Schiste.

La roche qui domine est celle qui donne son nom au terrain; elle contient une infinité de substances minérales, du Grenat, des Tourmalines, de l'Amphibole, des Macles, des Staurotides, &c.... Elle passe souvent à des roches talqueuses, comme couches subordonnées on y trouve du Quarz, du Calcaire saccaroïde, du Pétro-silex, des serpentines, des roches Talqueuses et Amphiboliques. Ce terrain renferme beaucoup de substances métalliques en veines et en amas; La Chaîne Scandinave nous fournit de nombreux exemples d'amas métallifères dans le Mica-Schiste.

Les filons sont moins abondants dans cette roche que dans le Gneiss. Le terrain de Mica-
-schiste est très fréquent, les montagnes qu'il
constitue sont très escarpées, ce qui est une con-
-séquence de la position des Couches qui sont
généralement verticales.

Terrain de Schiste Argileux

La Stratification de ce terrain est très
distincte; le calcaire y forme la roche subor-
-donnée la plus constante, il y existe en outre
des couches Amphiboliques.

Ce terrain contient des filons et des amas
métallifères analogues à ceux que nous venons
d'indiquer dans les terrains précédens. Il paraît
seulement que les filons y sont moins riches.

Le terrain de Schiste Argileux primitif
est peu abondant, la pluspart de ceux décrits
par Werner ont été depuis rangés dans les
terrains de transition.

Terrain de Calcaire Primitif.

C'est un Calcaire Saccaroïde qui en for-
-me la base. Il est souvent associé avec
des Schistes argileux et des Schistes Tal-
-queux qui y forment des couches subordon-
-nées. Nous avons déjà indiqué du Calcaire
dans le Gneiss et dans le Schiste Micacé;
Dans ce terrain un des derniers des terrains
primitifs si même il en fait réellement par-
-tie, on ne connait ni Gneiss ni Micaschiste.
On cite des filons, des couches des Amas mé-
-tallifères dans ce terrain.

Terrain de Serpentine.

La Serpentine et d'autres roches talqueuses
telles que la Chlorite Schisteuse y abondent.

Quand la Serpentine domine le terrain est peu stratifié: Werner avait observé que ce terrain repose en Bohême et en Saxe sur les autres terrains en stratification non concordante, circonstance qui le conduisit à penser que ce terrain doit être un des dernier[s] des terrains primitifs, si même ils ne doivent pas être rangés dans les terrains de transition.

L'Euphotide (roche de Jade et de Diallage) forme des couches subordonnées dans la Serpentine; Souvent cette roche est seulement mélangée de Diallage: Les métaux y sont très rares, à l'exception du fer oxidulé et du fer chromé.

Terrain de Trapp.

Ce sont les roches amphiboliques qui y dominent, telles que les Diabases et les Porphires verts: La stratification est rarement distincte. Dans la Chaîne Scandinave le terrain de Trapp est associé avec du Gneiss et du Granite. Quelques Géologues pensent que ces dernières roches n'ont pas été formées en même temps que le Trapp.

En Suède le fer oxidulé forme des amas considérables (mines de Taberg) dans le Trapp.

des Terrains de Porphire.

Nous avons déjà indiqué la présence des Porphires dans le Gneiss et dans les terrains de Trapp; Mais les Porphires dont Werner a formé un terrain sous des masses isolées dont la plupart paraissent plus modernes et contemporaines au grès rouge.

Ce sont des Porphires feldspathiques et des Porphires argileux associés avec des Sienites: La Stratification y est très indistincte, caractère qui a été mis en avant pour leur assigner une origine ignée.

Ce terrain recouvre tous les précédents à stratification non concordante; il contient des couches subordonnées de Siénite et d'euryg-Galoïr, Werner y ajoutait les porphires à base de feldspath résinite de Meissen qui appartiennent très probablement au terrain de Grès rouge.

Les substances métalliques sont peu communes dans les vrais terrains de Porphire.

Werner citait les mines de la Hongrie comme appartenant à ces terrains de Por-phire, maintenant on les regarde comme fai-sant partie des Terrains de Transition.

La classification précédente était celle que Werner a publiée peu de temps avant sa mort; son successeur a apporté quelques modi-fications à ce rangement des terrains pri-mitifs, mais les principaux ayant été adop-tés par Mr. de Bonnard dans un article très important sur les terrains je me contenterai de vous exposer succinctemt. cette dernière méthode.

Division des Terrains Primitifs
d'après Mr. de Bonnard.

Ce Savant divise les Terrains Primitifs en huit Groupes; le premier et le plus an-cien est le Granite seul, mais cette roche se représente dans la pluspart des divisions suivantes ainsi qu'on va le voir.

1° Terrain de Granite seul: Il s'y trou-ve quelquefois du Granite Stanifère et des roches de Quarz et Mica (Greisen) appel-lée Hyalomicte par Mr. Brongniart.

2º. *Le Second terrain* est encore de Granite, mais il est associé ici à d'autres roches qui sont,

Du Granite, du Porphire, du Gneiss, de la Peymatite, du Greisen, du Quarzite, des roches Amphiboliques et du Quarz.

3º. *Le Terrain de Gneiss*, est celui où les roches que l'on y trouve sont du Gneiss, du Granite, du Porphire, de la Peymatite, du Quarz, de la Diabase, du Mica-schiste, du Stéaschiste et du Calcaire.

4º. *Terrain de Micaschiste*; Les roches qui entrent dans sa composition sont le Mica-schiste, le Granite, le Gneiss, le Porphire, les Diabases, diverses roches amphiboliques, le stéaschiste, le Calcaire et le Phyllade.

5º. *Terrain de Phyllade ou de schiste argileux*; Il est composé de Phyllade, de Granite, de Gneiss, de Mica-schiste, de Porphire, d'Eurite compacte ou feldspath compacte, de Quarz, de roches Amphiboliques, de Stéaschiste et de Calcaire.

6º. *Ce terrain* est le second terrain de Gneiss: Il contient du Gneiss, du Granite, du Micaschiste, du Stéaschiste, du Quarzite, du Calcaire et de la Protogine, nom que l'on a donné au Granite Talqueux.

7º. *Ce Terrain* est désigné par Mr. de Bonnard sous le nom de *Terrain de Serpentine et de Calcaire* parceque la roche qui y domine est composée de ces deux minéraux intimement mélangés: Ils forment les marbres connus sous le nom de vert antique: Ce terrain contient de la serpentine, la roche serpentine et Calcaire, du calcaire et de l'Euphotide.

8°. Ce Terrain est celui de Porphire et Siénite : Il contient du Porphire, de la Siénite, du Granite, de l'Ophite, des Vario-lites ou Porphires glandulens et des Amyg-daloïdes.

Cette classification est encore vague; cepen-dant elle a le grand avantage sur celle de Werner de présenter des associations de roches.

En l'examinant avec un peu de soin on voit que le Granite est répété 7 fois, le Gneiss 5 fois, le Porphire 5 fois, le Mica-schiste 4 fois &c°..... On doit donc en conclure que les mêmes roches se sont représentées à diffé-rentes époques, et nous verrons cette roche reparaître encore dans les Terrains de Tran-sition. Ces retours de la même roche prou-vent combien il est difficile de déterminer exactement les positions des roches et leur ordre d'antériorité.

De plus cet ordre paraît loin d'être cons-tant si on compare des pays éloignés. Cette circonstance est cause qu'il existe quelque diffé-rence dans la classification adoptée par d'au-tres Géologues, notamment M.r Buckland professeur à l'université d'Oxford, M.r Se-dgwick professeur à l'université de Cam-bridge; M.rs Boué, Charpentier, &c°..... Il serait intéressant de faire connaî-tre ces différents rangements, mais comme ils sont fondus dans la classification de M.r de Humboldt, nous nous bornerons à donner cette dernière.

Description

Description des Terrains Primitifs.
Suivant Mr. de Humboldt.

Mr. de Humboldt partage les Terrains primitifs en cinq grandes Divisions qui sont le **Granite**, le **Gneiss**, le **Mica-schiste**, le **Schiste Argileux** et l'**Euphotide**, rangés d'après leur ordre d'antériorité.

Il fait ensuite dans chacun de ces terrains plusieurs sous-divisions, pour lesquelles il fait intervenir une autre idée, ce sont les formations qu'il appelle Parallèles, c'est à dire qui tiennent la place d'autres, et qui existent à la même hauteur géologique: Cette considération le conduit à l'adoption du tableau suivant.

1ère Classe — Granite.

    a Granite,
    b Granite et Gneiss,
    c Granite stanifère,
    d Weistein et Serpentine.

2ème Classe — Gneiss.

    a Gneiss,
    b Gneiss et Mica-Schiste,
    c Granite,
    d Sienite,
    e Serpentine,
    f Calcaire.

3ème Classe — Mica schiste.

    a Mica-schiste,
    b Granite,
    c Gneiss,
    d Diabase schistoïde.

4ᵉᵐᵉ Classe — Schiste Argileux.

    a   Schiste Argileux,
    b   Quarz,
    c   Granite et Gneiss,
    d   Porphire.

5ᵉᵐᵉ Classe — Euphotide.

Euphotide.

1. Terrain de Granite.

Le Terrain de Granite, celui désigné par la lettre a dans ce tableau est de Granite presque pur. On en voit ainsi dans beaucoup de Chaînes. Il n'est point stratifié on n'y trouve ni Grenats, ni Amphibole, &c... par même d'Étain. La structure de ce Granite n'est point Porphiroïde; Mr. de Humboldt a donné cette description d'après ce que Mr. de Raümer a observé en Silésie.

La seconde espèce de Granite qui en Silésie, dans les Andes, dans les Monts Ouralo et la Chaîne des Géantes repose dessus le précédent est composé de Granite et de Gneiss b on y trouve aussi du Mica-schiste qui à son tour renferme du Calcaire grenu, des Schistes Amphiboliques, &c......

Le Granite stanifère c est peu solide, il est mélangé de petits filons. C'est ainsi qu'on l'observe en Allemagne à Carlsbad et près de Limoges. On y trouve en couches subordonnées des Diabases, du feldspath compacte et quelque fois un peu de serpentine. C'est là plus ancienne de toutes suivant Mr. de Humboldt.

Dans le Terrain de Weistein et Serpentine d, la serpentine est plus abondante. le Granite qui appartient à cette formation

ist à gros grains ; en Sibérie et dans l'Amérique méridionale, elle est recouverte par
du Gneiss .

2°. Terrain de Gneiss .

On y voit d'abord du Gneiss proprement
dit ; Cette roche est associée avec des couches
subordonnées de Mica-Schiste, de quarz, de
Porphire, de Calcaire saccaroïde, de Mica-
schiste, des Siénites, des Granites décomposés non stanifères, des serpentines et
des Amphibolites : C'est dans ce terrain
que Mr de Humboldt range les couches
de Diabase ferifère de la Mine de Taberg
en Suède . Il a observé beaucoup de ces
terrains de Gneiss dans la province de
Caracas et dans la Nouvelle Grenade ;
il n'en a pas trouvé dans la haute
Chaîne des Andes . Il rapporte le
Gneiss de Freyberg très argentifère à cette
formation .

Terrain de Gneiss et de Mica-Schiste : Il
est composé de couches alternatives de Gneiss
et de Mica-schiste . Les couches subordonnées à ce terrain sont du Calcaire saccaroïde, de la Diabase, de la Serpentine, du
Schiste argileux et de la Chlorite Schisteuse.
Mr de Humboldt cite plusieurs endroits de l'Amérique où cette formation est
argentifère ; un autre où il y existe des filons
de soufre .

Le 3ème Terrain désigné sous le nom de
Granite, contient d'après Mr de Humboldt
la pluspart des Granites graphiques dans
lesquels on trouve de la Tourmaline et de
l'Épidote . Il rapporte ici les Granites
des Alpes ; mais il est probable qu'ils
sont plus modernes .

Il regarde aussi plusieurs Granites des Pyrénées comme dépendant de ce groupe; cependant il est plus probable qu'on doit le rapporter au Gneiss.

Siénite primitive : Mr. de Hum.b.dt réunit dans ce terrain plusieurs Siénites de l'Amérique et particulièrement celle des environs de Siène en Égypte : Cependant cette roche est tout à fait analogue à un Granite et appartient probablement à ce terrain.

Terrain de Serpentine : Les Euphotides et les Serpentines sont ordinairement les terrains anciens les plus modernes; cependant Mr. de Humboldt a trouvé dans la chaîne de Caracas un terrain de Serpentine associé avec du Gneiss, celle des montagnes de l'Higuerote.

Il rapporte ici celle de Zablitz en Saxe; elle repose sur du Gneiss et n'est pas recouverte.

Enfin il termine ce second groupe par un *terrain de Calcaire primitif*; il reconnaît que la plupart des calcaires sont subordonnés aux autres terrains, mais il croit que certains calcaires comme celui des Pyrénées qui est en contact avec le Pyroxène forme un terrain particulier. [a]

3°. Terrain de Mica-Schiste.

Le Terrain de Mica-schiste en général et d'abord le *Mica-Schiste proprement dit* : Ce terrain est très fréquent dans toute l'Europe, il y présente beaucoup de couches subordonnées, des Chlorites schisteuses, des Calcaires sacca-roïdes, Magnésiens, des Quarz, de Diaba-ses, des Serpentines, des Siénites, des felds-path compactes, des Grenats : Ce terrain est trop étendu, pour que nous citions des localités.

Il rapporte ici une partie des terrains des Alpes.

[a] Il réunit ici des Calcaires qu'il a observés aux environs de Quito. Dans cette localité cette roche n'est pas recouverte, de façon qu'on ne peut pas assigner sa position Géologique d'une manière certaine.

Terrain de Granite : La roche principale est un Granite contenant de l'Amphibole et passant ainsi à la Sienite : Mr de Humboldt cite les environs du St Gothard, plusieurs points de la Silésie, de la Norwège, de la Carinthie comme formés de ce terrain.

Terrain de Gneiss : Je rapporte ici une petite formation de Gneiss grenatifère qui couvre le Mica-Schiste à Bergen en Norwège, il renferme du calcaire grenu et du Mica-Schiste.

Terrain de Diabase Schistoïde, ou autrement d'Amphibole schisteuse : Ce sont des masses considérables de Diabase schisteuse placées entre le Gneiss et le Schiste argileux primitif; Il renferme des filons argentifères très anciens. [a]

4. Terrain de Schiste Argileux.

D'abord le Schiste Argileux. Nous avons vu que l'on doute s'il existe un véritable terrain de schiste argileux; Cependant comme il y a des Schistes argileux qu'on n'a pas encore pu prouver être de Transition, nous devons conserver ici un terrain de Schiste argileux primitif.

Mr de Humboldt a cru y voir les caractères suivants, il ne contient pas de nœuds ou de bancs de calcaire, il n'y existe pas de boules de Diabase de Kiesel-schiefer caractéristiques pour les schistes argileux de transition.

Ils sont en général moins foncés en couleur, moins carburés; le Mica n'y est pas en petites paillettes comme dans les terrains de transition: On y trouve subordonné du Calcaire saccaroïde bleuâtre, du Mica-schiste, des Chlorites schisteuses, des

[a] C'est un terrain de Mica-Schiste ou une couche subordonnée a occupé toute la formation.

Diabases et des Porphyres.

Mr de Humboldt dit qu'il est extrême-
-ment difficile de tracer la limite des terrains
de Schiste argileux primitif et de Schiste argi-
-leux de transition; et il ajoute que dans la
mine de Guanaxato les couches inférieures de
Schiste argileux paraissent appartenir aux ter-
-rains primitifs, tandis que dans les couches su-
-périeures se présentent des caractères analo-
-gues aux terrains de Transition.

Terrain de Quarz: Ici Mr de
Humboldt ne veut parler que de ces Masses
de Quarz hyalin chloriteux qui sont si abon-
-dantes au Brésil et dans lesquels il existe
des veinules aurifères; le Grès élastique du
Brésil est une variété de cette formation.

Ce Quarz n'est le sujet d'aucune exploita-
-tion; mais ce qu'on exploite, c'est la Brèche
ferrugineuse qui la recouvre et qui contient
aussi des parcelles d'Or disséminé dans le
Quarz: On y trouve des Topazes, des Euclases
dans des couches chloriteuses; il y a aussi
des bancs de fer oligiste métalloïde.

C'est aussi dans des Alluvions analogues que
l'on exploite le Diamant. On en a trouvé un
ou deux dans les Brèches ferrugineuses de mêmes
terrains d'Alluvion. Mr de Humboldt a obser-
-vé en Amérique plusieurs autres terrains fort ana-
-logues et cite particulièrement un Quarz à tiscau
dans les Andes de Quito dont les couches ont
200 toises d'épaisseur; qui renferme des Amas
de soufre. Il croit aussi devoir y rapporter les
roches Quarzeuses d'Écosse.

Granite et Gneiss: Postérieur au
Schiste Argileux, ce Granite est à petits
grains passant à un Gneiss Grenatifère; on
y trouve aussi des Couches de roches amphibo-
-liques, de la Diallage. Ce terrain a été
décrit par Mr de Buch dans la Norvège,
et par Mr Jameson aux isles Schetlands.

Terrain de Porphire : M^r. de Humboldt ne place cette roche dans les terrains primitifs qu'avec beaucoup de doute : Il pense que ceux que l'on trouve en Saxe, superposés au Gneiss peuvent être regardés comme primitifs, attendu que des filons stannifères exploités dans le Gneiss traversent ces Porphires.

5°. Terrain d'Euphotide.

Cette Roche composée de Jade et de Diallage est associée avec les serpentines qui sont toujours placées sur la limite des Terrains primitifs.

M^r. de Humboldt a déjà cité de l'Euphotide dans les terrains de schiste argileux ; mais dans celui qui nous occupe en ce moment, cette roche et la serpentine Diallagique le forment presqu'exclusivement. Il y a des cas où l'on ne voit presque que de la Diallage. M^r. de Humboldt va plus loin, il dit que la serpentine n'est autre chose que de l'Euphotide compacte, autrement dire, qu'elle serait le résultat d'un mélange d'une substance quelconque avec de la Diallage.

Il existe dans ce terrain des couches de calcaire.

Les terrains d'Euphotide sont rarement recouverts, de façon qu'on ne peut pas assigner leur âge. Nous verrons cette roche se représenter dans les terrains de Transition, mais ordinairement dans ceux-ci la Diallage est verte, tandis qu'elle est grise dans les terrains anciens.

Le terrain d'Euphotide est fort abondant, il existe en Silésie, en Norwège, dans le Salbourg, dans la Toscane, dans le Piémont, &c^a... La pluspart de ces terrains Euphotides paraissent appartenir plutôt aux Terrains de Transition.

Les différentes classifications des Terrains Primitifs que je viens d'exposer sont toutes d'accord sur l'antériorité du Granite; néanmoins dans la plûpart d'entr'elles, on voit cette roche associée à tous les étages des terrains qui nous occupent, excepté avec les Euphotides qui paraissent de formation plus moderne, ainsi qu'on vient de l'indiquer.

Le Granite paraît de nouveau dans les terrains de transition. La position de cette roche au milieu de ces terrains secondaires, est souvent incertaine et presque toujours anomale. Cette circonstance et plusieurs autres que nous ferons connaître plus tard, ont fait supposer que le Granite était plus moderne que les terrains de transition dans lesquels il est enclavé; et qu'au lieu d'avoir été formé par les eaux comme ces derniers terrains, il était le produit de soulevemens qui auraient eu lieu à des époques différentes.

Cette formation du Granite, entièrement d'accord avec des faits jusqu'ici non expliqués, rend naturelle l'incertitude qui règne sur l'âge des différentes roches qui composent les terrains désignés jusqu'ici sous le nom de Terrains primitifs.

A la suite des terrains de transition, nous dirons quelques mots sur les différentes époques auxquelles on suppose que les soulevemens du Granite ont eu lieu.

9ème Leçon.

Des Terrains de Transition.

Ces terrains participent à la fois des caractères des terrains anciens et des terrains secondaires; ils contiennent, comme les premiers, des roches dures et cristallines; et, comme les derniers, des traces d'êtres organisés. Les terrains de transition font donc réellement partie des terrains secondaires; mais la difficulté de marquer la limite entre ces derniers

terrains et les primitifs, a fait adopter cette division
artificielle, sur l'étendue de laquelle les Géologues ne
sont pas entièrement d'accord à cause de leur passage
avec les terrains Houillers.

Les Empreintes végétales qui existent dans
les terrains de transition, se rapprochent beaucoup de
celles des terrains Houillers; elles appartiennent
toutes également à la classe des Monocotylédons:
Quant aux fossiles du règne animal, la plupart
sont particuliers aux terrains qui nous occupent,
et leur présence suffit souvent pour déterminer
l'âge des couches dans lesquelles on les observe.
Les plus caractéristiques sont les Trilobites qui ont
donné leur nom à un calcaire, les Orthocérathides,
les Productus, les Conulaires, les Bellérophons,
les Évomphales, les Cariophiles, &c... Les terrains
de transition contiennent aussi une très grande quantité d'Encrines; l'abondance de ces derniers fossiles
est quelquefois telle que les calcaires qui en contiennent
sont presqu'entièrement spathiques.

Les végétaux ne présentent que des Empreim-
tes; Quant aux fossiles animaux, ils sont à l'état
d'Empreintes, de Moules et de Contremoules.

Les couches des terrains de transition sont toujours fortement inclinées; souvent elles sont presque
verticales; quelquefois en outre la Stratification est
très contournée. Les terrains de transition sont de
nature assez différente; l'ordre dans lequel ils sont
disposés, assez constant dans un même groupe de montagnes, change d'une chaîne à l'autre; cette circonstance apporte beaucoup d'incertitude dans leurs sous-divisions, et explique la différence que l'on observe
dans les classifications données par les Géologues
les plus estimés.

Ne pouvant décrire ici toutes les différentes classifications de ces terrains, nous allons indiquer succinctement la méthode que Werner, célèbre professeur de Freyberg, donnait dans ses Cours quelques
années avant sa mort: Nous parlerons ensuite

des divisions adoptées par Mr. de Humboldt.

Werner distingue trois sortes de terrains, savoir:

le Terrain de Grauwacke,

———— de Calcaire,

———— de Trapp.

Terrain de Grauwacke.

Ce Terrain est ordinairement recouvert par les deux autres: il est composé de Grauwacke qui donne son nom au terrain, de Grauwacke schisteuse et de Schiste argileux.

La Grauwacke, ainsi que nous l'avons déjà indiqué, est une roche arénacée composée de galets de roches anciennes, mais principalement de Quartz Lydien, de Schiste micacé, de Schiste argileux, re-liés par un ciment de Schiste micacé ou de feldspath.

La Grauwacke schisteuse est la même roche; seu-lement les galets sont très petits, et la pâte très abon-dante donne une texture schisteuse.

Enfin le Schiste argileux n'est peut-être aussi qu'une Grauwacke dans laquelle on ne peut plus dis-tinguer ni les noyaux ni la pâte; cette supposition paraît d'autant plus probable que souvent on voit un passage presqu'insensible entre ces deux roches.

La stratification des terrains de Grauwacke est très distincte: on trouve peu de fossiles dans ces ter-rains; les seuls que l'on y rencontre sont les Pro-ductus, les Orthocérathites, les Trilobites, les Cornulaires, les Bellérophou, &c.. Il y existe beau-coup d'Empreintes végétales, quelquefois aussi des tiges; celles-ci sont transformées à l'état de grès l'écorce seule est à l'état charbonneux. Les subs-tances métalliques y sont fort abondantes, elles y existent en filons, en couches et en amas. La plupart des Mines du Hartz sont exploitées sur des filons qui traversent le terrain de Grauwacke. La fameuse Mine du Rammelsberg est un amas dans ce même terrain.

Le combustible charbonneux connu sous le nom d'Anthracite est déposé dans ces terrains. il y forme des couches et des Amas. On en voit de nombreux exemples en Bretagne, et en Amérique ; il existe des combustibles entièrement analogues à l'Anthracite dans plusieurs terrains. Ainsi on retrouve dans les terrains houillers de la houille sèche, impossible à distinguer de l'Anthracite par ses caractères extérieurs. Le Calcaire des Alpes est aussi associé avec des couches d'un combustible, que l'on a toujours regardé comme de l'Anthracite, et qui en possède tous les caractères.

Terrain de Calcaire de Transition.

La Roche qui domine dans ce terrain est un Calcaire tantôt saccaroïde, tantôt compacte, en général très coloré : il est traversé dans tous les sens par des petits filons blancs qui se dessinent très bien sur la masse. La plus part des marbres employés comme objets d'ornement proviennent de ce terrain. Ce calcaire renferme des couches subordonnées de schiste argileux et du Trapp : il contient aussi beaucoup de rognons et de veinules de Quartz Lydien et de Quartz silex assez analogue à celui de la Craie. Le Trapp paraît former des couches assez étendues dans ce terrain ; souvent aussi il n'y constitue que des masses qui coupent les couches, circonstance qui porte à croire que cette roche n'appartient point aux terrains de transition, mais qu'elle y a été intercalée par une cause inconnue.

Le Calcaire de transition est souvent associé à des couches et à des masses argileuses à la destruction desquelles sont dûs probablement les grandes cavernes qui existent dans ce terrain.

La plus part de ces cavernes renferment des amas assez considérables d'Ossemens. Mr Buckland, qui a attiré le premier l'attention des savants sur ce fait, suppose que ces cavernes servaient de repaires aux animaux carnassiers dont on trouve les dépouilles mêlées avec celles des animaux qu'ils dévoraient. Ces ossemens appartiennent à des espèces inconnues ; ils sont presque toujours revêtus de Stalactites et de Dépôts d'alluvions. Près de Besançon, on a découvert dans les cavernes d'. Enclose une quantité prodigieuse d'ossements d'Ours: Ils ne sont mêlés avec des ossements d'au- -cun autre animal: Les ossements n'y sont pas roulés et bien état de conservation, porte à croire que ces animaux ont vécu dans ces caver- -nes, et que leurs ossements n'y ont pas été trans- -portés par les eaux..

Le Calcaire de transition contient beaucoup de fossiles: Les principaux sont des Productus des Spirifers, des Trilobites, des Orthocères de même celui qui s'y trouve avec le plus d'abon- -dance sont les Entroques qui constituent pres- -qu'à elles seules des couches nombreuses et puissantes.

On a indiqué dans ce terrain des Belem- -nites, mais il paraît certain que les terrains qui les renferment ne doivent pas être rangés dans les terrains secondaires: On trouve sou- -vent beaucoup de substances métalliques dans ce terrain. Les Mines de Plomb du Cumber- -land et du Derbyshire sont exploitées dans les Calcaires de transition; il y existe quel- -quefois des Amas de fer spathique.

Terrain de Trapp.

Les Roches qui composent ce terrain, sont la plupart à base d'Amphibole: Ce sont des Diabases ou Grünstein, des Amphibolites, des roches schisteuses, des Amygdaloïdes et des Porphyres.

La stratification de ce terrain n'est pas distincte. En Général les Roches Trappéennes ne renferment pas de fossiles: Cependant Mr. Weaker a cité en Islande des Madré- -pores, des Encrines et quelques Bivalves analogues à celles des terrains calcaires. Plusieurs Géologues supposent que ces fos- -siles sont contenus dans des fragments Cal- -caires empâtés dans le Trapp.

On a cité également en Islande à Por-
-brock des Ammonites et quelques autres coquil-
-les dans une roche qui a l'air feldspathique,
mais il paraît que cette roche appartient à un
terrain de Lias qui a été recouvert par une
coulée Basaltique et les Coquilles du Lias
ont été imprégnées de la matière de la roche
qui a recouvert le tout.

Werner n'établit aucun ordre entre les
terrains de Trapp.

Classification des Terrains de Transition adoptée par Mr. de Humbold[t]

Mr. de Humboldt remarque en com-
-mençant la description des Terrains de Transi-
-tion, qu'il entre dans leur composition un certain
nombre de roches qui se groupent entr'elles de
différentes manières. Ces différents groupes ne
se trouvent pas ordinairement dans les mêmes
contrées de sorte qu'il est extrêmement difficile
de reconnaître leur position relative. Il a
donc réuni ces roches dans onze types, dont quel-
-ques unes sont parallèles les unes aux autres.
Il a ensuite associé ces roches en six groupes
qu'il regarde comme superposés. Il pense
que ces groupes de formations se suivent par
ancienneté : Il établit cette ancienneté sur des
présomptions qui à dire vrai sont bien peu
certaines, car il est rare de voir dans le même
pays plusieurs de ces types de formations
et de plus on voit souvent dans des formations
différentes reparaître les mêmes roches ce qui
apporte une grande difficulté pour reconnaître
l'âge relatif de tous ces terrains.

Le 1er. de ces Groupes est composé de Calcair[e]

saccaroïde et Stéatiteux, de Mica-schiste et de Grauwacke. On le trouve dans la Tarentaise, en Savoie, dans les Andes et particulièrement au pied de Quindice dans la Nouvelle Grenade.

Le 2ème Groupe est formé d'un Porphire non métallifère antérieur au Calcaire Orthocéra-thites, au schiste argileux et au Mica-schiste de Transition : Il est abondant en Amphibole et ne contient presque pas de Quarz.

Le 3ème Groupe contient des couches de Schiste argileux, de Grauwacke, de Porphire, de Calcaire et de Diabase. Le Hartz, les Ardennes, la Belgique, les Pyrénées, le Caucase, les Andes du Mexique, le Cotentin et la Bretagne nous en offrent de nombreux exemples. C'est ici que l'on devrait rapporter les formations de transition de l'Angleterre ; cependant elles sont intimement liées avec le terrain houiller et seraient, par conséquent plus modernes.

Le 4ème Groupe contient du Porphire et de la Siénite métallifère. Ce Porphire est postérieur au Schiste Argileux et antérieur à un calcaire à débris organiques. C'est la formation de Schemnitz en Hongrie et du Mexique.

Le 5ème Groupe est composé d'un Porphire et d'une Siénite Zirconienne, postérieure au schiste argileux et au Calcaire Orthocé-rathite ; On le trouve en Saxe et à Christiana en Norwège.

Enfin le 6ème Groupe est formé d'Euphotide et de Serpentine comme (en Écosse et en Toscane).
C'est ici que Mr. de Humboldt place

les Ophites des Pyrennées.

Entrons dans quelques détails sur ces différens groupes dont nous venons de donner l'énumération.

1er. Groupe.

Ce Groupe composé de Calcaire grenu talqueux, de Mica-schiste de transition et de Grauwacke avec Anthracite, constitue les montagnes de la Tarentaise : Dans cette contrée le terrain de transition contient des roches qui au premier aspect ressemblent à des roches primitives, telles sont la pluspart de celles que nous venons de citer, et surtout des Amphibolites et des Gneiss talqueux paraissans associés aux précédentes.

Ces terrains avaient toujours été regardés comme très anciens, cependant l'Anthracite qui s'y trouve en rognons et en couches peu étendues renferment des empreintes qui appartiennent aux roseaux et à la grande classe des Monocotylédons. Ainsi la présence de la Grauwacke et de ces empreintes indiquent que ce terrain appartient au Terrain de Transition. De plus Mr. Brochant a trouvé dans ce calcaire un Nautile et depuis on a reconnu qu'il y existe une grande quantité de Belemnites en sorte que malgré les Calcaires Saccaroïdes que ces terrains renferment ils ne peuvent être regardés comme primitifs. La présence de Belemnites et de différentes autres coquilles fait même fortement soupçonner qu'ils sont beaucoup plus modernes et qu'ils correspondent au Lias.

On pourrait peut être croire qu'il existe dans ces montagnes deux terrains très différens comme la nature des roches semble l'indiquer, mais il est certain qu'il y a une alternance entre les calcaires Saccaroïdes, les Anthracites

et les grès qui sont associés avec les Anthracites;
ainsi on ne peut pas douter de l'âge de ces cal-
-caires. Souvent à la vérité l'Anthracite est
isolé, mais près de Moutiers il y a une alter-
-nance réitérée entre tous ces terrains.

Ayant prouvé ainsi que le Calcaire Saccaroïde est de transition, on est obligé d'admettre
que le Quarz Micacé, le Quarz compacte, le
Schiste Micacé et les roches Amphiboliques qui
alternent avec lui sont également de transition,
à moins de supposer qu'elles doivent leur origine
à une autre cause que les couches calcaires et
que les grès, et qu'elles sont venues s'intercal-
-ler postérieurement dans ces terrains.

Près de la Cascade de Pisse-Vache dans
le défilé du Rhône il y a des Petro-silex
associés à ce terrain.

Je n'ai pas parlé des Gypses: Mr Brochant
a douté très longtemps qu'ils dussent apparte-
-nir au même terrain; il les croyait postérieurs,
mais depuis il a observé près de Brigg dans le
Valais du Gypse intercallé entre du calcaire
Saccaroïde assez blanc et des roches schisteuses
très analogues à celles qui accompagnent l'An-
-thracite; de sorte que cette roche ferait partie
du terrain de la Tarentaise. Ces Gypses sont
blancs, saccaroïdes et associés avec du Calc.

L'Anthracite se trouve dans beaucoup de
localités dans une position analogue à celle des
Alpes; ainsi à Altemberg elle existe en ro-
-gnons et associé à un Porphire.

Mr de Humboldt a mis ce terrain à la
tête de ses formations présumant que c'était le
plus ancien. Il est certain que les roches gra-
-nitoïdes qui existent dans ce terrain, paraissent
très anciennes; mais les caractères tirés des fos-
-siles sont loin d'être d'accord avec la position
de ce célèbre Géologue.

2.ᵐᵉ Groupe.

La deuxième formation de Mr. de Humboldt est composée de Porphire et de Siénite recouvrant immédiatement les roches primitives de calcaire noir et de Grünstein. C'est la seconde formation qui prédomine dans toute l'Amérique Méridionale, on n'y observe pas de Grauwacke. Toutes les Andes du Pérou sont composées de cette roche.

Les montagnes qui séparent la Loire de l'Allier et la Loire du Rhône en sont composées presqu'entièrement surtout entre S.ᵗ Rambert et Roanne: La montagne de Tarare en est également formée.

Les montagnes de l'Ardèche présentent cette nature de roche.

Ces Porphires sont rarement métallifères. A propos de cette formation Mr. de Humboldt pose des questions très importantes sur les Porphires et qui se rapportent à la manière dont les Porphires se sont produits.

Il remarque qu'il y a des Porphires métal-lifères et d'autres non métallifères, que les premiers contiennent de l'or et de l'argent. Ces Porphires présentent beaucoup d'analogie avec les Trachites qui les recouvrent immédia-tement et avec lesquels ils passent presqu'in-sensiblement: Cette liaison avec les Trachites existe également dans les Andes et dans la Hongrie.

A l'Est des Andes, il y a des Porphires qui ne contiennent ni mines d'or ni d'argent. Mr. de Humboldt a observé que les Por-phires métallifères recouvraient des roches de Schiste argileux et que les Porphires non métal-lifères reposaient sur les terrains anciens.

Le feldspath est dans ces porphires à deux états différents; Dans les uns il est la-melleux et dans les autres vitreux: Celui-ci

est d'une transparence en feuillé tandis que le pre-
-mier n'est pas transparent. Ce caractère tiré
de l'état du feldspath fait croire à Mr. de Hum-
-boldt que les Porphires n'ont pas été déposés
par les eaux à la manière des roches de sédi-
-ment mais qu'ils ont été produits par une cause
ayant quelqu'analogie avec l'action des Volcans.

Les Porphires en Amérique sont recouverts
quelquefois par du calcaire noir, du grès rouge,
du Calcaire Alpin, tandis que les Trachites ne
sont jamais recouverts si ce n'est je crois par
des terrains tertiaires en Hongrie. Les Por-
-phires non métallifères sont intercallés dans
les terrains de Transition; ils paraissent
donc d'un age et d'une origine différente.

3ème Groupe.

Il est composé de schiste argileux de
transition associé avec des Grauwackes, du
Calcaire et différentes roches Trappéennes.
A prendre en masse, les calcaires
dominent beaucoup dans ce groupe de terrain de
transition, mais Mr. de Humboldt dé-
-crit dans ce Chapitre différentes contrées où
chacune de ces roches domine successivement.

Le calcaire y est le plus souvent très coloré,
souvent noir; Les Porphires des roches Tra-
-itoires y forment quelquefois des roches
intercallées.

Le schiste Argileux est tantôt d'un
noir foncé; tantôt d'un gris verdâtre: Il est
plus doux au toucher que ceux des terrains
primitifs et les couches en sont plus contournées.
On n'y voit que très rarement de grandes la-
-mes de Mica; Cette substance y forme souvent
au contraire des paillettes isolées comme dans
la Grauwacke schisteuse.

On a su remarquer que les schistes argi-
-leux des terrains de transition présentaient

plus de variétés dans leurs caractères, qu'ils passaient fréquemment à l'Ampélite et au schiste siliceux: Il y en a de mélangé avec l'Amphibole et d'autres avec le Porphire: Ils se trouvent souvent intercallés avec des Grauwacken Schistenses, des Calcaires et des Diabases.

La Grauwacke a beaucoup de rapports avec le Grès houiller. Les Anglais distinguent le vieux grès rouge de la Grauwacke; cependant ces deux roches ont souvent les mêmes caractères et se trouvent réunies.

La Grauwacke est antérieure au calcaire dans certaines localités, en Hongrie, en Angleterre et dans quelques parties de l'Allemagne. Au contraire en Norwège elle est plus moderne que lui. La Grauwacke devient quelquefois Porphiroïde: il en est de même du grès et de ces Allemands dans lequel on observe beaucoup de Porphires.

Le Calcaire de cette espèce de terrain, c'est-à-dire du terrain de la Grauwacke est rarement de couleur claire. il est souvent ocré de petits filons plus clairs que lui donnant une apparence agréable, ce qui fait employer ce calcaire comme marbre. La plupart des marbres viennent de ces terrains; les Apennins, les Pyrénées et la Belgique fournissent presque tous les marbres du commerce: Il y a des couches de Quartz subordonnées. Dans le terrain de Transition du Hartz, où la Grauwacke et le schiste argileux dominent, on y voit en outre des roches amphiboliques et Amygdaloïdes: Dans ces roches, les amandes Calcaires au lieu d'être terminées par une surface convexe le sont par une surface polyèdrique qui annonce la tendance à la cristallisation. Souvent ces noyaux prennent des ramifications dans la roche, ce qui les fait regarder comme lui étant contemporaine.

Dans les Vosges ce terrain contient des Granites, des Siénites, des Gneiss, des Diabases, des Serpentines, des Calcaires de la Grauwacke et du Schiste argileux. Les Granites, Gneiss, siénites et Diabases ont des passages de l'un à l'autre.

Les serpentines et les Euphotides forment des couches subordonnées. Un des caractères qui a le plus servi à rattacher les roches anciennes des Vosges aux terrains de transition, c'est que les Porphires sont associés à des Grauwackes. En outre il existe dans le Gneiss un amas d'Anthracite associé avec de la Grauwacke : Le Granite qui se trouve dans ce terrain de transition est à gros cristaux de félspath toujours vermeilleux. Il a presque toujours de la tendance à la structure Porphi-roïde et il y a souvent passage entre ces deux terrains.

Très de Framont la Diabase contient un amas de Calcaire saccaroïde contenant des Entroques, ce qui annonce d'une manière positive la postériorité de cette roche.

Les Porphires très abondants au midi des Vosges sont Amphiboliques : Quelques-uns présentent une circonstance très remarquable, c'est de passer à une roche ayant l'apparence de Brèche ; on y voit des parties anguleuses qui se détachent en couleur plus claire sur la pâte qui est d'un vert assez foncé : On a cru que ces parties plus claires étaient des fragments ; il paraîtrait plutôt que c'est une disposition cristalline.

M: de Humboldt rapporte à ce Groupe les Terrains de Calcaire du Cumber-land et du Derbyshire : D'après l'opinion des Géologues Anglais ils seraient de formation plus moderne. Ils regardent en effet

les terrains de Transition comme composés de
de Grauwacke, de Calcaire de transition,
de vieux Grès rouge et de Calcaire de Mon-
-tagne appellé aussi Calcaire Carbonifère.

Le Calcaire de Transition présente des
rapports et de grandes différences avec le Cal-
-caire de Montagne : C'est dans le premier
que l'on trouve les Trilobites en grande
abondance tandis qu'ils sont très rares dans
le Calcaire des Montagnes. Les Trilobites
sont disséminés aussi avec abondance dans
le terrain de transition de Norwège et dans
celui de Bretagne ; Dans ces dernières loca-
-lités il n'existe pas des terrains de transition
supérieurs mais il est probable à cause de la
similitude des fossiles qu'ils doivent être
rapportés aux terrains de transition des
Anglais.

Le Calcaire de Montagne recouvre plu-
-sieurs Comtés de l'Angleterre, il est sur-
-tout très abondant dans le Cumberland et
le Derbyshire. Dans le Cumberland le vieux
Grès rouge lui sert de base, et il est recouvert
par le Millstone Grit (grès à meules)
arenacé ne contenant plus ou presque plus de
houille, mais associé au terrain houiller qui
le recouvre.

C'est dans le terrain de Calcaire de
Montagne que se trouvent les puissans filons
exploités dans le Cumberland ; il y a aussi
des amas et des veines de Minerais.

Le Calcaire est la partie dominante
du Derbyshire ; On n'y voit pas de Grès,
il existe des schistes, mais ce qui est surtout
bien remarquable dans ce Comté c'est l'al-
-ternance de quatre couches calcaires et de trois
couches de Trapp appelées Toadstone dans
le pays. Ce Trapp est toujours Amygdaloï-
-de. Le Calcaire du Derbyshire contient
une grande quantité de rognons de Silex ;

Souvent même les Silex sont répandus dans
l'intérieur de la couche en telle quantité
qu'ils ne peuvent être exploités pour la chaux.
Ces Silex sont blancs ou noirs. On trouve dans
ce terrain des couches de Calcaire Dolmitique.
Ce terrain de transition renferme une grande
quantité de cavernes qui souvent ont une étendue
considérable; Dans quelques mines d'Angleterre elles sont employées comme moyen
d'assèchement.

Dans le Derbyshire, ce terrain renferme
aussi de nombreux filons de plomb analogues
à ceux du Cumberland. Ce sont eux qui présentent l'accident remarquable dont il a
été question à l'article des filons, de ne
traverser que les couches calcaires et d'être
presque toujours arrêtés aux couches de Trapp.

Ces Calcaires contiennent un assez grand nombre
de fossiles: Les principaux sont des Pro-
-ductus, des Spirifers, des Térébratules, des
Euomphales, des Orthoceratites, des Nautiles,
des Coulaires, des Cirrus, &c... Mais
les plus abondants sont les Encrines qui
forment quelquefois à elles seules ainsi que
nous l'avons déjà indiqué des couches puissantes.

4 et 5ème Groupes.

Le 4ème Groupe de Mr. de Humboldt
est composé de Porphires et Siénites (Métal-
-lifères) postérieures au schiste argileux de
transition et antérieur au calcaire qui renfer-
-me des débris organiques. Mr. de Humbde.
décrit en même temps le 5ème Groupe qui con-
-tient des Porphires, des Siénites et Granites
Zirconiens non métallifères postérieurs au
schiste argileux et au Calcaire à Ortho-
-cères. À Schemnitz la roche qui domine
est un Grünstein assez porphirique qui

quelquefois devient compacte; il passe au Porphyre avec lequel sont associées des Siénites.
mais ce qui est extrêmement remarquable
c'est que la pluspart de ces roches font effervescence avec les acides. Mr Beudant
fait ressortir ce caractère parceque ce terrain
a beaucoup d'analogie avec les Trachytes
dans lesquels les roches ne font aucune
effervescence.

Ces Porphyres contiennent des métaux
différents, on y exploite de l'Or et de l'Ar.
associé au Tellure. Ces minéraux sont
contemporains à la roche; ce sont de petites
veinules qui courent dans tous les sens.

Ces Porphyres ressemblent beaucoup au
Trachyte.

Il existe en Norwège un terrain de ce
genre, à Christiana. Dans ce pays les Porphyres ne renferment pas de Métaux comme
en Amérique et dans la Hongrie. Peut-
-être cette différence n'est elle pas essentielle
parce que les métaux de l'Amérique et de la
Hongrie sont en filons; mais cependant elle
est très remarquable parce qu'on ne retrouve
de filons métallifères ni dans les terrains
volcaniques, ni dans les terrains secondaires
ce qui donne de suite une assez grande ancien-
-neté à ces Porphyres; ainsi ils sont au
moins antérieurs aux secondaires quelle que
soit leur origine, et il y a une grande différence d'âge entr'eux et les Trachytes, ces
dernières ne sont recouvertes que par des ter-
-rains tertiaires et encore le seul exemple qu'on
connaisse (en Hongrie) peut il être contesté.

Le filon Métallifère de Guanaxati
traverse à la fois le Porphyre et le schiste
argileux et une chose remarquable c'est qu'il
est moins riche dans le Porphyre que dans les
autres roches; la Mine de Rial del Marte
exploitée cependant entièrement dans le

Porphire est fort riche et a rapporté 40 millions d'argent brut en 20 ans.

6ème Groupe.

Il nous reste à parler du 6ème Groupe de Mr. de Humboldt, dans lequel il réunit les Roches d'Euphotide, de Jaspe et de Serpentine. Nous avons déjà vu cette roche dans les terrains primitifs.

Mr. de Humboldt admet deux divisions dans ces terrains : il rapporte à la première les Euphotides que Mr. de Buch a fait connaître en Norvège, et qui se trouvent à la limite des terrains primitifs et des terrains intermédiaires. Le terrain d'Euphotide de Hongrie, décrit par Mr. Beudant, appartient à cette première division.

Les Euphotides et les Serpentines des Apennins font partie de la seconde division de Mr. de Humboldt, et elles sont sur la limite des terrains de transition et des terrains secondaires. Mr. Brongniart regarde ces Euphotides comme étant secondaires ; elles sont superposées à un grès à impressions, paraissant moderne.

Dans les Pyrénées, il existe une roche composée d'Amphibole et de feldspath, qui a été décrite par Mr. Palassou sous le nom d'Ophite. Elle est associée, dans plusieurs endroits, avec de la Serpentine ; raison pour laquelle Mr. de Humboldt l'a rangée dans ce Groupe.

En Piémont, on observe aussi des Euphotides et des roches de Serpentine ; leur position isolée ne permet pas d'avoir une opinion sur leur âge ; mais elles alternent souvent avec des roches amphiboliques, ce qui engage Mr. de Humboldt à les ranger dans la division qui nous occupe en ce moment.

Résumé sur les
terrains de Transition.

En résumant ce que l'on vient de dire sur les terrains de Transition, on peut regarder ces terrains comme composés des roches suivantes :

1°. de Calcaires saccaroïdes ;

2°. de Calcaires compactes plus ou moins colorés, presque toujours foncés.

3°. de Grauwacken, et de Grauwacken schisteuses;

4°. de Schistes argileux, plus ou moins fissiles, et différemment colorés, associés quelquefois avec de l'Audrachite;

5°. de Roches talqueuses;

6°. de Roches amphiboliques, telles que Diaba-ses, Siénites, Porphires et Amygdaloïdes;

7°. de Roches feldspathiques, plus ou moins cristallines, passant tantôt à des roches Granitoïdes, tantôt au contraire à des Petro-silex;

8°. des Euphotides et des roches Serpentineuses;

9°. enfin peut être du Gypse.

Il y a beaucoup d'incertitude sur la présence des Euphotides, des roches serpentineuses et du Gypse dans les terrains de transition, ces roches paraissent d'après d'après des observations nouvelles, beaucoup plus mo-dernes que ces terrains.

Les roches Granitoïdes sont quelquefois ainsi qu'on l'a vu dans le 4ème et le 5ème Groupe de Mr. de Hum-boldt, superposées à du calcaire coquiller.

Nous rappellerons que les couches du terrain de transition sont en général fortement inclinées, et que elles présentent ordinairement des pentes inverses lorsqu'elles existent sur deux versants opposés d'une chaîne de montagnes anciennes. Il ne semble pas impossible en thèse générale, que les pentes des montagnes aient été encroûtées sur place, et dans leur position actuelle par des dépôts sédimenteux; nous voyons journellement se former sur nos côtes des couches qui suivent les déclivités du terrain, et les eaux séléniteuses qui s'évaporent, couvrent d'une couche solide les parois du vase dans lesquelles elles étaient contenues. Dans le cas particulier dont nous nous occupons, on ne peut admettre que les couches des terrains de transition aient été formées dans la position que nous les voyons actuellement. En effet quelques unes contiennent de nombreux galets provenant de la destruction de terrains plus anciens. Dans les parties où la stratification du terrain est horizontal, les grands axes de ces cailloux sont tous horizontaux ; lorsque au contraire les couches sont inclinées, les grands axes de ces galets forment avec l'horison un angle égal à celui de l'inclinaison des couches. Cette disposition des galets montre d'une manière évidente que les couches dans lesquelles on les observe, n'ont pas été déposées dans la position qu'elles occupent actuellement. Ce changement de position est-il dû, comme beaucoup de géologues l'ont admis pendant longtemps, à une dislocation du terrain, par suite de chutes, ou au contraire n'est-il pas plutôt le résultat d'un redressement des couches ?

On ne conçoit par la cause des chutes que les terrains pourraient avoir éprouvées ; comment ces chutes ont-elles été assez régulières, pour que les couches qui s'appuyent sur les deux versants d'une chaîne soient également inclinées sur toute la longueur de la chaîne ?[a] Cette régularité qui est un des caractères les plus constants, est aussi un des faits les plus difficiles à expliquer par la première hypothèse. En supposant au contraire que les Granites sont le produit de soulèvements, la plupart de ces difficultés disparaissent ; les terrains de sédiment, déposés d'abord en couches horisontales, ont été redressés par cette action, et le redressement a dû suivre la forme de la chaîne du Granite &c.... beaucoup d'observations géologiques viennent à l'appui de cette dernière supposition : Nous citerons seulement la suivante qui nous paraît assez propre à faire concevoir cette opinion. On sait que dans la chaîne des Alpes et dans celle des Pyrénées, quelques sommités élevées de 3. à 4000 mètres audessus du niveau de la mer ; (le Buet en Savoie, le Mont-perdu sur les Pyrénées) sont formées de couches calcaires qui, d'après les fossiles qu'on y observe, paraissent appartenir au terrain de craie ; ces couches ont donc été déposées à peu près à la même époque que les craies des falaises de la Manche. Si les couches qui existent sur les sommités que nous venons de citer, étaient dans leur position primitive, il s'en suivrait naturellement que les eaux chargées de craie ont dû couvrir ces

[a] Comment se fait-il en outre que cette inclinaison varie suivant la distance des couches à l'axe de la chaîne ?

ces sommités. Dans ce cas, la France aurait été
entièrement couverte par ces eaux, et toutes les hau-
-teurs moindres que 3000 mètres, devraient présenter
des dépôts du terrain de craie; il n'en est pas ainsi,
et le terrain de craie, fort abondant dans le Nord
de la France, n'atteint jamais une hauteur de plus
de 200 mètres au dessus de la mer actuelle.

Cette grande différence de hauteur dans des
terrains de même nature, est accompagnée de caractères
qui font présumer que la Craie des hautes mon-
-tagnes a été modifiée par le contact du Granite.

Ayant reconnu que les terrains sédimentaux
qui s'appuyent en couches inclinées sur les flancs
des montagnes granitiques, sont antérieurs à ces
Granites; on conçoit qu'il devient facile de recon-
-naître et d'assigner l'âge relatif des différentes
chaînes qui existent à la surface du globe.

La France nous présente plusieurs systèmes dif-
-férents : Les montagnes du centre qui constituent
le Limousin, l'Auvergne, &c... paraissent avoir
été formées après le dépôt des terrains houillers,
et avant celui du Grès bigarré et des Marnes irisées;
le premier de ces terrains s'appuyant en couches fort
inclinées sur le Granite, et les seconds s'y prolon-
-geant en couches horisontales.

La chaîne des Pyrénées et les Apennins sont
plus modernes que le calcaire du Jura et le Grès
vert; ces deux terrains étant relevés sur ces deux
chaînes.

Les Alpes occidentales (entre autres le
Mont-blanc) sont d'un âge plus moderne encore
puisque non seulement le terrain Jurassique, mais
en outre les différentes assises du terrain de Craie
s'appuyent en couches fort inclinées sur ce massif de
montagnes granitiques.

Enfin il paraît, d'après des observations récen-
-tes, que le système de montagnes dont le Ventoux
fait partie, se serait formé après le dépôt du ter-
-rain d'alluvion, ce terrain se présentant également
en couches inclinées sur les pentes de ce groupe

de montagnes.

Mr. Elie de Beaumont qui, dans un travail fort intéressant, a réuni en un système les différentes observations isolées faites sur ce sujet, a cherché si les montagnes contemporaines n'offraient point entre elles quelques rapports de composition : Il a reconnu, qu'elles sont en général parallèles à un grand cercle, et qu'ainsi, l'action qui les a produites, agissait dans une zône d'une certaine largeur.

10ème Leçon.

Des Terrains Secondaires.

On désigne en général par le nom de Terrains secondaires, les terrains qui contiennent des Corps organisés. Cette division, quelque bien tranchée qu'elle paraisse au premier abord, est fort difficile à tracer à cause du passage constant qui existe entre les roches cristallines et celles qui renferment des fossiles. Nous avons déjà indiqué que pour faciliter l'étude de ces terrains, on a fait une division artificielle des Terrains de transition dont nous avons exposé dernièrement les principaux caractères. On a de même séparé des Terrains secondaires, les couches supérieures de l'écorce du globe, couches qui paraissent avoir été formées à une époque assez récente, d'après les fossiles qui existent.

Les Terrains secondaires, tels qu'on les étudie maintenant, ne sont donc qu'une fraction de ceux formés après que la vie a été établie sur la terre. Ils commencent au terrain houiller, et se prolongent jusqu'au dessus des formations crayeuses. La limite inférieure des terrains secondaires, ainsi tracée, présente encore beaucoup d'incertitude, parce qu'il existe un passage entre les dernières couches de la formation carbonifère et les premières des Terrains de transition.

Position, stratification et nature des roches des Terrains secondaires.

Les Terrains secondaires sont placés sur la lisière des chaînes primitives, où ils couvrent les plaines qui les séparent : ils forment quelquefois des chaînes qui se rattachent presque toujours à un système

de Terrains primitifs, desquels elles partent et vers
le quel leurs couches se relèvent. Ces terrains atteignent rarement une grande hauteur. Ils sont
plus régulièrement stratifiés que les terrains de transition; mais ils contiennent en général moins de
roches schisteuses que ces derniers, à l'exception du
terrain houiller.

Les roches dures et cristallines forment une
exception dans les terrains secondaires: elles paraissent n'y exister qu'en masses intercalées et irrégulièrement disposées: On n'en connais que dans les
plus anciens de ces terrains.

A l'exception des minerais de fer, les terrains secondaires sont très pauvres en métaux; on
y trouve cependant quelques gisements de minerais
de plomb, de cuivre, d'argent, de Mercure et de
Zinc.

Les différentes assises des terrains secondaires
affectent une certaine régularité de composition: les
Grès en occupent ordinairement la partie inférieure: ces
assises se présentent dans un ordre constant, ce qui
fournit un moyen certain de déterminer l'âge relatif de ces différents terrains. Les fossiles nombreux répandus dans ces formations y sont distri-
bués régulièrement, de sorte que l'examen des Corps
organisés suffit fréquemment pour reconnaître l'âge
d'une formation secondaire quelconque.

Division des
Terrains Secondaires.

Les Terrains secondaires peuvent se distinguer
en six groupes principaux qui sont :

1°.   le Terrain houiller ;

2°.   le Grès rouge, remarquable par la grande
quantité de Porphires qui y existent ;

3°.   le Zechstein des Allemands, formation qui
contient du gypse et des schistes cuivreux ;

4°.   le Grès bigarré et les Marnes irisées
comprenant le Muschelkalk ;

5°   le Calcaire du Jura qui se sous-divise
en Lias et Calcaire oolitique ;

6°   enfin le Terrain de Craie, dont la

partie inférieure est composée de grès (grès ferrugineux, et grès vert), et la partie supérieure de la Craie proprement dite.

Du Terrain Houiller.

Les couches de ce terrain sont presque constamment en stratification concordante avec le terrain de transition. Dans quelques cas elles présentent même un passage insensible avec ces terrains, comme en Angleterre où l'on voit des couches de houille alternes avec le calcaire métallifère; cette circonstance apporte une très grande difficulté à tracer la limite inférieure du terrain qui nous occupe, et souvent elle est assez incertaine.

Les terrains houillers reposent tantôt sur les terrains granitiques, comme dans le centre de la France; tantôt sur les terrains de transition: ils paraissent en général plus anciens que les terrains primitifs, c'est-à-dire que le plus fréquemment les couches du terrain houiller se relèvent vers les chaînes regardées jusqu'à présent comme les plus anciennes. La mine de Litry près Bayeux nous présente un exemple du contraire; les couches de la formation houillère reposent en couches horisontales sur le terrain de transition qui sont fortement inclinées.

Les roches qui entrent dans la composition du terrain houiller sont

1º. des grès;
2º. des argiles schisteuses et bitumineuses;
3º. de la houille;
4º. du fer carbonaté, lithoïde;
5º. des roches porphiroïdes connues sous le nom de Trapp;
6º. des Calcaires.

Le Grès qui est propre au terrain houiller et que l'on désigne en général sous le nom de grès houiller est composé ordinairement de galets de Quartz, de fragments de feldspath, de Mica et quelque fois, mais très rarement, de roches primitives diverses; le tout relié par un ciment sableux ou argileux peu abondant. Souvent le Mica existe en assez grande quantité surtout quand le grès est à grains fins; il devient alors schis--teux et ressemble à une Grauwacke.

Les Argiles qui accompagnent la houille sont presque toujours bitumineuses: souvent elles sont micacées et passent à un grès schisteux, dont elles ne sont peut-être que le dernier dépôt. Les Em--preintes végétales, si abondantes et si caractéristi--ques dans le terrain houiller, existent principale--ment dans ces argiles.

La Houille présente plusieurs variétés: les principales sont la houille grasse, la houille sèche et la houille compacte plus connue sous le nom de Cannel Coal; quelquefois ces différentes variétés sont réunies dans la même couche; le plus ordinai--rement elles forment des couches particulières.

Le fer Carbonaté des houillères forme rarement des couches, si même il en forme jamais; il est disséminé en rognons tantôt dans le schiste, tantôt dans la houille: Il est plus fréquent dans la première de ces roches que dans la seconde. Ces rognons plus abondants dans une couche que dans une autre, sont quelquefois contigus; ce qui a fait dire qu'il existe des couches de fer carbonaté dans le ter--rain houiller. L'abondance du fer Carbonaté est très variable et n'est nullement en relation avec l'a--bondance de la houille: c'est ainsi, par exemple, que les trois quarts de la fonte que les Usines Anglaises livrent au commerce, sont le produit des minerais de fer exploités dans deux bassins houillers seulement, celui de Dudley et celui du pays de Galles. Le bassin de Newcastle, le plus important de tous les dépôts houillers de l'Angleterre par son étendue et surtout par la prodigieuse quantité de houille qu'il renferme, ne fournit qu'une très petite quantité de fer carbonaté.

Les **Roches Porphyroïdes** que l'on observe dans le terrain houiller sont ordinairement noires ou d'un gris de fer assez foncé : On les désigne en général sous le nom de **Roches Trappéennes** ; on ne connaît pas exactement leur composition, et on ne sait pas si on doit les rapporter au Pyroxène, à l'Amphibole ou à des minéraux dont on ne connaît pas encore la nature ; ces Porphyres sont souvent amygdaloïdes : le plus ordinairement ils se trouvent en masses qui coupent les couches, et qui par conséquent paraissent d'une origine plus moderne que le terrain houiller.

Le Calcaire est extrêmement rare dans le terrain houiller, si toutefois on n'y comprend pas les couches qui sont à la partie inférieure et qui appartiennent au terrain de transition.

La stratification du terrain houiller est très prononcée, mais elle présente des contournements nombreux qui ne peuvent s'expliquer que par une forte compression. Il est difficile d'établir des divisions dans le terrain houiller ; cependant les Anglais ont reconnu que dans la plupart des nombreux bassins houillers qu'ils possèdent, on pouvait regarder que les roches se présentaient constamment dans l'ordre suivant en commençant par le haut.

1°. des Grès désignés sous le nom de **Pennant grès** et qui forment le grès houiller proprement dit, se trouvent constamment à la partie supérieure de cette formation.

2°. Viennent ensuite les schistes bitumineux appelés **Shale**.

3°. des couches de houille associées avec des argiles bitumineuses et des grès schisteux succèdent aux couches de schistes bitumineux : Cette réunion de couches constitue ce qu'ils appellent plus particulièrement **Coal measure**.

4°. Enfin à la partie inférieure de ce terrain existent des grès siliceux mélangés de parties felspathiques qui fournissent des meules bien estimées, circonstance qui leur a fait donner le nom de **Millstone grès**.

Succession des couches
du terrain houiller.

Cranis, failles, filons,
Dykes, qui interrom-
pent la régularité des
Couches.

Les dernières couches de Millstone grit alternent avec le calcaire métallifère, en présentent un passage avec les terrains de transition.

Le nombre et la puissance des couches de houille est très variable; dans le bassin de Newcastle que j'ai déjà eu occasion de citer, il y en a 40 dont la puissance moyenne est de 44 pieds; à Liège on dit qu'il en existe 61; à Anzin on en connaît 12. Les couches de houille présentent un retour périodique, c'est-à-dire que la disposition des couches de grès, de schiste et de houille est régulière. Les couches de houille sont sujettes à des resserrements et à des renflements, quelquefois leur nature est en partie changée et la houille est très mélangée de matières pierreuses: Ces accidens que l'on désigne sous le nom de Cranis ou de Brouillage, est bien loin d'être le seul qui apporte des obstacles aux travaux des Mineurs: Ainsi les couches sont fréquemment coupées et rejettées par des fausses-failles, des failles et des filons; ces derniers sont quelquefois très épais. Ils sont remplis de grès, d'argile, et de roches trappéennes: On les désigne souvent sous le nom de Dyke. Dans quelques cas la houille en contact avec la masse des Dykes, présente le même aspect que si elle avait été carbonisée; elle forme une masse poreuse d'un gris d'acier, qui se divise en petites parties columnaires, analogues à celles que présente le Coke que l'on obtient en distillant la houille dans des vases clos. Cette altération de la houille a fait supposer par beaucoup de Géologues, que la masse du Dyke était le produit d'une action souterraine. Beaucoup d'autres faits viennent à l'appui de cette opinion; ainsi quelque fois, comme aux environs d'Edinbourg en Ecosse et de Figeac en France, on voit des masses de grès assez considérables entourées de tous côté par du Porphyre, et empatées dans cette roche. A la vérité quelquefois le Porphyre paraît for-mer des couches régulières dans le terrain, et même il alterne à plusieurs reprises avec le grès houiller; circonstances qui de leur côté tendraient à faire regar-der le Trapp comme contemporain au terrain dans

Empreintes végétales.

lequel on l'observe.

On trouve dans les différentes couches du terrain houiller, mais principalement dans les grès schisteux et les
argiles bitumineuses, un grand nombre d'Empreintes végétales dont la présence nous indique que ce terrain doit
son origine à des végétaux enfouis. Les grès qui composent en grande partie cette formation nous apprennent
en outre qu'elle a été déposée sous les eaux.

Les différents végétaux qui existent dans ces terrains sont tous Monocotylédons. Mr. Adolphe
Brongniart qui publie dans ce moment une flore
fossile, a fait connaître un grand nombre d'espèces de
ces terrains : Nous allons indiquer brièvement les
familles et les genres auxquels ils appartiennent.
Mr. Adolphe Brongniart a distingué quatre
classes, qui sont.

    des Cryptogames vasculaires,
    des Phanérogames Monocotylédones;
    des Monocotylédones incertaines,
    une Classe incertaine.

Chacune de ces classes se sous-divise ainsi:

Noms des principales
espèces de végétaux trouvés
dans le terrain houiller.

Les Cryptogames Vasculaires comprennent
    14 Équisétacées.
    2 Équisetum,
    12 Calamites.
    130 Fougères.
    21 Sphænoptéris,
    2 Cyclopteris,
    11 Nevropteris,
    1 Glossopteris,
    46 Pécopteris,
    2 Lonopteris,
    5 Odontopteris,
    1 Schizopteris.
    41 Sigillaria.
    7 Marsilacées.
    7 Sphænophyllum.
    68 Lycopodiacées.
    10 Lycopodites,
    2 Selaginites,

34 Lépidodendron.
35 Lépidophyllum,
4 Lépidostrobus.

Les Phanérogames Monocotyledones présentent
3 Palmiers.

1 Flabellaria, (Bohême)
1 Naggerathia, (Bohême)
1 Zeugophyllites. (Inde)

1 Cannées
1 Cannophyllites. (S.t Georges)

Les Monocotyledones incertains sont au nombre de 14 :

3 Stembergia,
3 Poacites,
5 Trigonocarpum,
3 Musocarpum.

La Classe de Végétaux incertains décrite par Mr Brongniart en contient 21 :

1 Phyllotheca,
7 Annularia,
10 Astérophyllites,
3 Volkamannia.

D'après Mr Brongniart la plus grande partie de ces végétaux ont vécu sur place, de sorte que les couches de houille seraient le produit de vastes tourbières qui se seraient carbonisées complettement par des causes qui nous sont inconnues. Le retour des couches de houille et de grès ne serait autre chose qu'une périodicité entre les causes qui déposaient des couches sédimenteuses et celles qui permettaient à la végétation de se développer.

On trouve très peu de débris du règne animal dans les terrains houillers; on n'y indique que quelques coquilles qui paraissent appartenir à des espèces qui ont vécu dans les eaux douces; ce sont principalement des _Unios_. Cette circonstance viendrait à l'appui de la supposition que les couches de houille de tourbières se seraient formées dans le fond de lacs peu profonds, ou sur les bords de vastes amas d'eau douce.

Coquilles dans le Terrain Houiller.

Terrain de Grès rouge.

Il y a encore peu d'années, on réunissait le terrain de grès rouge au terrain houiller; et d'après la description de Mr. de Humboldt, il formait généralement la partie supérieure de ce dernier terrain; cependant on en connaissait encore quelques couches vers la limite inférieure. On regarde maintenant le grès rouge comme entièrement séparé du grès houiller, et produit peut être dans des circonstances très différentes. Les couches que l'on a observées à la partie inférieure du terrain houiller, appartiennent très probablement à un terrain plus ancien, et la couleur de la roche a été sans doute la cause de cette erreur.

De Grès rouge en stratification discordante sur le Terrain houiller.

Les raisons qui ont fait séparer le grès rouge du grès houiller, sont tirées principalement de la discordance de stratification; ainsi dans beaucoup de cas, et notamment dans les Vosges, près de Sarrebruck et de Rouchamp, on voit le premier de ces terrains reposer en stratification discordante sur le second. La même circonstance se représente près d'Exeter en Angleterre. Le grès rouge est au contraire constamment stratifié de la même manière que le grès Bigarré qui le recouvre, de sorte qu'on pourrait le regarder, avec quelque raison, comme formant la base d'un groupe de grès qui serait composé du grès rouge, du grès bigarré et des Marnes irisées.

En Allemagne le grès rouge est désigné sous le nom de Rothe todte liegende, nom que nous lui conserverons pour le distinguer du vieux grès rouge qui appartient au terrain de transition et du nouveau grès rouge des Anglais qui représente les Marnes irisées. Le terrain de grès rouge est composé principalement de grès, de Marnes et de Porphire.

Nature des Roches du Grès rouge.

Le Grès est tantôt une brèche à très gros fragments; tantôt un Poudingue à gros grains; tantôt un grès plus ou moins fin, qui passe à une masse terreuse, laquelle tient peut-être elle-même au Porphire. Le Ciment qui unit les grains éprouve également beaucoup de variations; il est analogue à la masse terreuse dont nous venons de parler, s'il est souvent imprégné d'oxide de fer qui lui communique la couleur rouge qui le caractérise.

Dans les parties où il se présente comme Brèche à gros fragments, ceux-ci appartiennent tous à des roches primitives, telles que Granites, Micaschistes, etc... dans les Poudingues, le Quartz et les Minéraux Quartzeux, comme la Lydienne, dominent. Lorsque le Grès est à grains fins, le Quartz est presque seul; on y trouve cependant quelques parcelles de feldspath: la partie terreuse augmente, et on a souvent des Grès schisteux tendres et micacés: Enfin lorsque les parties terreuses abondent, on a de grandes masses d'une argile comprimée et endurcie qui ont fréquemment de la ressemblance avec la base de certains Porphyres.

Porphyres dans le Grès rouge.

Le Grès rouge est associé à des Porphyres, qui, quelquefois forment des masses isolées, mais souvent se fondent avec le Grès: Aux points de contact, les deux roches paraissent mêlées, on voit le Porphyre passer à une sorte de Porphyre particulier, lequel alterne avec des bancs de Poudingue; c'est principalement dans la Thuringe que l'on observe ces passages constants entre deux roches d'origine si différente; mais il n'est pas de pays où le véritable Rothe todte liegende n'offre de ces Porphyres. On trouve dans ces roches un grand nombre de minéraux, qui y forment ordinairement des Géodes en de gros noyaux. Le Quartz Agathe y est surtout fort abondant. La plupart des Agathes du commerce viennent de ce terrain.

Fossiles très rares dans le Grès rouge.

Le Grès rouge ne contient presqu'aucun vestige de Coquilles; on y trouve des empreintes végétales, et, surtout des bois pétrifiés: On en a observé une grande quantité en Thuringe; ils sont en général silicifiés, et l'intérieur de leurs pores présente une multitude de petits cristaux de Quartz.

Métaux dans le Grès rouge.

On indique une assez grande quantité de gisemens métallifères dans le Grès rouge; il serait possible que la plupart de ces indications ne fussent pas bien exactes et que quelques unes de ces dépôts appartiennent au Grès bigarré. Nous allons néanmoins donner ces

indications, mais avec doute : Le Cuivre paraît habituel
à cette formation. On annonce que les exploitations de ce
métal si riches dans les Monts Ourals [1] appartiennent
à ce terrain : En Saxe et en Lorraine il renferme aussi
quelques exploitations. Le Plomb paraît y exister. C'est
au Terrain de Grès rouge que l'on rapporte la Mine
de Bleyberg près Aix-la-Chapelle dont les produits
sont assez considérables.

Les Mines de Mercure du Palatinat et du Duché
de Deux-Ponts, sont peut-être dans ce terrain ; nous indiquerons un peu plus en détail le gisement de ce métal en parlant du Zechstein.

Le fer est abondant dans le terrain de Grès rouge,
il est à l'état de fer oxidé rouge et de fer oxidé hydraté.
Nous avons vu que c'est à ce métal qu'est due la colora-
tion du grès, mais en outre il y forme des Géodes, des
veines et des filons dans ce terrain.

Terrain de Calcaire superposé au Grès rouge et recouvert par le Grés Bigarré.
Zechstein des Allemands.

Du Zechstein.

Il existe dans plusieurs contrées de l'Allemagne
notamment dans la Thuringe, la Franconie, le Hartz
et la Hesse, une formation de calcaire et de schiste bitumineux qui repose sur le grès rouge, et est inférieur
au grès bigarré. D'après la comparaison des caractères
extérieurs du Calcaire qui compose en partie le terrain
que nous décrivons dans ce moment, avec un calcaire
fort abondant dans les Alpes et qui y forme une large
bande, on a été conduit à regarder le calcaire des Alpes
et celui de la Thuringe comme appartenant à la
même formation ; Mr. de Humboldt partant de
ces principes, a désigné cette formation sous le nom
de Calcaire Alpin, parce que c'était dans ces montagnes
qu'elle présentait le plus de développement. Des

(1) La Mine de Cuivre de Chessy près Lyon exploitée dans
un Grès semblable à celui de Sibérie, appartient incontestablem.t
au grès bigarré : Cette circonstance nous fait présumer que les Mines
de Sibérie doivent plutôt être associées au grès bigarré qu'au Grès rouge.

observations récentes ont prouvé que, malgré l'analogie de caractères extérieurs, le Calcaire des Alpes est plus récent que le Grès bigarré, et que par conséquent on ne doit plus désigner la formation de la Thuringe sous le nom de Calcaire Alpin; on lui a donné le nom de Zechstein, qui est adopté par les Allemands.

Le Zechstein ne se trouve en France que dans les Vosges; le calcaire qui forme les montagnes des Cévennes et plusieurs autres qui lui avaient été comparées par suite de leur analogie avec le calcaire des Alpes appartiennent comme ce dernier au calcaire à gryphées, Lias des Anglais. Cette formation est au contraire fort développée en Angleterre, où elle est décrite sous le nom de Calcaire Magnésien. Nous allons indiquer les principaux caractères de cette formation en Allemagne et en Angleterre.

Dans le centre de l'Allemagne l'assise inférieure de cette formation est constamment un schiste marneux, noir, tantôt imprégné de bitume, tantôt mêlé de sable: Les couches sablonneuses sont ordinairement les plus inférieures de toutes, les couches bitumineuses désignées spécialement sous le nom de Schiste marno-bitumineux formant la partie supérieure de cette assise: Elles sont très remarquables tant sous le rapport minéralogique que géologique. Ainsi elles se prolongent sur une grande étendue et servent par suite de repère pour la classification des roches de la contrée où elles se trouvent. Elles contiennent constamment du cuivre, disséminé quelquefois en partie invisible dans le schiste, ou formant de véritables minerais. Ces schistes sont exploités sur un grand nombre de points; ils contiennent fréquemment entre leurs feuillets, une multitude de poissons applatis, qui n'ont plus qu'une ou deux lignes d'épaisseur; ils se trouvent encore avec leur peau et leurs écailles et sont convertis en bitume endurci: C'est à la décomposition de leurs parties molles que l'on attribue généralement le bitume contenu dans le schiste.

La plupart de ces poissons paraissent appartenir aux eaux douces; on a observé dans le même schiste des

Squelettes d'autres animaux qui, d'après Mr. Cuvier, ap-partiennent au genre des Sauriens et doivent être classés parmi les Monitors, animaux qui fréquentent les marais et les bords des rivières.

Immédiatement au dessus du schiste marneux, se trou-ve toujours un calcaire compacte dur et tenace, d'un gris cendré ou noirâtre, qui est désigné sous le nom de Zechstein. L'épaisseur de ce calcaire est variable quelque fois de deux mètres seulement, d'autrefois elle en acquiert plus de 30. Ce calcaire contient dans sa partie inférieure quelques veines de calcaire spathique et de gypse. On y trouve des pyrites cuivreuses et du cuivre carbonaté ; il contient peu de pétri-fications ; on y a cependant indiqué quelques coraux, des Millépores, des Térébratules et des Ammonites ; on y indique aussi des Gryphites, Gryphites aculeati.

Au dessus du calcaire compacte se trouve une autre couche de calcaire qui porte dans le pays le nom de Rauchwacke ; il est d'un gris foncé quelquefois noir à cassure esquilleuse, tantôt grenu, tantôt oolitique, dur, ferme et criblé de cavités. Ce caractère est distinctif, nous verrons qu'il se représente dans le Calcaire Magnésien des Anglais.

Sur la Rauwacke existe une couche de calcaire très fétide, d'un brun noirâtre ; ce calcaire est souvent divisé en plaques minces ce qui lui donne la texture schisteuse ; il devient argileux par parties et présente alors l'apparence de Brèche. Dans quelques cas cette couche de calcaire fétide présente à sa partie inf.re une substance incohérente que les Allemands compa-rent à de la cendre et qu'ils désignent par le nom d'Asche ; le calcaire fétide contient du gypse salifère.

Outre le Cuivre que nous venons d'indiquer le Zechstein contient quelques mines métalliques ; on y exploite du plomb et de la Calamine à Tarnowitz en Silésie ; les mines de Mercure d'Idria paraissent appartenir à ce terrain. Dans cette localité le Cina-bre, (sulfure de Mercure) est associé à des couches de calcaire compacte fétide, gris noirâtre, entièrement semblable au Zechstein, et avec des argiles schisteuses et bitumineuses qu'on peut comparer avec le Schiste

Calcaire Magnésien
des Anglais.

Marno-bitumineux du Mansfeld. Nous avons
déjà indiqué que le Mercure se trouvait dans le
Palatinat et dans le Duché de Deux-Ponts dans un
Grès qui est à la partie supérieure du Grès rouge :
ce Grès est fort analogue aux couches sablonneuses
qui existent à la partie inférieure des schistes marno-bitumineux ; il contient comme lui de nombreuses empreintes de Poissons. On voit que quoique le Mercure se trouve tantôt dans un Grès,
tantôt dans un calcaire, il y a une grande analogie entre les deux gisements de ce métal, et
qu'ils appartiennent probablement l'un et l'autre
au terrain de Zechstein.

Le Calcaire Magnésien des Anglais,
repose sur le Grès rouge, et est recouvert par le terrain
de Grès bigarré ; d'après cette position on voit qu'il
correspond au Zechstein, analogie que l'on ne pourrait conclure de ces caractères extérieurs qui sont
assez différents : Le calcaire magnésien est jaunâtre,
clair, un peu fétide, presque toujours carrié, il
présente des petits trous ronds. Il contient du
Carbonate de Magnésie dans une assez grande proportion mais pas en proportion définie comme la
Dolomie. Le Calcaire de Tarnowitz en Silésie, rapporté par
les Allemands au Zechstein, est magnésifère ; il paraît aussi
que la variété de calcaire fétide qui est en partie terreuse
contient une assez grande quantité de Carbonate de Magnésie.

Le Calcaire Magnésien est remarquable par
un accident de structure qu'il présente dans le
Northumberland à une petite distance de Newcastle :
Dans cette localité, il est composé en grande partie
de masses qui ont l'apparence d'être le résultat de
concrétions ; quelques fois ce sont des boules parfaitement rondes et à cassure rayonnée ; d'autres fois le
calcaire affecte des formes coniques qui ont quelqu'
analogie avec les Madrépores, mais on s'apperçoit
bientôt que ces masses n'ont aucune régularité et

que cette

que cette apparence est due à une concrétion; il est proba-
-ble que les couches qui renferment ces boules, étaient jadis
composées de marnes schisteuses et que des filtrations
arrivées après leur consolidation ont donné naissance
aux concrétions que nous observons actuellement.
Les boules présentent souvent encore les traces de la
schistuosité de la couche qui les renferme. Ces concré-
-tions ne sont que locales et dans la plus grande partie
des lieux où le calcaire magnésien existe en Angleterre
il est compacte et terreux. Le calcaire magnésien
contient quelque fois des galets assez considérables
de terrains anciens; on le désigne dans ce cas sous le
nom de <u>Conglomérat Magnésien</u>. On a trouvé dans
ce terrain des Poissons analogues à ceux de Mansfeld.
Les fossiles y sont extrêmement rares.

Le Calcaire Magnésien contient fréquemment
en Angleterre des Minerais de plomb et de zinc; c'est
principalement sur le flanc de Mendips-hill, chaîne
qui s'étend dans une direction Nord-Ouest, sud-Est
depuis le canal de Bristol jusqu'à Frou que sont
situées les exploitations de ces deux métaux. Les
minerais de Zinc qui sont à l'état de Carbonate
et de Silicate (Calamine) sont beaucoup plus
abondants que le plomb; ils sont disséminés en petits
filons contemporains qui courent dans toutes les
directions et semblent y former un réseau; ces pe-
-tits filons se réunissent dans tous les sens; leurs
dimensions sont très variables, ordinairement ils
n'ont que quelques pouces de puissance, mais dans
certains cas ils atteignent jusqu'à 3 ou 4 pieds
de largeur.

La Calamine.

Minerais de Zinc
de la Belgique.

11ème Leçon.

La Calamine si abondante en Belgique, et principalement aux environs de Stolberg nous paraît dans un gissement semblable à celui d'Angleterre: elle est disséminée en boules concrétionnées, en rognons et en petites veines dans une argile, qui contient en outre des amas de calcaire magnésien.

Terrains de Grès, de Marnes, de Gypse et de Sel compris entre le Zechstein et le Calcaire du Jura.

Immédiatement au dessus de la formation calcaire que nous venons d'étudier, on trouve en Allemagne un système de Grès et de Marnes qui présentent des caractères particuliers.

Ces grès qui offrent une assez grande variété de couleurs souvent dans le même échantillon, ont été nommés par les Allemands Grès bigarré Bunte Sandstein: Il est associé avec des couches de Marnes qui ont reçu le nom d'irisées à cause de la diversité des couleurs qu'elles présentent également. Le Grès et les Marnes sont quelquefois séparés par un calcaire désigné sous le nom de Muschelkalk à cause de la multitude de coquilles qu'il contient.

En Angleterre le Calcaire Magnésien qui correspond exactement au Zechstein est aussi recouvert par des Grès et des Marnes que les Anglais ont nommés nouveaux Grès New red sandstone, et les Marnes rouges Red Marle à cause de leur couleur habituelle qui est le rouge.

Dans ces

Dans ces différentes contrées les Marnes rouges sont surmontées d'un Grès quartzeux et de couches de calcaire compacte noir, remarquables par la multitude de Gryphites qu'il contient. Ce calcaire désigné par les Anglais sous le nom de _Lias_ et par les Géologues français sous le nom de Calcaire à Gryphites, forme par la constance de ses caractères et de sa position un horison géognostique très bon ; ce calcaire est la première assise d'un autre groupe géologique que l'on désigne sous le nom de _formations Jurassiques_.

Terrain de Grès Bigarré.

Terrain de Grès Bigarré.

Le Grès Bigarré d'après les caractères donnés par les Géologues Allemands, est composé en grande partie de grains siliceux assez fins reliés par un ciment argilo-ferrugineux : Il contient aussi beaucoup de Mica qui lui donne la texture schisteuse. Ce Grès est associé avec du Gypse qui y est disséminé en petites veines et petits filons ; il renferme des Marnes et quelques couches de calcaire.

Le Grès est assez souvent rougeâtre, ce qui l'a fait confondre quelquefois avec le Grès rouge, mais on trouve aussi des couches de grès verdâtre ; le plus souvent il présente un mélange de ces deux couleurs ce qui l'a fait appeller Bigarré, ainsi que nous venons de le dire.

Le grès alterne avec des Marnes souvent très abondantes maculées de rouge et de vert, quelquefois noirâtres à cause de la présence du bitume : On y exploite dans plusieurs endroits, des couches de combustible de qualité inférieure aux houilles.

Les Argiles qui sont associées avec le Grès tantôt molles, tantôt dures ; sont de couleur variable, lorsqu'elles sont fines elles fournissent des Argiles à foulon.

Sel Gemme.

Le Sel se trouve à des hauteurs très différentes dans cette formation, quelquefois dans la partie inférieure, il est disséminé dans des Marnes, nommées pour cette raison, Muriatifères : Il y est en masses considérables qui selon toute apparence ne

forment pas de couches, mais des amas plus ou
moins étendus ; Ces amas, quelquefois de sel pur,
ont plusieurs mètres de hauteur, le plus souvent
ils sont formés d'un mélange de Marne et de
sel ; Quand il n'est point mélangé de Marne,
le sel est rarement transparent et incolore ;
il est le plus souvent coloré légèrement en
rouge ou en noir par le mélange de Marne
ou de bitume : Lorsqu'il conserve assez de
translucidité, il est beaucoup plus pur que le
Sel marin et ne contient pas comme lui de
sels purgatifs.

Quand les masses de sel gemme sont assez
pures on les exploite immédiatement ; Dans le
cas contraire on se contente d'y introduire de
l'eau au moyen de trous de sonde ; ou l'épuise
quand elle est saturée de sel, et on l'évapore ensuite : C'est principalement dans le Salzbourg
que cette méthode est employée.

Le Gypse qui accompagne le sel, y est disséminé en petites masses ou en petits filons ;
souvent le sel se trouve dans la partie supérieu-
-re de cette formation. Ainsi les Mines de Nor-
-wick en Angleterre sont exploitées dans la
Marne rouge inférieure au grès ; les masses
exploitées sont très riches ; elles ont de 25 à 30
mètres de puissance sur 1000 à 1200 m d'étendue.
Les couches supérieures suffisent à l'exploitation.

Les Célèbres Mines de sel de Wiliska en
Pologne, se trouvent dans un gisement d'ar-
-gile et de grès dont on ne peut connaître exac-
-tement la position géologique ; rapportées
longtemps au terrain dont nous nous occupons,
elles seraient beaucoup plus modernes d'après
les observations de Mr Beudant qui les
place dans un terrain d'argile plastique et
de Lignites. Ces masses de sel sont les plus con-
-sidérables que l'on connaisse ; Elles s'étendent
sur plusieurs lieues de long et ont une épais-
-seur connue de plus de cent mètres.

La Mine de Cardone en Espagne est aussi un exemple d'un amas très puissant : Le sel Gemme y forme une masse qui s'élève au dessus du sol d'une <u>centaine</u> de mètres et qui en a plus de 1500 d'étendue. Le sel gemme est accompagné de grès rougeâtre et de Marnes de même couleur qui sont probablement beaucoup plus modernes que le terrain de grès Bigarré, peut être de l'âge de la Craie. L'exploitation se fait par gradins, le sel est très pur : Mr. Cordier a associé cette mine aux terrains de transition.

Le terrain salifère de la Lorraine est composé d'Argile, de Marne et de grès qui appartiennent au groupe de grès bigarré ; le sel est placé dans les Marnes supérieures au Muschelkalk, il fait donc partie, ainsi que nous allons le dire, des Marnes irisées.

Terrain de Muschelkalk.

Le Muschelkalk est un calcaire très coquillé, de couleur gris jaunâtre, souvent compacte et très esquilleux ; les coquilles sont très adhérentes : Celles caractéristiques de cette formation sont, l'<u>Ammonites Nodosus</u> l'<u>Encrinites Liliformis</u> et le <u>Mytilus socialis</u>. Ce calcaire est quelquefois marneux, sableux ou ferrugineux, et présente par fois quelques couches oolytiques ; on y trouve des dépôts de combustible fossile comme dans la formation précédente.

Terrain de Marnes irisées.

En Lorraine, on voit le Muschelkalk recouvert par les marnes que nous avons désignées sous le nom d'irisées, à raison des diverses couleurs qu'elles affectent. Ces marnes contiennent fréquemment des couches de grès

et des rognons calcaires. On y trouve aussi
une couche régulière de calcaire Magnésien.
Dans plusieurs points, notamment près de
Noroy, on y exploite un combustible analogue
à de la houille maigre : Ces Marnes présen-
-tent fréquemment du Gypse ; il y est disse-
-miné en veinules et petits filons et en nids
presque toujours à l'état fibreux. C'est à
ce terrain qu'on croit devoir rapporter le terrain
de Sel Gemme de Vic et de Dieuze en
Lorraine.

Les Marnes qui sont connues en Allemagne
sous le nom de Kenper, se rapportent à cette for-
-mation. Immédiatement au dessus de ces mar-
-nes, on trouve dans quelques localités, et princi-
-palement dans la Lorraine, un Grès blanc
jaunâtre à grains très fins, formant des couches
assez puissantes ; On l'a désigné sous le nom
de Quadersandstein, qui veut dire grès qui se di-
-vise en cubes, parce qu'il fournit de bonnes pierres
de taille. Ce Grès intermédiaire au groupe du
Grès Bigarré et à celui du Calcaire Jurassi-
-que, est indistinctement associé aux deux.
Il est cependant plus probable qu'il dépend
du terrain supérieur, attendu qu'il contient
fréquemment des coquilles analogues.

Les différents calcaires que nous venons
d'indiquer, ne paraissent pas former des ter-
-rains aussi prononcés que les grès et les
Marnes : On pourrait peut-être les regar-
-der comme de vastes amas intercalés dans le
groupe du Grès Bigarré. Dans ce cas on
pourrait représenter cet ensemble de couches
par la figure ci-après. Les Coupes que
l'on obtiendrait au moyen des lignes (1) (2) et
(3) représenteraient la formation du Grès Bigarré
telle qu'elle se montre en Allemagne (1), en
Angleterre (2), en France (3). Les Diverses
formations qui la composent ne sont pas continues
parce qu'elles ne se reproduisent pas dans toutes

les localités.

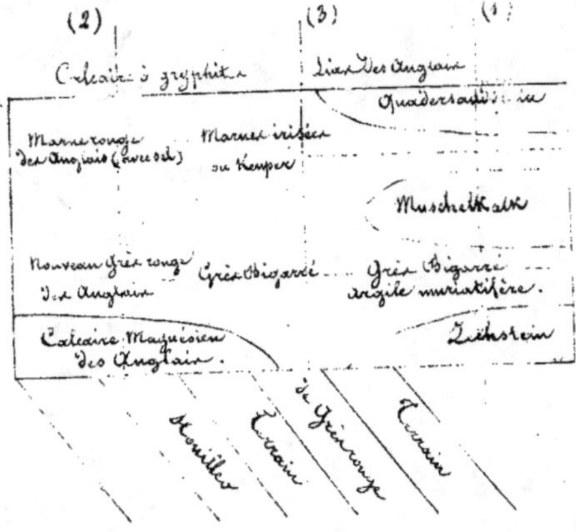

du Calcaire Jurassique.

Le groupe de terrains que l'on vient de décrire, est recouvert par une épaisseur de couches Calcaires dont on désigne l'ensemble sous le nom de Calcaire Jurassique; parce qu'elles sont analogues à celles qui constituent les montagnes du Jura. Ce Système comprend toutes les couches existantes entre les Marnes rouges et la Craie qui appartient aussi aux terrains secondaires; mais qui est d'un âge postérieur ainsi que les fossiles qu'elle contient; et plusieurs autres caractères semblent l'indiquer.

Le Calcaire Jurassique se présente avec les mêmes caractères en Angleterre, en France et en Allemagne; il y présente constamment les mêmes sous-Divisions caractérisées par la nature des roches et surtout par les mêmes espèces de fossiles: Il forme une ceinture au tour des terrains anciens et les entoure presque tout d'une manière continue; Cette disposition est très sensible en jettant les yeux sur la Carte Géologique de France ou d'Angleterre. Ce terrain forme souvent des plaines et par cela même il est difficile à observer; Il a été étudié d'abord en Angleterre où les escarpements qui bordent les côtes, ont fourni des moyens faciles d'observer les différentes couches qui le composent. On y a reconnu qu'il se divisait en deux groupes principaux, Le Lias appelé Calcaire à Gryphites en France et en Allemagne, et le Calcaire Oolytique ; ce dernier présente plusieurs sous-divisions :

Lias ou Calcaire à Gryphites.

Ce terrain est très simple ; il est composé principalement d'un Calcaire assez argileux, gris-bleu, très rarement blanc-jaunâtre :

Il est en général en bancs peu espacés et alterne alors avec des couches de Marne qui renferment des rognons volumineux du même Calcaire.

Il y a quelquefois des couches qui présentent la texture Oolytique, mais elles sont très rares.

Ce terrain se termine toujours à sa partie supérieure par des couches de Marne.

La coquille la plus abondante dans les couches de Calcaire bleuâtre est la Gryphée arquée : Elle se trouve presqu'exclusivement dans cette formation, ce qui lui a fait donner le nom de Calcaire à Gryphites. Plusieurs autres fossiles sont également caractéristiques pour ce terrain : L'Ammonite Bucklandi est dans le même cas ; le Plagiostoma Gigantea y est commun aussi ; Il y existe beaucoup d'autres Ammonites ; On y voit des Térébratules, des Productus et des Spirytes ; ces deux derniers fossiles sont très rares : Il s'y trouve une grande quantité de Pentacrinites.
Outre les débris de Crustacées, on trouve entre les feuillets de Marne, des empreintes de poissons ; On y rencontre aussi des ossements de reptiles qui paraissent avoir vécu principalement à l'époque où ces couches se déposaient, car leurs débris y

sont assez fréquents, tandis qu'on ne les retrouve pas dans les couches inférieures, et très rarement
dans celles qui les recouvrent : Ils appartiennent
à la famille des Sauriens ; les uns sont appe-
-lés Ictyosaures (Lézard poisson), les autres
Plésiosaures (Voisin des Lézards) : Il y a
aussi des fragments de Tortue.

On trouve dans le Lias du bois fossile :
Il y existe rarement des rognons de Silex. Les
Pyrites sont très abondantes et souvent les
Coquilles sont passées à l'état pyriteux.
Souvent les Marnes sont colorées par du bitume,
ou exhalent une odeur Ammoniacale à cause de
la présence des matières animales.

Les Caractères généraux que nous venons
d'indiquer, paraissent se modifier beaucoup à l'ap-
-proche de certaines chaînes de Montagnes :
Ainsi dans les Alpes, il renfermerait des
roches cristallisées qui ont été regardées comme
appartenant aux terrains anciens (Mont St.
Bernard) ; ce rapprochement est fondé sur le
passage que l'on apperçoit entre des couches
de Lias véritable et celles qui sont cristallisées,
et sur la présence d'une très grande quantité
de Belemnites ; On y trouve aussi des fossiles
végétaux analogues à ceux des terrains houillers,
ce qui est une anomalie de plus que présentent
ces terrains.

Dans le Lias des Alpes, le Grès de cette
formation est remplacé par du Quartz : Cet effet
est dû, suivant toute apparence, à un soulevement
de terrains anciens ; Les Mines de sel de
Bex en Suisse sont dans cette formation ; Il
en est de même du Gypse des Alpes.

Le Lias contient des métaux ; dans le Li-
-mousin et en Bourgogne, on les trouve dissé-
-minés en petits filets, divergents dans tous les
sens ; Il y existe aussi du Gypse dans les
Cévennes.

Dans le centre de la France, le Lias n'en

souvent séparé du Granite que par de petites
couches d'un Grès particulier auquel on a
donné le nom d'Arkose: Ce Grès dont le ciment
est cristallin, se confond souvent avec le Granite,
et il est difficile, comme en Bourgogne, de mettre
une limite entre les deux roches: Peut-être cette
disposition singulière tient-elle à ce que le Gra-
-nite a été soulevé après la formation du Lias.
C'est ordinairement dans ces couches altérées,
qu'on trouve les métaux.

Ce terrain fournit la meilleure chaux hy-
-draulique à raison des mélanges en toute pro-
-portion de calcaire et d'Argile qui s'y rencon-
-trent, c'est là que se trouvent les rognons
appelés Septaria, qui donnent le ciment Ro-
-main des Anglais, c'est aussi le gisement du
Ciment de Pouilly en Bourgogne, découvert
par Mr. Lacordaire.

On rencontre quelquefois dans le Lias, et surtout
près de l'Arkose, du Calcaire contenant du
Carbonate Magnésien en proportions définies;
on désigne cette roche sous le nom de Dolomie.

Ces Dolomies sont cristallines, grenues,
s'égrènent sous les doigts en sable plus dur
que le calcaire ordinaire; souvent très fendillé, ce
Calcaire dont les fentes sont tapissées de cristaux, offre
des cavernes nombreuses. On y trouve très rarement
des fossiles: Il recouvre, en Franconie, les roches
de Papenheim qui contiennent de belles em-
-preintes de poisson et qui ont fourni les pre-
-mières pierres Lithographiques.

La Dolomie forme des amas irréguliers; elle
est presque toujours dans une position anomale
et est rarement en couches. Mr. de Buch
attribue son origine à de la Magnésie qui au-
-rait été sublimée et qui se serait combinée
avec le Calcaire. Ce qui lui a fait naître cette
idée c'est qu'il a observé ces Dolomies irréguli-
-res principalement au contact de certains Porphi-
-res noire qui sont très magnésiens.   Cette

hypothèse qui rend assez bien compte des faits, est difficile à concevoir à cause de la présence de l'acide carbonique qui suppose une énorme pression pour le combiner. On rencontre, dans ces Dolomies, des Minerais de Zinc auxquels Mr. de Buch a étendu son hypothèse.

Terrains Oolytiques.

Ces terrains qui forment le second groupe des Calcaires Jurassiques recouvrent immédiate-ment le Lias.

En Angleterre, où il a été particulièrem.t étudié, on a reconnu trois étages bien distincts. L'Inférieur est séparé du moyen par une Argile que les Anglais ont désigné sous le nom d'Argile d'Oxford, parceque le sol de cette ville en est formé; et le moyen, du supé--rieur par une seconde couche d'Argile qu'ils désignent par la même raison sous le nom de Kimmeridge.

Chaque Etage a des Sous-Divisions.

Il en est qui ne se retrouvent pas en France; Nous examinerons successivement celles des deux pays.

-Voici les Divisions admises par les Anglais:

Gris ferrugineux et associés à la Craie.

Etage supérieur — { Calcaire de Purbeck,
Calcaire de Portland,
Argile de Kimmeridge.

Etage moyen — { Oolyte d'Oxford,
Coral-Rag,
Grès calcaire (Calcareous Grit),
Argile d'Oxford,
Roche de Killoway.

Étage inférieur, — { Corn brash,
Forest Marble (Marbre de forest),
Schiste de Stonesfield,
Argile à Encrines de Bradford,
Grande Oolyte ou Oolyte de Bath,
Terre à foulon,
Oolyte inférieure ou bâtarde,
Sable de l'Oolyte inférieure.

Lias ou Calcaire à Gryphites.

Passons successivement en revue ces seize sous-divisions.

Étage Inférieur.

1°. Le Sable de l'Oolyte est fin, mélangé de Mica très calcaire, il a quelquefois une teinte verte tirant sur le jaune ; souvent ce sable est remplacé par une Marne jaunâtre et sableuse, mélangée ordinairement de concrétions sableuses.

2°. L'Oolyte Inférieure est un calcaire assez grossier renfermant souvent des grains ferrugineux qui sont du silicate de fer. Il forme le plus souvent en france l'Étage inférieur des terrains Oolytiques ; On y trouve beaucoup de Minerai de fer ; c'est le gisement des Mines de l'Aveyron, de Lavoûte près Givors, de Metz, de plusieurs Mines de Bourgogne.

3°. Terre à foulon, Argile très fine, onctueuse qui sert à dégraisser les Draps.
Elle contient des couches calcaires d'un tissu assez grossier : On trouve dans ces couches un grand nombre de fossiles. Les uns leur sont particuliers, les autres se retrouvent dans plusieurs division contiguës : Ce sont des Ammonides, des Nautiles, des Cardium Trigones, des Térébratules de plusieurs espèces, des Plagiostomes.

Il est remarquable qu'on commence à y trouver quelques Oursins : Les Anglais n'en ont pas cité au seul dans le Lias.

On y trouve aussi des Encrines, quelques vertèbres de Sauriens.

4°. <u>La grande Oolyte</u> ainsi nommée à cause de son étendue ; on l'appelle aussi Oolyte de Bath où elle est exploitée ; Elle fournit les plus belles pierres de taille de l'Angleterre ; On la retrouve dans presque tous les pays où les formations Oolytiques sont un 7? peu développées.

5°. <u>Argile à Encrines</u>, remarquable par le grand nombre d'Encrines Piriformes qu'elle contient.

6. <u>Le Schiste de Stonesfield</u>, placé entre l'Argile à Encrines et le forest-Marble, manque souvent ; il se divise en feuilles assez minces pour servir d'Ardoises : Il est Oolytique et un peu sableux.

On y trouve quelques veines de Lignite ; il est remarquable par la multiplicité de ses fossiles, et surtout par leur diversité. On y trouve des débris de Sauriens, de Tortue, d'Oiseaux, de Crustacés, et en particulier des ossements de deux espèces de Mammifères les seuls qu'on ait rencontré jusqu'ici au dessous des terrains de Craie ; leur présence dans cette couche a donné lieu à de très vives discussions ; On a supposé que le Schiste de Stonesfield était une espèce de roche aggregée, formée postérieurement ; cette explication paraît peu probable, si on fait attention que ce lieu célèbre a été visité par presque tous les Géologues Anglais qui ont reconnu qu'il faisait partie du terrain.

7°. Le forest Marble est une espèce de Lu-
-machelle ; c'est un Calcaire schisteux presqu'-
-entièrement composé de coquilles, il a une teinte
un peu bleuâtre.

8°. Le Cornbrash est un calcaire d'un
jaune sale, terreux, quelquefois assez solide ;
On y trouve un assez grand nombre de fossiles.
    On trouve dans ce terrain depuis la terre à
foulon un grand nombre d'Ammonites, de Nautiles
de Térébratules, des Unio, des Modioles &c....
La présence des Unio est remarquable par-
-ce que c'est une coquille d'eau douce. On y ren-
-contre quelques Trigonies, Huîtres, Peignes,
enfin des Lignites.

Étage Moyen.

1°. La Roche de Killoway n'existe que dans
quelques points ; c'est seulement une dépendance de
l'Argile d'Oxford.

2°. L'Argile d'Oxford est bleue, suscep-
-tible d'être exploitée : Elle contient des rognons
calcaires cloisonnés analogues au Septaria du
Lias, ils représentent la roche de Killoway ; les
coquilles sont les mêmes dans cette roche que
dans l'Argile.
    On trouve dans l'Argile d'Oxford un assez
grand nombre de fossiles, celui qui est regardé
comme le plus caractéristique est la Gryphée
appellée Gryphaea dilatata : Il y existe
aussi des débris d'une espèce d'Ictyosaure
différente de celle du Lias.

3°. Le Calcareous Grit ou Grès Cal-
-caire est un sable assez siliceux réuni par un
ciment calcaire ; il est à grains inégaux, souvent
coquiller, très rare en france : On y trouve beau-
-coup d'Oursins, quelques vertèbres d'Ictyosaures

4.º Le <u>Coralrag</u> est très abondant; c'est une couche d'un Calcaire, dur, se taillant mal, remarquable par la multiplicité des Coraux et de Polypiers qu'il contient, ils sont la plupart passés à l'état spathique; quelquefois ces Polypiers sont si abondants qu'ils forment presqu'à eux seuls des couches, comme aux environs de la Rochelle. Ils sont souvent allongés comme bacillaires : Ils présentent des x.bes à structure étoilée; Cette couche contient en outre beaucoup d'Encrines, des Ammonites, des Nautiles. des Coritelles; &.ª....

5.º L'<u>Oolyte d'Oxford</u>; structure Oolytique bien prononcée, mais les grains, ordinairement assez gros, sont fort irréguliers. Elle est très bonne pierre de taille, est exploitée aux environs de la Charité (Nièvre).

Étage Supérieur.

1.º L'<u>Argile de Kimmeridge</u> est schisteuse, bleue assez foncée, mélangée de cristaux de gypse, contient des couches de Lignite, se retrouve en France en quelques points.

On y remarque une Coquille, appelée <u>Ostrea deltoïda</u>, qui est caractéristique.

2.º <u>Calcaire de Portland</u>; Il fournit de bonne pierre de taille, il est exploité pour les constructions de Londres; mais soumise à des droits excessifs, ce qui oblige souvent à bâtir en briques.

Il est assez siliceux, légèrement Oolytique, renferme des couches contenant beaucoup de rognons de Silex aux quels les Anglais ont donné le nom de <u>Cherts</u>.

Il y existe beaucoup de coquilles : ce sont des Ammonites, des Nautiles, des Huitres, quelques Térébratules, des Madrépores, &.ª....

Il se retrouve dans beaucoup de parties de la France. Il en existe une bande continue d'Angoulème à Cha-teilaillon situé entre La Rochelle et Rochefort.

3°. <u>Calcaire de Purbeck</u> : Il recouvre immédiatement le terrain de Portland à l'île de Purbeck ; il est principalement composé de coquilles d'eau douce. On y a trouvé des em-preintes de poissons, des fragments de tortue.

La présence des fossiles d'eau douce dans ce calcaire conduit à le séparer des formations Oolytiques, et à le réunir au sable inférieur de la Craie désigné par le nom de sable ferru-gineux, dans lequel on trouve aussi des coquil-les d'eau douce.

Terrains Oolytiques de la Normandie.

La Normandie présente le long des côtes une suite de falaises de Terrain Oolytique, tout à fait analogues aux falaises d'Angleterre situées de l'autre côté de la Manche, et on peut regarder les couches qui les composent comme le prolongement de celles qui se montrent sur les côtes d'Angleterre ; Aussi y retrouve-t-on la plus grande partie des couches décrites par les Anglais.

Aux environs de Caen, dans les Carrières désignées sous le nom d'Allemagne, on exploite un Calcaire analogue à celui de Bath, au dessous est une argile appelée <u>Banc bleu</u>, en-fin plus loin on trouve au dessous de cette Argile des Oolytes blanches et brunes qui correspondent à l'Oolyte inférieure des Anglais, et recouvrent immédiatement le Calcaire à Gryphites. Le banc bleu se rapporterait à la terre à foulon.

Le Calcaire de Caen est recouvert en plusieurs points et notamment au bord de la mer, au rocher du Calvados, par un Calcaire appelé *Calcaire à Polypier*, assimilé d'abord au Coral ray, mais qui se rapporte plutôt à la grande Oolyte, d'après l'observation des bancs calcaires supérieurs, où l'on trouve de petites huitres analogues à celles du forest Marble.

Au dessus de ce Calcaire à Polypier, il existe dans certains endroits, des Argiles, des Marnes appelées des vaches noires, à cause du rocher de ce nom. Cette argile présente beaucoup de coquilles; *Gryphæa Dilatata*, des Trigonies, des *Encrines* analogues à celles qui caractérisent l'argile d'Oxford.

L'Oolyte d'Oxford ainsi que le Coral ray paraissent trouver leur analogue dans un calcaire Oolytique qui se trouve près de Lisieux.

Au dessus est une argile observée depuis très longtemps qui existe auprès de Honfleur et de l'autre côté de la Seine au Cap de la Hève: Elle paraît se rapporter à l'Argile de Kimmeridge; on y a trouvé de même des débris de Crocodile.

On ne connait pas de couches semblables à celles de Portland et de Purbeck; en suivant les falaises on arrive au grès vert et à la Craie.

Dans le Calcaire de Caen, on a trouvé un Crocodile presqu'entier qui a été décrit par M.r Cuvier.

Voici le Tableau comparatif des deux formations Oolytiques de l'Angleterre et la Normandie.

Tableau

Tableau Comparatif
des formations Oolytiques

de l'Angleterre.	de la Normandie.
Grès ferrugineux	Sable vert
Calcaire de Purbeck	
Calcaire de Portland	
Argile de Kimmeridge	Argile de Honfleur et du Cap de la Hève
Oolyte d'Oxford	Calcaire avec Oolyte de Lisieux
Coral rag	
Calcareous Grit	Marnes et Argiles des Vaches noires avec Gryphaea dilatata.
Argile d'Oxford	
Roches de Killoway	
Corn brash	
Forest Marble	Calcaires avec petites huitres
Schiste de Stonesfield	
Argile à Encrines	Calcaire à Polypiers
Grande Oolyte	Calcaire de Caen
Terre à foulon	Banc bleu
Oolyte Inférieure	Oolyte blanche, Oolyte brune
Sable de l'Oolyte	
Lias	Calcaire à Gryphites

12ᵉ Leçon.

Terrains de Craie, de Grès vert et de Grès ferrugineux.

Le Calcaire Oolitique est dans quelques localités recouvert immédiatement par la Craie proprement dite; mais dans beaucoup d'autres, il existe des Grès à la séparation de ces deux formations, qui, d'après leurs caractères géologiques doivent être associés au terrain de Craie. Ces Grès, étudiés d'abord en Angleterre dans les couches naturelles que forment les falaises des bords de la Manche, présentent deux assises de Grès séparées par des Marnes. La Craie qui forme, ainsi que nous venons de le dire, la partie supérieure de cet ensemble de formation se subdivise aussi en plusieurs assises ayant une différence assez grande entre elles. Ainsi les couches supérieures du terrain de Craie généralement très blanches contiennent peu de silex, tandis qu'il en existe en grande abondance dans le milieu de cette formation dont la partie inférieure est très marneuse. D'après cette succession de couches constante dans les pays où le terrain de craie recouvre une assez grande surface, on a sous-divisé ce terrain en trois formations qui elles-mêmes admettent plusieurs sous-divisions rapportées dans le Tableau ci-dessous.

Tableau des différentes formations dont se compose le Terrain de Craie.

Terrains Tertiaires, Argile plastique, &c...

Craie, Grès et Argile				
Craie	Craie blanche	sans silex / avec silex	} Craie	
	Craie grise	Craie grise / Marne crayeuse (chalk Marl)		
Grès vert	fire stone	(grès calcareo-siliceux)		Craie chloritée
	blue Marl	(Marne bleue)		
	Green sand	(grès vert)		
Argile, grès et Calcaires fluviatiles,	weald clay[1]	(argile du grès ferrugineux)		
	iron sand	(grès ferrugineux)		
	pierre de Purbeck.			

[1] La traduction littérale est Argile de Weald.

On a placé dans ce tableau la pierre de Purbeck par-
-ce qu'on pense maintenant que ce calcaire d'eau douce,
contenant principalement l'Hélix Vivipara comme le
Grès ferrugineux, doit plutôt être associé au terrain de
grès vert, qu'au terrain Oolitique, comme cela a été
fait conformément aux divisions adoptées par les
Anglais. Il est vrai qu'on trouve à Purbeck, mais
seulement dans la partie inférieure des carrières, du
calcaire contenant des coquilles marines. Ces couches
doivent être regardées comme appartenant à la partie
supérieure du Calcaire de Portland; et dans ce cas, la sépa-
-ration de ces deux calcaires serait très prononcée puisque
l'une des formations serait marine, tandis que l'autre
serait d'eau douce.

Les coquilles que contient le calcaire de Purbeck
sont quelquefois réunies par un ciment calcaire, si so-
-lide et si serré que la pierre est susceptible de poli et qu'on l'em-
-ploie comme marbre, sous le nom de Marbre de Purbeck.

**Grès ferrugineux
(Iron sand).**

La formation du Grès ferrugineux est composée
de couches de sables et de grès plus ou moins ferrugineux;
elles alternent avec des Marnes, des Argiles, des Ocres
et de la terre à foulon. Le fer y est quelquefois si
abondant, que dans quelques cas le grès a été exploité
comme minerai; on trouve dans ce terrain des hématites
brunes et du minerai de fer en grains.

La couleur de ce Grès est rougeâtre ou jaunâtre; il
très graveleux; on y a trouvé du lignite dans plusieurs
localités, notamment dans les Alpes où il est assez
abondant pour être exploité: il y existe aussi du bois
silicifié.

Les fossiles du Grès ferrugineux paraissent être
d'eau douce; on en a indiqué de marins, ce qui tient à ce
que l'on confond souvent cette formation avec le Grès vert.

**Argile du Grès ferru-
-gineux (Weald clay).**

Le Weald clay, ou argile du Grès ferrugineux,
est une argile assez tenace, associée avec des Marnes
grises et bleues; elle renferme de grands amas calcaires
remplis de coquilles turbinées appartenant à l'Hélix
vivipara, la même qui existe dans le Marbre de

Purbeck.

Ces amas calcaires cimentés par du calcaire spathique, sont susceptibles de poli et donnent un marbre qui était assez employé autrefois en Angleterre, sous le nom de Petworth-Marble; on y trouve disséminés des pyrites et des cristaux de gypse; le Petworth-Marble, entièrement analogue au Purbeck marble, contient les mêmes fossiles que ce dernier; ce qui montre que le calcaire de Purbeck, le grès ferrugineux et le Weald clay appartiennent à la même formation: plusieurs autres coquilles confirment ce rapprochement: Ainsi on trouve dans ces différentes couches des Paludines appartenant à la même espèce (Paludina elongata). D'après la présence de ces coquilles, on est conduit à adopter l'opinion que le Weald clay, le Grès ferrugineux et la pierre de Purbeck constituent une formation d'eau douce, intermédiaire entre les terrains oolitiques et le Grès vert.

Grès vert (Green sand).

Le Terrain de Grès vert, est principalement composé de sables et de Grès dont les grains siliceux ou quartzeux sont reliés par un ciment calcaire: ces Grès contiennent en outre presque constamment des petits grains verts que l'on retrouve également dans la partie inférieure de la Craie, proprement dite. Ces grains ont été regardés d'abord, comme analogues à de la Chlorite; ce qui a fait donner à la roche le nom de Craie chloritée, mais l'analyse a fait connaître, qu'ils sont composés de silicate de fer et d'alumine, mélangés quelque fois avec du phosphate de chaux. Dans ces silicates qui sont au minimum d'oxidation, il arrive quelque fois que le fer passe à l'état d'hydrate, il communique alors au Grès vert la couleur ferrugineuse; ce qui a sans doute été la cause de la confusion qui a eu lieu entre le Grès vert, et le Grès ferrugineux.

Le Grès vert contient beaucoup de silex ou Cherts; il est surtout abondant dans la partie de cette formation qui est désignée sous le nom de Fire-Stone, et que nous avons placée dans le terrain de

Grès vert: Ces silex se fondent souvent dans la pâte, ils ne
sont alors reconnaissables que par la dureté, et par la
couleur qu'ils communiquent à la roche. Le Grès vert présente quelquefois des couches calcaires et des couches d'argile; il est mélangé de pyrites, et contient des minerais
de fer exploités dans plusieurs localités.

L'argile du Grès vert est quelquefois assez fine
pour fournir de la terre à foulon: on l'exploite dans le
Comté de Surrey, au midi de Londres; on y trouve des
nids de Baryte sulfatée.

Les corps organisés du Grès vert sont souvent à
l'état siliceux; circonstance très rare dans les autres
terrains et paraissant alors due à des causes particulières: ils sont ou avec leur têt ou bien ils présentent
seulement des moules: Les collines appelées Black-
down-Hills, situées dans le midi de l'Angleterre
fournissent de nombreuses coquilles silicifiées.

Marne bleue (Blue Marl).

La Marne bleue est une marne de couleur
grise ou bleu d'acier; placée entre le Grès vert et la craie,
elle contient des fossiles analogues à ceux du Grès vert;
on y trouve en grande abondance des Turilites, genre
propre à ce terrain, et des Ammonites particulières.

Grès calcareo-ferrugineux (fire Stone).

Le fire stone ou Grès calcareo-ferrugineux
est un véritable Grès vert, seulement plus pénétré de
Cherts; le ciment qui est en partie siliceux lui donne
une grande dureté; on l'emploie pour les foyers, ce qui
lui a fait donner le nom de fire stone ou pierre à feu.

Le fire stone est assez rare en Angleterre, la
Marne bleue y est au contraire presque constante, on
la retrouve à Rouen avec les mêmes fossiles. Les
fossiles de ces trois couches sont très nombreux; les
Turilites dont nous venons de parler, sont très abondantes; ce sont des coquilles cloisonnées, analogues
à une Ammonite recourbée. On trouve en outre dans
ces formations beaucoup d'espèces d'Echinites, appartenant la plupart à la famille des Spatangues:
les Alcyons, animaux marins analogues aux
Polypiers et qui laissent comme eux une partie solide,

y sont aussi très abondants. Plusieurs de ces fossiles existent également dans la Craie; ce qui y prouve qu'il n'y a pas de séparation tranchée entre le Grès vert et la Craie.

Le Grès vert fournit beaucoup de pierres et de meules à aiguiser; les collines nommées Black-Down Hills que nous avons déjà citées, sont célèbres pour ce genre de pierres.

De la Craie.

La Craie proprement dite, est un calcaire terreux, assez solide et généralement de couleur blanche. Cette roche compose à elle seule une grande partie du terrain de Craie; On y distingue plusieurs étages. Le supérieur est composé d'un calcaire blanc et terreux; Le moyen présente un calcaire gris marneux et l'Inférieur presqu'entièrement marneux est désigné par les Anglais sous le nom de Chalk marl ou Craie marneuse.

La Craie ne renferme aucune couche étrangère dans la partie supérieure: Dans la partie moyenne, il y existe des bancs de Silex, composés généralement de rognons tuberculeux disposés à la même hauteur. Quelque fois cependant, comme à Rouen et aux environs de Mantes, on observe un banc de Silex assez continu; dans ce dernier endroit, il a quelques pouces d'épaisseur: La forme tuberculeuse de ces rognons de Silex et leur position font présumer qu'ils sont dus à des filtrations siliceuses qui se sont arrêtées à la séparation des différents bancs.

Quelques Géologues attribuent la formation de ces tubercules à la présence de corps marins qui ont été pétrifiés par de la silice.

Outre les Silex on trouve encore dans la Craie des rognons de pyrites à rayons divergents; ils appartiennent à l'espèce désignée par Mr. Haüy sous le nom de fer-sulfuré blanc.

La partie inférieure de la Craie contient rarement des silex; elle est, ainsi que nous l'avons déjà dit, très marneuse. Dans quelque cas, cette partie inférieure est mélangée de points verts, ce qui lui a fait donner le nom de Craie chloritée; elle correspond alors plutôt à la partie supérieure du Grès vert.

Les fossiles sont très nombreux dans la Craie; a sont des Oursins, des Belemnites particulières à ce terrain: On y trouve en outre des Hamnites, des Turitites comme dans le Grès vert. Les Coquilles univalves abondantes dans le Grès vert, sont au contraire très rares dans la Craie supérieure.

Craie de Maëstricht.

On rapporte au terrain de Craie, la roche exploitée dans les carrières de Maëstricht, quoiqu'elle en diffère essentiellement par les caractères extérieurs, elle est grise, et très graveleuse; mais les fossiles qu'on y trouve sont tout à fait analogues à ceux qui caractérisent le Grès vert. On a trouvé au milieu de ce terrain des Ossements appartenans au Monitor, ou a cru pendant longtemps comme l'avait indiqué Mr. Faujas de St. fond que ces ossements étaient de Crocodiles.

Craie de Valenciennes (Courtia).

Les Mines d'Anzin et de Mons sont recouvertes par des couches assez épaisses de Craie; la partie inférieure, celle qui est en contact immédiat avec le terrain de Houille renferme une grande quantité de Galets et quelques fragments de combustible; cette couche désignée par le nom de Courtia, n'est autre chose que du Grès vert, qui a empâté des fragments du terrain sur lequel il s'est déposé.

Les caractères que nous venons d'indiquer sont ceux que présente le terrain de Craie dans le plus grand nombre de cas. Dans quelques circonstances particulières, spécialement à l'approche des hautes montagnes, il affecte des caractères tout à fait différents, et ce n'est que par l'observation des fossiles qu'on a pu le reconnaître. On a observé d'abord dans le Jura et dans les Alpes ces terrains pour ainsi dire animaux; ils reposent sur un Grès analogue au Grès vert, position qui s'accorde avec les fossiles et qui confirment ce rapprochement. Les Roches qui composent ces terrains, au lieu d'être tendres et même friables comme il est habituel de le voir, sous très solides; ce sont des schistes et des calcaires marbres souvent très colorés. C'est M.ᵣ Brongniart qui a fait connaître le premier, l'existence de ce terrain dans les Alpes, à la perte du Rhône et à la montagne des fils. La craie a été regardée pendant longtemps comme contemporaine au calcaire Alpin. Les terrains de Craie dure paraissent recouvrir une surface beaucoup plus considérable qu'on l'avait d'abord cru. On en a trouvé de nombreux dépôts dans les Alpes, et il paraît que ce terrain formerait aussi une bande assez continue le long des Pyrénées, du moins du côté de la France; sous le nom de terrain de Craie, on comprend aussi le Grès vert, parce que dans ce cas il est difficile de distinguer.

Minerais de fer en grains.

Nous avons indiqué en parlant du Terrain d'Oolite, qu'il existait dans sa partie inférieure des grains ferrugineux Oolitiques, quelquefois assez abondants pour former la base d'une exploitation. En nous élevant plus haut dans les formations Oolitiques, nous trouvons encore du Minerai de fer en grains dans l'Argile d'Oxford, qui sépare l'étage inférieur de l'étage moyen. Il est assez probable que les Mines de fer de la Bourgogne, du moins celles des environs de Nogent-sur-Seine appartiennent à cette formation. On voit souvent ces grains ferrugineux Oolitiques empâtés dans les coquilles mêmes de ce terrain, mais ces dépôts, quoiqu'abondants, ne paraissent pas à beaucoup près former la masse des minerais de fer, exploités en France, sous les noms de fer limoneux, fer en grains, et fer d'alluvion. Pendant longtemps on n'a pas su à quelle formation les rapporter, et leur position était assez d'accord avec le mot minerai d'alluvion; ils sont presque toujours déposés sur les flancs du calcaire du Jura remplissant des cavités et de grandes fentes, d'une manière tout à fait analogue à ce que nous présentent les terrains de transport. Cette position presque continue sur le terrain du Jura, avait déjà excité quelques doutes sur la supposition qu'ils étaient d'alluvion; des couches de fer Oolitique découvertes récemment en Champagne ont indiqué qu'il était possible qu'une grande partie des minerais de fer en graines fût de l'âge de la Craie; ce que tout porte à croire: Cette supposition est du reste entièrement d'accord avec la nature du terrain, car nous savons qu'en Angleterre le Grès ferrugineux et le Grès vert, ont souvent été exploités comme minerais de fer.

Quoiqu'une grande partie des minerais de la France paraissent appartenir à cet étage; cependant il y existe encore de nombreux dépôts plus modernes en qui doivent être classés soit dans les Terrains Tertiaires, soit dans ceux d'Alluvion; tels sont les minerais des Départements de l'Eure, de l'Orne, d'Eure et Loir, &c. qui avoisinent le Terrain de Paris.

Terrains Tertiaires.

Le Terrain de Craie que nous venons de décrire forme un des meilleurs horizons que la Géologie puisse nous présenter: La différence entre ce terrain et ceux qui le recouvrent est ordinairement très grande, soit sous le rapport des fossiles, soit dans la nature même des roches.

Quant à la Stratification, on remarque ainsi que nous avons déjà eu occasion de le dire en parlant des différents genres de Stratification, que les Terrains Tertiaires reposent souvent en Stratification parallèle et non concordante sur les terrains de Craie, ainsi que l'indique la figure ci-contre: En outre la surface de la Craie est souvent sillonnée de ravins, de vallées plus ou moins profondes, qui annoncent que pendant un assez long espace, elle n'était point recouverte et qu'elle formait un Continent: Ces ravins, ces vallées sont ordinairement remplies d'un amas considérable de cailloux roulés, d'alluvions qui se sont formées à cette époque; ces cailloux roulés, quoique pouvant être de différents terrains, appartiennent principalement aux Silex de la Craie: On en observe beaucoup en Angleterre: Les environs de Nemours nous

13ème Leçon.

présentent un semblable phénomène.

Les fossiles nous offrent peut-être encore une sé-
-paration plus tranchée : Ainsi les coquilles univalves
cloisonnées, très abondantes dans la Craie, sont au contraire
très rares dans les Terrains Tertiaires, dans lesquels on
n'a encore trouvé que peu d'_Ammonites_ et de _Nautiles_.

Parmi les nombreux fossiles qui existent dans les
Terrains Tertiaires, on en trouve de semblables aux espèces
vivantes, en nombre bien plus considérable que
dans les Terrains secondaires : Néanmoins on y ren-
-contre encore des genres inconnus dans nos mers.
La distribution de ces débris de grands animaux ap-
-puye également la séparation des Terrains Ter-
-tiaires et des Terrains secondaires ; c'est ainsi que
ces derniers terrains on ne connaît qu'un seul exemple
(à Stonesfield près Oxford) d'ossements fossiles de
Mammifères [1], tandis que ces ossements sont très
abondants dans les Terrains Tertiaires ; on remarque
en outre qu'ils deviennent plus abondants à mesure
que nous nous élevons dans ces dernières formations.
Enfin les végétaux fossiles sont très différents dans ces
deux classes de terrains. Les _Monocotylédones_ sont
rares dans les Terrains Tertiaires ; tandis que les _Dyco-
-tylédones_ y sont fort abondants ; le contraire a lieu
dans les Terrains secondaires.

Nous suivrons dans la classification des
Terrains Tertiaires, l'ouvrage de MM. Cuvier et
Brongniart, quoique depuis la publication de ce beau
travail on ait reconnu que certaines couches de ces terrains
devaient être subdivisées et regardées comme contenant
des formations différentes entre elles.

La figure (en tête de la page suivante) pré-
-sente cette classification avec la désignation de chacune
des formations qui composent les Terrains Tertiaires
du Bassin des environs de Paris.

---

[1] Mr. Prévost a jeté quelques doutes sur cet
exemple unique de Mammifères dans les Terrains secondaires : son opinion ne paraît pas avoir été adoptée.

Terrain d'eau
douce supérieure. Meulière.

Terrain marin supérieur.
Grès de fontainebleau.

Terrain d'eau douce inférieure contenant des
Gypses, Marnes, &c... il y a un passage de ce ter-
-rain et du suivant marqué par un mélange de co-
-quilles marines et fluviatiles.

Terrain marin inférieur contenant du Calcaire grossier,
ou calcaire parisien, accompagné à sa partie supérieure de
sables avec coquilles marines et fluviatiles.

Argile Plastique
formation composée d'argile, de sable et de lignite; une partie d'eau douce.

Craie.

Argile Plastique.

Nous allons faire connaître successivement cha-
-cune de ces formations.

Ce terrain est composé d'argile et de sable: en
france l'argile est souvent pure et propre alors à la fabri-
-cation de la poterie fine, propriété qui lui a fait donner
le nom d'Argile plastique par Mr. Brongniart.
Dans plusieurs localités, on en trouve de tellement pure
qu'elle est presqu'infusible; elle est alors employée utile-
-ment pour la fabrication des creusets de verrerie, et des
gazettes, espèces d'étuis, dans lesquels on place la Porce-
-laine lorsqu'on la soumet au feu. Cette Argile est
quelquefois ferrugineuse; c'est à cette formation que se
trouvent associés les plus grands dépôts de Lignite; ils
sont le plus ordinairement à l'état ligneux; quelque-
-fois ils sont fort analogues à la Houille, comme
en Provence: Ils contiennent fréquemment beaucoup
de Pyrites comme dans le Département de l'Aisne, ce
lignite pyriteux, nommé par erreur Tourbe pyriteuse,
donne par sa décomposition des terres qui fournissent
les sulfates de fer et l'Alumine. Ces Lignites sont ordi-
-nairement Dycotylédones, cependant on y a trouvé
des palmiers. Ils sont associés fréquemment avec du
Succin, ou en trouve à Auteuil près Paris, au pont
St. Esprit, dans la Poméranie, &c.........

On peut regarder le terrain d'Argile plastique, comme composé de deux parties distinctes; l'inférieure où sont les lignites, ne renferme que des coquilles d'eau douce, ce sont des Planorbes, Lymnées, Paludines, Mélanopsides, &c.... La partie supérieure, souvent composée de sable, contient au contraire des coquilles marines assez analogues à celles du calcaire grossier qui recouvre cette formation; de sorte qu'il y aurait un passage entre l'Argile plastique et la formation marine inférieure: On y trouve des débris de Mammifères.

L'Argile plastique retient les eaux; et donne par suite naissance à beaucoup de sources: quelquefois il en existe deux couches, comme dans le Département de la Somme; et si alors le terrain présente de la pente, on peut établir des Puits Artésiens.

En Angleterre, le terrain d'argile plastique existe d'une manière bien prononcée, mais il présente des différences très notables avec la description que nous venons de donner. Dans ce pays, il est composé de couches de sable, de galets et d'argile, alternant irrégulièrement: Les sables abondent surtout à la partie inférieure. Les corps organisés y sont disséminés, tantôt dans le sable, tantôt dans l'argile; ils y sont généralement assez rares, comme dans le bassin de Paris.

Les fossiles, en général analogues à ceux de l'argile plastique des environs de Paris, se rapportent davantage à ceux du calcaire marin: On y trouve cependant aussi des coquilles d'eau douce et des couches de lignite. Le terrain qui nous occupe est ordinairement en couches horizontales, du moins dans les pays de plaine: L'île de Wight présente une exception à cette règle générale, les couches de ce terrain y sont en partie verticales. Cette formation fournit en Angleterre, près de l'étang de Pull, une argile très pure avec laquelle on fabrique la fayence Anglaise si estimée.

C'est à l'argile plastique qu'on rapporte les houilles de Provence, ainsi que nous l'avons dit plus haut.

Elles sont par couches peu épaisses dans des marnes contenant des coquilles d'eau douce : cinq à six couches pourraient être exploitées ; deux seulement le sont ; elles
ont de 18 à 20 pouces de puissance.
À St. Paulez près le pont St. Esprit, on exploite
des lignites de cet étage ; ils sont accompagnés de succin :
Un grand nombre de dépôts de lignites sont regardés
comme dépendant de cette formation. Le Lignite des
environs de Cologne qui fournit un combustible très
médiocre, appartient à ce terrain.

Le Nagelflue de Suisse, espèce de Poudingue
qui doit son nom à la disposition des Galets qui se déta-
-chent sur la masse, comme des clous sur un mur, est
regardé comme appartenant à l'argile plastique. Il
alterne avec des grès plus abondants à la partie supé-
-rieure qu'à l'inférieure. Ce terrain forme une grande
partie du sol de la basse Suisse entre les Alpes et le
Jura ; c'est dans cet intervalle qui a 8 à 10 lieues
d'épaisseur, que sont les grands lacs de la Suisse.
Le Nagelflue ne contient pas de coquillage, on
en voit dans le Grès qui l'accompagne. Il repose sur
des couches contenant des coquilles d'eau douce et des Ligni-
-tes, notamment près de Zurich. Il résulte donc de cette
disposition que dans ce terrain, de même qu'en Angleterre
et en France, la partie inférieure serait d'eau douce, et
la partie supérieure, marine.
Le Nagelflue constitue le Rigi, haute mon-
-tagne qui regarde les Alpes, et que Mr. de Buch
avait d'abord regardé comme formé de rochers d'alluvion :
Mr. de Humboldt ayant remarqué que la strati-
-fication était dérangée, supposait le terrain qui la
compose comme antérieur au grès bigarré. Des obser-
-vations récentes ont fait reconnaître que le Nagelflue
recouvre le terrain de Craie, et celui de Grès vert ; on
ne peut donc plus admettre que le Nagelflue soit an-
-térieur au calcaire du Jura.

Calcaire Parisien ou Calcaire grossier :
Ce terrain est composé d'un tissu assez grossier, de

Nagelflue de Suisse.

Calcaire grossier du
bassin de Paris.

Calcaire Chlorité.

grès avec des couches peu prononcées d'argile et de marne; tantôt le Grès domine, tantôt le calcaire forme presque à lui tout seul le terrain: Les Grès se trouvent aux extrémités de la formation, le Grès inférieur en général peu aggregé, est plutôt un sable siliceux qu'un grès; il contient des coquilles analogues à celles du calcaire Parisien; d'au- -tres, des sables, de l'argile plastique, de sorte qu'il est probable que ces sables forment un passage entre les deux formations.

Lorsque le Grès n'existe pas, le calcaire se divise ordinairement en plusieurs étages.

Le Calcaire qui occupe la partie inférieure est remarquable par les points verts qu'il contient, ce qui l'a fait nommer Calcaire Chlorité [1]: il est souvent mé- -langé de sable; ce calcaire est le plus ordinairement incohérent; quand il est solide, il l'est plus que le su- périeur; On peut donc le supposer produit par un dépôt mécanique qui avait été agglutiné par des filtrations calcaires postérieures.

Dans la côte de Meudon qui présente toutes les formations tertiaires, ce banc y est très tendre; il est plus solide à Vaugirard, et très dur à Saillancourt. Le Calcaire Chlorité provenant des carrières exploitées dans ce dernier lieu a été employé à la construction du pont de Neuilly et d'une partie du Pont de Sèvres. Un calcaire analogue a été employé à la construction du Pont de Bordeaux; il provient des carrières de St. Macaire près Langon.

Le calcaire grossier des environs de Compiègne con- -tient beaucoup de grains de Quartz; on y trouve des coquilles moins abondantes dans la partie inférieure que dans la partie moyenne; on en a recueilli plus de 600 espèces dans cette dernière partie. Les Univalves cloisonnées y sont en général extrêmement rares; les Univalves non cloisonnées y sont au contraire très abondantes, (Cônes, Murex, fuseaux, Cérites, &c...)

____

[1] Ces points verts ne sont pas des fragments de Chlorite, comme on pourrait le déduire de son nom: ils sont composés de silicate de fer et paraissent formés chimiquement.

on trouve quelques madrépores : une espèce de Cérites appe-
-lée Ceritium Giganteum est particulière à cette couche.

Vers la partie moyenne du calcaire grossier, il existe
encore quelques points verts. On y trouve des masses
et non des couches contenant des coquilles. Dans un
amas de ce genre, on a recueilli à Grignon, 500 à
600 espèces de coquilles; on y trouve peu de Cérites, et
pas de Ceritium Giganteum.

Étage supérieur du
Calcaire grossier.

L'étage supérieur est composé de bancs tendres et
de bancs durs : C'est cet étage qui fournit principalement
la pierre à bâtir employée à Paris. Il contient moins de
coquilles que le précédent, mais il est remarquable par
la grande quantité de Cérites qui y existe; abondance qui
a fait quelquefois distinguer ce calcaire sous le nom de
calcaire à Cérites. A la partie supérieure de cet étage,
on trouve des Marnes; elles forment le passage au grès
supérieur. Ce Grès renferme à la fois les mêmes coquilles
que le calcaire Parisien et des coquilles fluviatiles, telles que
Lymnées, Planorbes, &c... Cette réunion de coquilles marines
et fluviatiles montre qu'il y a une succession non interrom-
-pue entre le dépôt du terrain marin inférieur et celui du
terrain d'eau douce inférieur.

Calcaire siliceux.

Les Marnes dont nous venons de parler, si abon-
-dantes dans la partie supérieure et qui servent de tran-
-sition, sont quelquefois remplacées par des calcaires
très durs portant le nom de Calcaire siliceux, lequel
contient des coquilles d'eau douce. Ce calcaire est traversé
par de petites cavités analogues à celles que produiraient
des Gaz s'échappant de la partie inférieure : ces cavités
sont tapissées de parties siliceuses; tantôt à l'état de
silex analogues à ceux de la Craie, tantôt de masses
semblables aux pierres meulières. Enfin la silice
est quelquefois, comme à Château-Landon, disséminée
dans la masse. On distingue deux variétés; l'une
jaune, l'autre grise; le calcaire coloré est fétide, et
on pense que ce sont des débris d'animaux semblables
à ceux aujourd'hui existants qui ont donné cette
fétidité au calcaire. Dans d'autres endroits, à

Neuilly, à Passy, où le passage que nous avons indiqué a lieu, on ne trouve pas le calcaire siliceux ; la présence de la silice y est constatée par des amas de silex et des cristaux de gypse passés à l'état siliceux. A S.t Ouen, on observe aussi dans les couches qui affleurent sur les bords de la Seine, des rognons de silex et des marnes passant à l'état de silex. Au bas de Montmartre, dans les puits creusés rue Rochechouart, on a trouvé au dessus du Gypse, des Marnes d'eau douce avec du Silex.

Magnésite.

Dans cette partie du terrain qui forme le passage du terrain marin inférieur au terrain d'eau douce inférieure, il existe dans quelques endroits du si-licate de Magnésie, associé à du carbonate de magné-sie ; on trouve également au milieu de ces magnésites des concrétions siliceuses qui tendent à prouver que les magnésites sont au passage des deux terrains.

Avant de décrire le terrain d'eau douce inférieure, nous allons indiquer les couches qui, en Angleterre, correspondent au Calcaire Parisien.

Argile de Londres.

En Angleterre les Terrains Tertiaires occupent deux bassins distincts ; l'un désigné sous le nom de bas-sin de Londres, et l'autre par celui de l'île de Wight ; Le calcaire grossier, proprement dit, n'existe ni dans l'un, ni dans l'autre ; il y est remplacé par une ar-gile, surtout très abondante dans le premier bassin, et nommée par suite Argile de Londres. Elle corres--pond exactement à la formation du Calcaire Parisien. On y trouve quelquefois des grains verts, ils sont à la partie inférieure comme dans le calcaire Parisien ; la partie supérieure est souvent mélangée de sable ; c'est un grès très imprégné de calcaire. Cette argile contient des rognons très applatis que l'on désigne sous le nom de Septaria, parce qu'ils se divisent en cloison. Ces rognons sont composés de calcaire com--pacte, un peu argileux ; c'est le seul calcaire qu'on trouve dans ce bassin, tandis qu'il abonde dans ce-lui de Paris. La nature de ces Septaria, les

rend bâti précieux à Londres; ils fournissent un Ciment de
première qualité connu dans les arts sous le nom de Ci-
-ment-Romain. À l'île de Sheppey, on trouve, dans
l'intérieur de ces rognons, des cristaux de Baryte
sulfatée, des Pyrites abondante et du phosphate de
fer: Les sources qui sourdent à la surface de cette
Argile, donnent de mauvaise eau, probablement à cause
des Pyrites qu'elle contient; il faut creuser jusqu'à
l'Argile plastique pour avoir de l'eau potable.

L'Argile de Londres contient un grand nombre de
coquilles analogues à celles du Calcaire Parisien.
Les Univalves cloisonnées y sont très rares, on y indique
cependant deux Ammonites; le *Cerithium Giganteum*,
qui est caractéristique du terrain de Paris, existe égale-
-ment dans l'Argile de Londres: On y trouve des débris
de Crabes, des bois pétrifiés et une grande quantité
de graines fossiles.

C'est peut-être à tort que l'on désigne cette forma-
-tion sous le nom de Terrain d'eau douce inférieure, puis-
-que l'argile plastique pourrait être regardée comme
étant également d'eau douce. Ce terrain est composé
de Marnes, de Gypse et d'argile, ou plutôt de marnes
gypseuses. Le gypse de Paris est un composé de cristaux
de chaux sulfatée, déposés au milieu de marnes: C'est ce
mélange de calcaire qui rend le Plâtre de Paris si pré-
-férable dans les constructions: On trouve à Mont-
-Martre à la partie supérieure de ce terrain, des co-
-quilles marines. On a distingué à Mont Martre
qu'on a étudié à cause des nombreuses carrières qui y
sont exploitées, trois masses de plâtre; Mons.r
Brongniart les a réunies en deux. La masse
inférieure, outre les couches de gypse très cristallines,
renferme des couches de Marne tantôt compacte, tantôt
feuilletée: Souvent ces marnes contiennent des cristaux
alongés en naclés de Gypse: Les couches qui alter-
-nent avec la pierre à plâtre, sont désignées par les
ouvriers sous le nom de Pied d'Alouette; dans
d'autres couches il existe des Silex qui se perdent
peu à peu dans la masse, et ont la forme de

Terrain d'eau douce
inférieure (Gypse).

Rognons; les ouvriers désignent cette couche sous le nom
de *fusils*; enfin certaines couches sont onctueuses et se
vendent à Paris sous le nom de pierre à détacher.
La masse la plus puissante de pierre à plâtre forme
la partie supérieure de ce terrain; On y trouve quelques
ossements de Crocodiles et de tortues, des empreintes de
poissons, des ossements d'oiseaux, enfin des débris de qua-
-drupèdes différents des vivants. Mr Cuvier en a res-
-tauré deux genres; l'un se rapprochant du Cochon et
l'autre de l'Éléphant : Il les a nommés *Palæotherium*,
et *Anoplotherium*; on a trouvé en outre des emprein-
-tes de feuilles de palmier, dans les marnes feuilletées
qui dépendent de cette masse.

Les marnes blanches contiennent des rognons
verdâtres fort lourds et très compactes, composés en
grande partie de sulfate de Strontiane : Il y existe
en outre des rognons siliceux tenant le milieu entre
le Silex et l'opale, substance qu'on a nommée *Ménilite*.
On remarque que la texture schisteuse de la Marne se
propage dans le Silex qui se casse dans le même sens,
circonstance qui fait penser que les rognons de silex
sont postérieurs aux couches de Marne. La partie
inférieure de ces rognons est plane, la partie supérieure
est couverte de tubercules concrétionnés sur lesquels
on observe un point creux, qui, est pour ainsi dire la
trace des gouttes d'eau qui ont déposé ces silex. A
Mont-Martre il existe en outre des fentes remplies par
des plaques de cette Ménilite, ce qui prouve leur pos-
-tériorité d'une manière évidente. La partie supérieure
de la formation gypseuse contient des coquilles ma-
-rines, de même que la partie inférieure; de sorte
que la formation minérale s'est croisée avec les dépôts
animaux. On y voit d'abord des Marnes fauves,
contenant des Cérites et des empreintes de poissons,
puis des Marnes vertes caractérisées par un amas consi-
-dérable de grandes huîtres et des rognons de
Strontiane; viennent ensuite des couches marneuses à
petites huîtres, puis enfin d'autres marnes marines.
Ici s'arrête la formation gypseuse minérale. Dans
les environs de Paris, les deux masses gypseuses

existens ; presque partout, elles ne sont pas toujours
aussi développées qu'à Mont-Martre que nous ve-
-nons de prendre pour exemple.

On trouve des Terrains Gypseux à Aix en
Provence ; il y existe des empreintes de poissons, des
feuilles de Palmier, des Coquilles d'eau douce.
Au Puy en Velay où le même terrain existe, on
a recueilli des Coquilles d'eau douce (Planorbes et
Lymnées), des ossements de Palæotherium. Dans
cette localité le Gypse est généralement fibreux ; il
est recouvert par des scories Volcaniques, ce qui
prouvent que les terrains Volcaniques sont posté-
-rieurs à tous les terrains.

Le Terrain d'eau douce dont nous venons de
donner la description, est recouvert immédiatement
dans quelques lieux comme à Mont-Martre par des
sables ou des grès : Ils sont quelquefois sans coquil-
-les comme à Mendon ; souvent aussi ils sont carac-
-térisés par des coquilles marines. Ces sables sont
solidifiés en partie par des filtrations tantôt siliceuses,
tantôt calcaires, toujours postérieures. Cette circons-
-tance donne souvent à ce terrain une grande irrégu-
-larité parceque les dégradations pluviales entraî-
-nent les parties qui sont incohérentes et laissent
les parties solides, comme on le voit dans la forêt
de Fontainebleau.
Le Grès à ciment calcaire est ordinairement sans
coquilles ou avec des coquilles brisées. On a trouvé
dans le Grès de Fontainebleau de la chaux carbonatée
sous la forme de Rhomboëdre aigu qui empâtait
deux fois son poids de Grès ; on l'a improprement
nommé Grès cristallisé.
A Mont-Martre et au Mont Valérien,
le Grès sans coquilles est recouvert par un Grès
jaune sale ou brunâtre, renfermant des coquilles
assez semblables au terrain marin inférieur ; on y
trouve par exemple des Cérites : Ces coquilles sont
également analogues à celles qui existent dans

Formation d'eau douce supérieure.

Formations Tertiaires supérieures d'Angleterre.

les Marnes Marines.

Ce second terrain marin est recouvert par une formation d'eau douce; il est composé de Marnes et de calcaire siliceux: Il est probable qu'on doit réunir à cette formation presque tout le calcaire Siliceux du bassin de Paris; souvent cette formation est représentée par des Marnes grossières qui renferment des masses siliceuses appelées Meulières. Lorsqu'elles sont en grande masse, elles ne contiennent pas de coquilles; à Meudon la pierre Meulière renferme des Moules, des Planorbes et des Lymnées.

Cette dernière formation d'eau douce est la plus moderne des Terrains Tertiaires des environs de Paris; nous ajouterons quelques mots sur ceux d'Angleterre.

Dans ce pays le Terrain Gypseux existe sans Gypse; il est composé de Marnes blanches et grises, contenant des coquilles d'eau douce, des Lymnées, des Planorbes et une espèce de Moule qui est d'eau douce.

Au dessus de ce Terrain d'eau douce inférieur, on retrouve un Terrain marin composé seulement d'Argiles et de Marnes; il y a aussi quelques couches de sable, et il en est même une de sable blanc très pur exploité pour la verrerie. Ce grès quelquefois un peu adhérent est associé avec de petites couches argileuses contenant des coquillages analogues à ceux qui existent dans l'Argile de Londres; même analogie qu'entre nos grès supérieurs et notre calcaire Parisien; et ce qui confirme ce rapprochement, c'est que ces couches renferment à l'île de Wight des huîtres analogues à celles qui existent à Mont-Martre au milieu des Marnes supérieures.

Au dessus de ce Terrain marin supérieur, particulier aux deux extrémités de l'île de Wight, on trouve un calcaire d'eau douce supérieure, composé d'une Marne jaunâtre peu solide qui contient une immense quantité de coquilles, quelques insectes et des graines applaties; enfin ces Marnes d'eau douce, sont recouvertes par de petites couches de Grès, correspondant peut-être à nos silex Meulières qui n'existent pas dans ce pays: Un Terrain d'Alluvion recouvre toutes ces formations.

Terrains Tertiaires d'Italie nommés Sub-Apennins.

Les Terrains Tertiaires se retrouvent dans un grand nombre de pays: En Italie ils ont été décrits par Mr. Brochi sous le nom de Sub-Apennins: Ces différens Terrains Tertiaires ne peuvent pas se subdiviser comme ceux des environs de Paris; ils sont composés, pour la plupart, d'une Argile sableuse et de Marnes. On y trouve des lignites, des débris de grands quadru-pèdes, du soufre, du Gypse fibreux et cristalisé dont la présence a conduit probablement à tort à comparer ces formations au terrain d'eau douce inférieure: Des sources salées sortent de ce terrain.

Suivant Mr. Brochi, il existe des tufs volcaniques recouverts par ce terrain; ce qui suppo-serait qu'il est postérieur aux Terrains Volcaniques, et le ferait regarder comme Terrain d'Alluvion: On y trouve en outre des ossements d'Eléphants.

Près de Rome ce terrain est formé de bancs de sable et de bancs de Marne, il est très mélangé de parties micacées. Il est probable que ce terrain tertiaire est composé de plusieurs formations différentes, recouvertes par un terrain d'Alluvion. Pour faire connaître les principaux Terrains Tertiaires, nous décrirons ceux des environs de Vienne, du Vicentin, de Bordeaux et de Nice. Nous dirons seulement quelques mots sur le terrain tertiaire de Bordeaux, et sur la relation de ces différens terrains tertiaires entre eux.

Terrains Tertiaires de Bordeaux.

Le Terrain Tertiaire de Bordeaux se trouve sans interruption depuis l'extrémité de la pointe du Médoc jusqu'à Bayonne; il forme en outre une longue bande qui remplit le bassin compris entre la chaîne des Pyrénées et les montagnes du centre de la France. Dans cette vaste étendue, on voit en suivant l'ordre de succession des couches:

1°. Des couches d'argile contenant des lignites assez abondants. Ces lignites exploités dans plusieurs localités sont associés avec des Marnes dans lesquelles il existe des coquilles d'eau douce telles que Lymnées, Planorbes et Paludines. La position des lignites et la présence des coquilles d'eau douce ont fait regarder cette formation comme analogue à l'argile plastique: ce rapprochement naturel et assez probable est cependant loin d'être certain; car toutes les observations récentes faites sur les Terrains Tertiaires, tendent à prouver, ainsi que nous allons le faire remarquer tout-à-l'heure que ces terrains varient dans chaque bassin.

2°. Immédiatement au dessus des couches argileuses reposent des Grès assez grossiers que l'on a comparés à la Molasse de la Suisse, Grès qui feraient encore partie de l'argile plastique.

3°. Des couches de calcaire terreux, tantôt tendre presque friable, tantôt au contraire très dur, recouvrent les couches de grès précédentes; ce calcaire forme les collines qui bordent la Garonne depuis les environs de la Réole jusqu'à Blaye. Il contient de nombreux moules de coquilles; la plupart analogues aux fossiles qui caractérisent le calcaire parisien, circonstance qui a fait regarder le calcaire de Bordeaux comme correspondant au calcaire grossier; On trouve en outre dans le calcaire de Bordeaux quelques coquilles plus modernes qui s'opposent à la comparaison qu'on vient d'indiquer.

4°. Un calcaire d'eau douce présentant des bancs assez épais et fournissant de bonne pierre de taille. Les collines des environs d'Agen en sont composées.

5°. Outre les quatre terrains que nous venons d'indiquer on trouve dans les Landes de nombreux dépôts de coquilles marines (à Mérignac près Bordeaux, à Saucatz, à Dax, &c...) dont on ne connaît pas exactement la place géologique; on sait seulement

qu'ils recouvrent le calcaire analogue au calcaire gros-
-sier. Ces dépôts coquilliers appelés quelquefois _Faluns_
contiennent une grande quantité de fossiles du calcaire
grossier de Paris; quelques uns plus modernes sont
semblables à ceux du terrain des Apennins;
enfin quelques coquilles analogues aux vivantes:
Peut-être ces dépôts ont-ils été remaniés, le sable
des Landes recouvre le tout.

Relativement aux autres terrains tertiaires,
ceux de Vienne, de Nice, du Vicentin, etc... on remar-
-que qu'ils contiennent un mélange de fossiles du
terrain de Paris, et de coquilles beaucoup plus
modernes; de sorte qu'il paraîtrait que ces terrains
tertiaires ont été formés à une époque moins ancienne
que ceux qui occupent le bassin de Paris.

Mr. de Buch a observé en Norwège, quelque-
-fois à 500 pieds au dessus de la mer, un sable
souvent presqu'entièrement formé de débris de coquilles,
assez pur pour être employé pour la fabrication de
la chaux; ces coquilles appartiennent aux familles
de la mer Baltique: Les terrains qui les
contiennent sont donc très modernes; Mr. de Buch
suppose que le sol de la Norwège s'élevait graduel-
-lement et que ces dépôts coquilliers ont été soulevés
par cette action.

des Terrains d'Alluvion.

On appelle _Terrains d'Alluvion_ ceux qui pa-
-raissent avoir été produits de la même manière que
les atterrissements accumulés journellement sous
nos yeux par les rivières ou par la mer. On a
proposé de les nommer _Terrains d'atterrissement_, _Terrains
de transport_; mais ces dénominations pourraient
donner une fausse idée; tous les grès (même anciens),
étant des Terrains de transport: de plus certains
Terrains d'alluvion, comme les tufs, ne sont pas
le résultat de transports; Mr. Cuvier les appelle
Terrains meubles........, ce qui est une définition

Terrains Diluviens
et Terrains d'Alluvion.

plutôt qu'une dénomination.

Les _Terrains d'Alluvion_ présentent des différences assez notables dans différents pays. On n'y trouve pas cette identité qui existe entre les terrains d'un même ordre dans des pays même très éloignés les uns des autres.

Werner séparait les _Alluvions des Montagnes_ et les _Alluvions des plaines_. On a distingué ensuite les Alluvions anciennes et les Alluvions modernes, puis les grandes _Alluvions générales_ et les _Alluvions locales_: Les Anglais qui ont fait cette dernière division ont donné à ces deux classes de terrains, les noms de _Diluvion_ et _Alluvion_. Cette distinction d'accord avec la nature des terrains est quelquefois difficile à établir.

Par _Diluvion_ on entend le produit de grandes inondations qui ont couvert de grandes surfaces, et qui ont eu lieu à une époque reculée, ou bien encore le produit de grandes inondations successives, mais consécutives et éloignées.

Nous citerons la vallée du Rhône depuis le Lac de Genève jusqu'à l'île de la Crau, formée de Galets qui ne sont point des transports du Rhône; dans tout ce dépôt il y a des différences suivant les affluents qui viennent se mêler au Rhône, néan-moins les Galets de Quartz hyalin sont les plus abondants, parce qu'ici nous sommes au centre du bassin, loin des montagnes, et que les fragments y ont avaient peu de solidité ont dû se désaggréger avant d'arriver dans cette partie du bassin.

Dans cet exemple, on voit, que le grand dépôt est le résultat d'inondations successives: On avait annoncé que les Galets qui forment l'île de la Crau étaient recouverts par une couche de calcaire: MM^{rs} de _Buch_ et _Elie de Beaumont_ ont reconnu que les couches de Galets reposent au contraire sur le calcaire, d'où il suit que le _Diluvium_ n'est pas aussi ancien qu'on l'avait supposé.

Les mêmes phénomènes se reproduisent dans les grands fleuves de l'Amérique ; il paraît que il en est de même pour ces terrains sablonneux qui recouvrent de grandes surfaces comme dans les déserts. Dans ce cas c'est une alluvion locale qui a nivelé les alluvions générales ; ces alluvions locales ont été dues à des irruptions d'eau bien plus considérables que celles qui ont lieu de nos jours. Aussi les alluvions locales sont elles peu étendues de nos jours.

Les blocs Erratiques qui se trouvent dans les Alpes et sur la chaîne scandinave appartiennent peut-être aux Terrains Diluviens.

Or, Platine, Diamants dans les terrains Diluviens.

Les dépôts aurifères de l'Amérique méridionale sont également des produits Diluviens ; dans la nouvelle Grenade on remarque que, lorsque l'on y parvient à la couche la plus aurifère, on est sûr que, partout où on la retrouve elle est de la même richesse.

C'est aussi dans cette couche que l'on trouve le platine ; tous les lavages d'or ne sont pas platini- -fères, tandis que tous les Dépôts de platine sont aurifères : Dernièrement en Russie les lavages d'Or ont donné du platine. Il est probable que ces métaux ont été enlevés des Terrains anciens, et quelques observations appuyent cette supposition. La plus importante est celle faite par Mr Boussingault dans la Nouvelle Grenade ; en lavant de l'Or provenant de filons, il a trouvé ce métal mélangé de platine ; ce qui prouve d'une manière incontestable que ce dernier métal existe dans des Terrains Anciens, et dans le même gissement que l'or. Une autre observation qui vient à l'appui de celle-ci, est que le Danube n'est pas aurifère dans tout son cours.

L'Etain oxidé se trouve également dans cette position, en Saxe, en Cornouailles, &c.... c'est aussi dans ces terrains diluviens que l'on exploite les

Pierres fines. On remarque que dans quelques-unes de ces grandes plaines, le sable est salé. Ainsi dans les Steppes du désert, on voit du sel en efflorescence; il paraît même, suivant Pline que l'on observe des couches de Sel Gemme en Arabie. On indique également dans le Chili du sel à la surface du sol, quelquefois en blocs.

Les Terrains d'Alluvion sont plutôt composés de sables fins que de gros galets; leur composition dépend de la nature du pays; ils s'étendent rarement loin. Les tourbes, les Argiles sableuses, les Tufs calcaires appartiennent à ces terrains.

On a souvent rapporté à la même formation les minerais de fer argileux. La plupart de ces minerais appartiennent au terrain de Grès vert et au terrain Tertiaire. On doit pourtant y ranger quelques minerais comme ceux qui se forment dans les tourbières et qui sont le véritable fer limoneux des Allemands. Ces minerais de fer limoneux n'existent pas en France; ils sont abondants dans la Saxe.

Les Terrains d'Alluvion renferment fréquemment des bois enfouis, passés en partie à l'état de Lignite; les arbres y sont couchés, quelquefois cependant ils sont placés dans leur position naturelle. Ce sont des bois analogues à ceux qui existent dans le même pays; Ainsi dans le Comté de Lincoln en Angleterre il existe sur les bords de la mer un dépôt de cette nature désigné sous le nom de forêt sous marine; il contient des bouleaux, des chênes, des Pins, etc.... en général ces forêts sous marines paraissent être plutôt le produit de grands radeaux naturels, que d'arbres enfouis sur place. Sur le Mississippi on en voit qui viennent échouer sur ses rives et sont bientôt enfouis par les Alluvions journalières du fleuve. En France Mr. de la Fruglaye a observé une forêt sous marine dans le Département des Côtes du Nord.

Dans le Département de l'Isère, on a reconnu de ces amas de bois à des hauteurs de 500 à 600 mètres au dessus de la végétation actuelle. On ne sait comment expliquer ce fait singulier. On ne peut guère admettre que ces bois ont été posés de parties plus basses; il faut donc supposer que la végétation, avait lieu à cette hauteur, ou même plus haut, à un temps fort reculé. Cette circonstance a fait supposer à quelques personnes que le globe s'était refroidi; cette supposition est difficile à admettre surtout d'après les observations de Mrs de Laplace et Fourrier, qui, ont prouvé que quand il y aurait eu diminution de température, elle ne serait que de quelques fractions de degrés en 1000 ans; On peut supposer que des circonstances particulières analogues à celles qui ont fait changer le niveau des Glaciers ont agi sur la végétation.

Débris d'Animaux dans les Terrains d'Alluvion.

Il nous reste encore à parler des Débris d'animaux qui existent dans les Terrains Diluviens et dans les Terrains d'Alluvion; c'est principalement à Mr Cuvier que l'on en doit la première connaissance ou du moins la détermination: Avant son beau travail sur ce sujet, on regardait la plupart des ossements trouvés dans cette position comme appartenant à des Géants, Mr Cuvier a prouvé qu'il n'y existait aucun ossement humain; On n'en connaît qu'un seul exemple à la Guadeloupe; ils y sont empâtés dans le sable de la mer cimenté par une filtration calcaire: il paraît que ces ossements appartiennent à des Squelettes rejetés par la mer, ou que le lieu où ils existent était destiné à la sépulture des morts: Ce qu'il y a de certain, c'est qu'ils sont dans un sable madréporique, entièrement analogue à celui qui se forme journellement sur les bords de la mer: il est à remarquer aussi qu'on n'a pas trouvé de débris de singe.

Parmi les ossements décrits par Mr Cuvier, les uns appartiennent à une espèce d'Éléphant se rapprochant plus de celui de l'Inde que de celui d'Afrique: Ces dépouilles d'Éléphants existent non seulement sous la zône tempérée mais même dans la mer Glaciale; cet animal est appelé Mammouth par les Anglais et par les Russes. D'autres ossements appartiennent à une espèce de

Hyppopotame et de cheval ressemblant beaucoup aux espèces vivantes ; on trouve aussi beaucoup de débris de Cerfs, d'Élans, d'Hyènes, de Chiens, de Ratts, etc... On a découvert en Sibérie des ossements d'Éléphants enfouis ayant encore de la chaire et dont la peau était recouverte de poils.

Mr Cuvier a remarqué que les ossements sont souvent accompagnés de débris marins, de sorte qu'il en résulterait que la mer a joué un rôle important dans la formation de ces Alluvions.

Dernièrement on a trouvé des débris de diverses espèces d'animaux sous des couches de laves du Vivarais ; ce fait, assigne un âge à ces Volcans qui auraient été en ignition depuis que notre Globe était habité par les animaux dont nous trouvons les dépouilles dans les Terrains d'Alluvion.

Terrains Volcaniques.

14ième Leçon.

Dans la Description des Terrains, nous avons remarqué qu'il existe dans plusieurs d'entre eux, des porphyres intercalés d'une manière plus ou moins irrégulière : Leur position souvent problématique les a fait regarder par les uns comme contemporains à ces terrains et formés de la même manière ; et par les autres comme le produit d'une action ignée qui les auraient introduits dans des couches plus anciennes : De cette hypothèse il résulte qu'il y a des terrains ignés assez anciens, et qu'il y aurait pour ainsi dire eu des volcans à toutes les âges géologiques ; malgré cette dernière manière de considérer la formation de ces porphyres, il paraît avoir existé une différence assez grande entre leur formation et celle des Terrains Volcaniques dont nous allons parler. Ces dernières sont très modernes ; ils recouvrent presque toujours les

terrains les plus nouveaux à peu d'exception près.
M.ʳ Beudant indique une de ces exceptions dans les
terrains Trachitiques de la Hongrie qui sont
recouverts par un sable assez analogue à celui de
l'Argile plastique. La relation des terrains que nous
regardons comme Volcaniques, nous conduit à les diviser
en trois groupes d'ancienneté; cette Division est
d'accord avec la nature des roches; ce sont les Terrains
de Trachyte, de Basalte, et les Volcans à cratère.
M.M.ʳ Beudant et de Humboldt voudraient
faire remonter à une époque assez reculée la forma-
-tion des Trachytes, parce qu'on les trouve sur des
Terrains de Transition composés de porphyres, et qu'ils
paraissent liés avec les porphyres. Nous ne pouvons
adopter cette supposition qui est contraire à l'observation
générale qu'on n'a jamais trouvé ces terrains recouverts
par des terrains plus anciens que l'argile plastique.

Ce n'est que vers le milieu du dernier siècle que
l'on a reconnu, dans des pays n'offrant aucun indice
de volcans brulants, l'existence de roches qui paraissent
appartenir à ces terrains. C'est à M.ʳ Desmarets
qu'est due cette découverte intéressante: En revenant
d'Italie, il remarqua que l'Auvergne et le Vivarais
présentaient des sites, des roches, &c.ᵃ.... analogues à
ce qu'il avait vu en Italie; et bientôt après il recon-
-nut d'une manière incontestable la présence des
cratères et les traces des coulées. En Allemagne, ces
terrains Volcaniques existent également, mais leurs
cratères étant moins prononcés, ils ont été cause de
discussions assez vives entre les partisans de l'origine
ignée et ceux de la formation par dissolution et dépôt
chimique. Werner qui avait adopté cette dernière
opinion, décrivait sous le nom de Trapps secondaires
les roches de Volcans éteints, et il les plaçait à la fin
des Terrains secondaires.

Division des
Terrains Volcaniques.

Nous diviserons les Terrains Volcaniques en
deux groupes:
1.° Volcans brulants en pleine activité.
2°. Volcans éteints; ces derniers peuvent se

divisés en trois âges distincts par la nature de leurs éruptions et celle de leurs produits.

1°. Volcans à cratère entièrement semblables aux volcans brûlants; ils sont éteints depuis une époque fort éloignée, et on ne possède aucune tradition qui puisse faire présumer l'époque de leur embrasement. Ils présentent encore des cratères et des coulées de laves bien évidentes; on suit le cours de ces coulées souvent interrompu par des obstacles qui les ont détourné: Les produits de ces Volcans éteints ne diffèrent pas essentiellement de ceux des Volcans brûlants.

2°. Le second âge constitue les terrains Basaltiques; ils n'offrent ni cratères ni coulées, ils recouvrent les terrains les plus modernes et ne sont jamais recouverts que par les Volcans éteints à cratères.

3°. Les terrains Trachytiques ne présentent comme les terrains Basaltiques ni cratères, ni coulées; les roches sont souvent très différentes de celles des terrains de Volcans éteints ou brûlants.

Ces quatre espèces de terrains nous conduisent à faire quatre divisions dans la description des terrains volcaniques. Nous reviendrons ensuite sur l'ensemble de tous les produits volcaniques par nature de roche, ce qui apportera une comparaison entre les produits de tous les volcans, et fera voir comment on peut rapprocher les volcans à cratère de ceux qui ne présentent aucune trace de bouches d'éruption.

Des Volcants brûlants.

Les Éruptions volcaniques sont presque toujours annoncées par des tremblements de terre, des bruits souterrains: Ces ébranlements de la surface s'étendent souvent fort loin; c'est ainsi que le tremblement de terre de la Calabre était la suite d'une éruption de l'Etna.

Pendant les éruptions l'atmosphère est fort agitée, on y observe un grand développement d'électricité: Les éruptions agissent fortement sur les animaux; ils paraissent inquiets à leur approche, ils poussent des hurlements et ne mangent pas.

La mer est aussi très agitée et passe ses limites ordinaires. C'est ainsi que lors du tremblement de terre de Lisbonne, la mer a fait d'énormes ravages et une lame est venue balayer le môle de Cadix sur lequel il y avait plus de 200 personnes.

On voit en outre sortir par le cratère des fumées épaisses, des vapeurs d'eau et des vapeurs acides très abondantes. La présence de la vapeur d'eau dans ces éruptions s'accorde avec l'hypothèse admise par beaucoup de savants, que les éruptions sont dues à l'eau qui s'introduit dans le foyer du volcan : quelquefois il se dégage en outre une odeur de bitume et d'huile de pétrole.

A mesure que l'éruption approche, la fumée devient plus épaisse ; bientôt après un jet de flamme sort du milieu de la gerbe de fumée, et c'est au moment où le jet de flamme sort que les phénomènes électriques se produisent avec le plus de force : quelquefois des pluies abondantes tombent en même temps, les parties pulvérulentes sont alors entraînées par les eaux et donnent lieu à des courants de boue ; ce qui a fait dire qu'il y avait des éruptions boueuses. On voit ensuite sortir du milieu de ce jet de feu et de fumée, des scories, des cendres et des pierres ; ces cendres sont le résultat de la pulvérisation des matières dans l'intérieur du foyer ; elles sont souvent très fines et emportées fort loin par les vents : Lors de l'éruption de l'Etna, il y en a eu d'entraînées jusqu'en Egypte et à Constantinople.

Les matières lancées sont tantôt anguleuses, tantôt arrondies ; dans ce dernier cas on les appelle bombes volcaniques : elles sont composées de matières scorifiées, au centre desquelles est souvent un noyau de roche ancienne. Enfin une matière coulante est rejetée soit par la bouche du cratère, soit par ses flancs qui s'ouvrent en différents sens. Dans les éruptions de l'Etna et du Vésuve, la lave sort toujours par le cratère ; dans les volcans d'Amérique, elle s'ouvre passage sur les côtés ; cette différence tient sans doute à la réaction de ces volcans qui est

Éruptions boueuses.

Salces.

beaucoup plus grande que celle des Volcans d'Italie.

Dans quelques cas, principalement en Amérique, au lieu de Lave, c'est une espèce de boue qui sort du volcan ou de ses flancs. Ces <u>Éruptions boueuses</u> sont rares; on a souvent confondu sous ce nom, ainsi que nous l'avons dit plus haut, les Alluvions qui accompagnent les Éruptions, et résultant des grandes pluies qui entraînent et agglutinent les matières pulvérulentes rejetées par les volcans. On a encore pris pour des Éruptions boueuses des dégagements résultant de gaz hydrogène et de vapeur d'eau, ils sont appelés <u>Salces</u> par les Italiens. Mr. de Humboldt cite comme exemple d'éruption boueuse le volcan de Jarulo qui s'est formé au milieu d'une plaine à la manière des soulèvements. Il y a des déjections à la fois ignées et boueuses.

Les Phénomènes indiqués ci-dessus se continuent jusqu'au moment où la lave sort, alors ils cessent: Dans quelques volcans, comme au Vésuve, dès que la matière liquide ne coule plus, on voit de nouveaux jets de flammes.

Les courants de lave sont solidifiés à la surface presqu'instantanément, tandis que le centre reste fondu pendant longtemps. Dolomieu cite une preuve frappante de ce prompt refroidissement: Dans l'éruption du Vésuve de 1794 le courant se dirigea du côté de la mer et entoura le Couvent de l'Annonciation, sans entrer dans les cours et les jardins: Au bout de 24 heures, comme il n'y avait pas de vivres, il fallut s'échapper; les Religieuses traversèrent le courant de laves sans éprouver d'autres accidents qu'une grande chaleur et d'avoir leurs souliers légèrement brûlés.

Outre la matière parfaitement fondue, il se forme beaucoup de scories par suite des éruptions: La plupart sont dues au dégagement des gaz qui s'échappent à travers la matière qui se solidifie à la partie supérieure et à la partie inférieure tandis que

le centre, conservant sa liquidité pendant longtemps, ne présente pas ces cavités nombreuses.

Les laves lorsqu'elles sont très épaisses, conservent leur liquidité pendant plusieurs années et
continuent à couler. Dolomieu parle d'un courant de lave qui était encore liquide au bout de
dix ans.

Sur les bords des crevasses qui se forment dans
les courants de lave, on voit se déposer différents sels,
souvent en très grande quantité. Pour distinguer
les différents sels d'avec ceux qui se forment par la
continuation du feu volcanique après qu'il n'y a
plus d'éruption, il faut les recueillir de suite parce qu'ils disparaissent bientôt par les pluies.

Chaleur des Laves.

On a discuté sur la chaleur des laves. Dolomieu
a soutenu que cette chaleur était très faible, et que les
pierres étaient fondues par du soufre; il donnait pour
preuve que l'on trouvait fréquemment du bois non con-
sumé au milieu des laves : cela vient de ce qu'il est à
l'abri du contact de l'air, et l'opinion de Dolomieu
n'est pas admise. Mr Breislake cite des métaux
qui ont été fondus et cristallisés par le contact de la
Lave.

La Lave finit par se consolider, mais la chaleur continue longtemps; il se forme des crevasses,
ou fumarols, par lesquelles il se dégage du gaz
hydrogène sulfuré, de l'acide sulfureux et de la
vapeur d'eau : Ces gaz entraînent différents sels,
tels que Muriate de soude, Muriate d'Ammoniaque,
sulfate d'Alumine, &c... il en sort aussi de l'eau
très chaude. Le gaz sulfureux dépose du soufre;
Mr Breislake a pratiqué un récipient au dessus
d'une fumarol, et il a obtenu du soufre et une source
d'eau qui donnait 3400 litres par 24 heures, ce
qui prouve qu'il sort une grande quantité d'eau de ces
fumarols.

Des Fumarols.

Beaucoup de volcans donnent presque constamment des dégagements de soufre, ils se font principalement par les fentes latérales : on recueille ce

Des Solfatares.

soufre lorsqu'il est en grande quantité.

On désigne sous le nom de solfatares ces déga-
-gements; le Vésuve en donne; il y en a à Ténériffe:
Mr. de Remusat a fait connaître, il y a quelques
années, l'existence d'une solfatare, au milieu du
continent à 400 lieues de la mer Caspienne et à 200
lieues de la mer d'Aral: On y trouve du
Muriate d'Ammoniaque qui est exploité par les habi-
-tants du pays.

La plupart des Volcans sont situés à une
petite distance de la mer; il en existe aussi au
sein de la mer: plusieurs îles formées entièrement
de produits volcaniques, se sont élevées au dessus
de la mer, comme l'île de Santorin.

Les Volcans ont souvent des repos très
longs; le Vésuve s'est rallumé vers l'an 79 de
notre ère; et de nos jours il a présenté un repos
de 130 ans.

La structure générale d'un pays volcanisé
est particulière; elle présente beaucoup de proémi-
-nences isolées, le plus souvent coniques. Au centre
d'une ou de plusieurs de ces proéminences existe
une espèce d'entonnoir qui forme le cratère, ouver-
-ture par laquelle est sortie la lave: Les espaces
compris entre ces proéminences, sont souvent comblés
soit par des éruptions nouvelles, soit par des Allu-
-vions volcaniques.

Les sommités volcaniques atteignent quelquefois
une assez grande hauteur, en Amérique elles riva-
-lisent avec les montagnes anciennes ainsi qu'il
résulte du Tableau suivant.

Hauteur des Volcans.

Vésuve	606 Toises
Etna	1661
Ténériffe (pic de)	1964
Chimborazo	3360
Cotopaxi	2951
le Pichincha	2490
l'Antisana	2140
le Guatimala	2300

Les volcans sont souvent disposés en lignes ; ceux du Mexique sont sur une ligne à peu près parallèle à l'équateur. Les volcans de Quito suivent la direction des Cordillières.

La stratification des terrains volcaniques est peu distincte, les coulées n'étant pas planes, mais on distingue assez facilement les coulées entre elles parce que la nature de la lave ne change pas dans une même coulée, tandis qu'il y a une différence notable entre chaque coulée : il existe aussi presque toujours entre deux coulées successives un dépôt d'alluvion qui les sépare. Les parties bulleuses sont au dessous et au dessus, et toutes les cavités sont alongées dans le sens de la coulée, parceque les gaz ne pouvant s'échapper marchaient avec elle.

Les laves sont assez peu variables de composition, mais leur aspect change beaucoup suivant certaines circonstances.

On distingue des Laves Lithoïdes ressemblant plus ou moins à des roches anciennes, des scories, des verres très rares et des tufs.

Nature des Roches.

Dans les Laves Lithoïdes, c'est le pyroxène ou le feldspath qui domine. Dolomieu les a divisées en Laves Argilo-ferrugineuses et en Laves petro-siliceuses : les premières fusibles en émail noir, sont composées principalement de Pyroxène : les secondes fusibles en émail blanc sont feldspathiques. Les Laves sont quelquefois porphyriques, quelquefois mais rarement granitoïdes. On trouve dans les laves un assez grand nombre de minéraux ; l'Amphigène est fort abondante dans les Laves de l'Italie ; celle provenant de l'éruption du Vésuve en 1767 en contient beaucoup, on y trouve encore de l'Amphibole, du Grenat, du Mica, de l'Idocrase, &c, &c.....

Les Laves des Volcans brûlants affectent rarement la forme prismatique, cependant Dolomieu parle d'un courant de lave qui dans l'éruption de 1794 s'est précipité dans la mer, et qui présentait dans cette partie la division prismatique bien prononcée.

Les Laves vitreuses sont rares dans les volcans brûlants; néanmoins il en existe beaucoup dans les volcans d'Islande et de Ténériffe: ceux d'Italie n'en présentent pas. Le Vésuve rejette beaucoup de pierres intactes; elles sont tantôt de Mica-schiste, tantôt de calcaire: dans les cavités de cette dernière roche, on trouve quelques substances fort rares, telles que la Néphéline, la Méionite, &c... Les scories, lorsqu'elles sont détruites et entraînées par les eaux, donnent naissance aux Pouzzolanes: on a donné ce nom a ces dépôts fragmentaires parceque les environs de Pouzzols en fournissent beaucoup. Les Tufs volcaniques ne sont autre chose que les masses pulvérulentes lancées par les volcans et entraînées par les eaux; c'est ce que les Napolitains appellent _Peperino_.

Volcans éteints à Cratère.

Les Volcans éteints à cratère ne diffèrent de ceux actuellement en ignition que par la cessation de l'action volcanique; du reste, la forme des cratères est exactement la même; on voit la direction des coulées et celle qu'avaient dû prendre les laves; Ainsi la coulée de Volvic terminée de tous côtés par des terrains anciens se contourne autour de petits îlots granitiques, et, si elle avait à couler maintenant, elle prendrait encore la disposition que l'on observe. La disposition par lignes s'observe très bien dans les volcans d'Auvergne: La nature des roches est la même; elles sont ou pyroxéniques, ou petro-siliceuses: très variables sous le rapport de la texture; tantôt compactes, tantôt bulleuses.

Division prismatique des Laves.

Parmi les coulées de Laves, quelques unes présentent la division prismatique d'une manière incontestable, ce qui rapproche les volcans à cratère des volcans sans cratère et à basalte: Les coulées qui présentent le mieux cette disposition sont celles du Vivarais. Il existe un cratère bien prononcé entre la vallée de Montpezat et celle de l'Ardèche, (Volcans de Thueyts) qui a rejetté des Laves scoriacées du côté de Montpezat et de l'Ardèche, et des roches prismatiques du côté de Thüyeis : ce qu'il y a de remarquable, c'est qu'elle n'est pas prismatique dans toute la masse ; ses cratères sont semblables à ceux du basalte. On trouve dans ces laves des cristaux de Pyroxène, et beaucoup plus rarement des cristaux de Péridot olivine. L'Amphibole y est très rare, le Felspath cristalisé encore plus.

Les Laves présentent des accidents analogues à ceux des volcans brûlants ; ainsi près du Puy de la Vache, on trouve des Bombes basaltiques ayant au centre des fragments de roches anciennes : On voit également au Puy de Clay de ces Bombes qui contiennent des fragments de Granite. Il existe aussi des Tufs volcaniques comme dans les Volcans brûlants.

Des Terrains Basaltiques.

Les Terrains Basaltiques reposent sur les roches en plein mésurent : le Basalte qui en forme la masse principale est une roche très dure et surtout bien tenace, sonore, d'un gris foncé ; fusible au chalumeau en donnant un émail noir mélangé de quelques points blancs : cet émail noir est dû au pyroxène dont la roche est en grande partie composée. Le Basalte est souvent attirable par la présence du fer oxidulé titane : il contient aussi du fer Oligiste.

Outre le Basalte, on trouve dans quelques terrains Basaltiques des roches schisteuses désignées par les Allemands sous le nom de Klingstein, ou bien en français, Phonolite parce qu'elles sont sonores. Elles sont fusibles au chalumeau en émail blanc, ce qui indique la présence du Felspath. Ces Phonolites sont quelquefois recouvertes par une roche Granitoïde, appelée par les Allemands Diabase Granitoïde ; on lui a donné le nom de Dolérite.

Basalte et Dolérite du Mont Meisner.

Ces deux roches existent ordinairement dans les terrains de Trachite, leur association avec le

Basalte est un des caractères qui relient ces deux terrains.

La montagne de Meisner présente un exemple de cette association : A la base est un calcaire Jurassique ; au dessus une argile avec lignite correspondant à l'argile plastique ; puis un Grès correspondant peut-être à la même formation ; enfin du Basalte, du Phonolite et de la Dolérite.

Au Scheibenberg, on trouve également du gravier, du Basalte et du Phonolite mal prononcé ; et ce qui est remarquable, une couche de gravier et de Basalte qui recouvre le tout ; ce qui fait une alternative de gravier et de Basalte : le gravier est probablement d'Alluvion.

En Bohême il existe une chaîne de montagnes nommée Mittel-Gebirge dont les sommités sont Basaltiques ; ces sommités ont la même hauteur et paraissent être les témoins d'un ancien plateau.

En Auvergne le Basalte forme aussi une suite de petites sommités dont l'ensemble présente un étage inférieur à celui de la chaîne de Puys : Cette roche forme aussi quelques cimes qui dominent la plaine de l'Allier. Ces sommités Basaltiques paraissent pour la plupart avoir appartenu à un même plateau ; ce qui prouve qu'elles ont été ravagées depuis leur dépôt. Une roche argileuse nommée Wacke accompagne le Basalte ; elle est ferrugineuse. Quelques-unes sont des dépôts terreux qui ont accompagné les éjections de Basalte. Le Basalte contient des cristaux de Pyroxène, des rognons de Péridot granuliforme ; on y trouve du fer titané ; l'Amphibole y est rare.

Les Phonolites présentent souvent des cristaux empâtés de feldspath : dans ce cas on les appelle quelquefois Porphyre schisteux ; parce qu'ils ont la propriété de se diviser en tables. Quelques Basaltes sont cellulaires, on remarque que c'est la partie supérieure et inférieure des dépôts de Basalte qui présente ce caractère fort analogue aux volcans brûlants.

Division prismatique du Basalte.

Les Basaltes, et souvent les Phonolites, présentent la division prismatique d'une manière très prononcée; l'Auvergne, l'Irlande, l'Écosse, &c..... fournissent de nombreux exemples de cette structure. Les grottes de Staffa sont célèbres par les beaux prismes de Basalte qui soutiennent leur voûte et qui paraissent autant de colonnes faites par des mains d'hommes: Ces prismes sont ordinairement perpendiculaires à la masse du Basalte; ils sont quelquefois inclinés et formant une espèce de gerbe partant d'un centre.

Le Basalte est quelquefois tabulaire, plus fréquemment cette roche est composée de grains agglutinés qui ont une couleur différente, on l'a appelé alors Basalte maculé.

Filons de Basalte.

On ne voit aucune espèce de cratère dans les terrains Basaltiques: Quelquefois le Basalte se trouve en filons, mais pour ne parler que des filons liés avec les dépôts évidemment Volcaniques, il y en a plusieurs dans le Vivarais, en Irlande et en Écosse.

Auprès d'Aubenas, à Villeneuve de Berry, on observe un filon de Basalte très prononcé qui coupe les couches du Calcaire Jurassique. En Irlande il en existe qui traverse le terrain de Craie; cette roche est changée par le contact du Basalte; elle a pris la structure saccaroïde.

Les Basaltes existent dans beaucoup de volcans brûlants: on en trouve dans les îles Cyclopes, à Ténériffe; ils paraissent constamment superposés au terrain de Trachite, le plus ordinairement ils sont séparés l'un de l'autre.

Stratification imparfaite du Basalte.

Le Basalte ne forme pas de couches prononcées; on n'observe pas la division par bancs; il forme ordinairement une seule masse, ou plusieurs masses séparées soit par des Wacker, soit par des Tufs basaltiques: on trouve en outre du Basalte en boules; ces boules sont dans les Tufs Basaltiques, elles se séparent par couches. On serait quelquefois porté à les regarder comme des Boules Basaltiques,

Des Terrains de Trachite.

main il est beaucoup plus probable qu'elles sont le
résultat de décomposition, circonstance habituelle
aux terrains Basaltiques.

Les terrains de Trachite forment des masses
beaucoup plus considérables que les deux autres or-
-dres de terrains Volcaniques que nous venons de
voir: Il constitue des groupes entiers, comme le
Mont-d'Or, le Cantal, &c.ᵃ La forme extérieure
du pays, et la nature des roches ne font pas
naître immédiatement l'idée de volcanicité comme
pour les volcans à cratère.

Nature des Roches.

On a donné le nom de Trachite à la roche
qui forme le plus ordinairement la masse de ces
terrains; elle est Porphyrique, rarement Granitoï
composée d'une pâte fusible en émail blanc se rap-
-portant au feldspath et de cristaux de feldspath
souvent vitreux et présentant l'aspect d'une sub-
-stance étonnée par le feu: Mᵣ de Buch lui a
donné de Trapp-Porphyre ou Porphyre des Trapp
secondaires. Outre les cristaux de feldspath, il en
existe de Mica souvent noir, d'Amphibole noire ve-
-rdâtre très nette en lamelleur, tandis que dans les
terrains anciens l'amphibole est rarement en crist-
-aux: il y a ordinairement absence de Quartz, substan-
abondante dans les Porphyres anciens. On n'y trou-
pas de Péridot; les cristaux de Pyroxène y sont fort
rares: Mᵣ de Humboldt en cite dans les Trachit-
de l'Amérique: On trouve encore du Titane oxidé
-Calcaire en Auvergne et dans les Trachites des
bords du Rhin.

Du fer Oligiste.

Cette substance est surtout abondante dans les
Trachites pulvérulents qui forment le Puy de Dô-
et auquel on a donné à cause de cela le nom de
Dômite. Il y a des passages du Trachite aux
Obsidiennes, au Pechstein, et aux Perlites ou Perlo-

Position relative du Trachite et du Basalte.

Les montagnes Trachitiques ne présentent
ni cratères, ni direction de coulées; ces terrains pa-
-raissent plus anciens que le Basalte; du moins

...tte roche recouvre le Trachite assez ordinairement: il est remarquable que la plupart des volcans brulants se sont élevés au milieu de ces masses de Trachites, comme en Sicile, &c......

Les Trachites portent beaucoup de caractères de volcanicité; ils sont souvent bulleux, et se divisent quelquefois en prismes comme le Basalte; au Mont-D'Or ils présentent ce caractère, ce qui a fait recon-naître que le Trachite, de même que le Basalte, était le produit du feu: Mais les Trachites ont-ils coulé à la manière des laves, cette question n'est pas résolue? Le Trachite forme jusqu'à des montagnes entières: Quelques personnes ont pensé que c'était du Granite chauffé en place; d'autres au contraire que ce sont des masses fondues et soulevées.

Les Terrains Trachitiques de la Hongrie présen-tent des masses de nature très différente et sans mé-lange; cette disposition fait croire que ce sont autant de masses soulevées isolément. Le pied de ces montagnes est composé de Conglomérats de Trachite mélangés de roches de différente nature et de substances particu-lières, telles que du Minerai d'Alun, &c. Quelquefois le Trachite passe à de véritables Ponces; cette dernière roche ne constitue pas de grandes mas-ses comme dans les îles Ponces; cependant dans le Mont-D'Or il y a une montagne, qui est presqu'en-tièrement à cet état.

Les Trachites sont supérieurs à tous les Ter-rains secondaires, et dans beaucoup de lieux ils le sont aux Terrains Tertiaires.

Les roches des Terrains Trachitiques sont plus variées que celles des autres Terrains volcaniques. Mr Beudant a donné une classification des Trachites de la Hongrie, qu'il nous paraît utile d'exposer: Il a été conduit à les diviser en cinq espèces, qui sont:

1°. des Trachites;
2°. des Porphyres Trachitiques;
3°. des Perlites;
4°. des Porphyres Molaires,
5°. des Conglomérats.

15ᵉ Leçon.

1. Des Trachites.

Ces roches sont souvent tabulaires, quelquefois prismatiques; tantôt compactes, tantôt cellulaires. Les cellules sont irrégulières, anguleuses ou arrondies; dans quelques cas elles sont régulièrement alongées comme les Ponces; il y a des passages continuels entre ces différentes Structures. Les Trachites ont l'âpreté habituelle aux roches des Terrains volcaniques; la pâte est fusible en émail blanc. D'où l'on conclut que ces roches sont composées de feldspath compacte ou d'Albite compacte; plusieurs d'entre elles contenant de la Soude; cependant les cristaux qui sont empâtés dans les Trachites paraissent appartenir au feldspath; ils sont souvent vitreux; Les Trachites renferment des cristaux de Mica, d'Amphibole, rarement du Pyroxène; le péridule y existe en grains souvent invisibles; on y indique du Péridot olivine; beaucoup de personnes doutent de sa présence dans les Trachites.

Parmi les Trachites Mr. Beudant distingue:

a   Les Trachites Granitoïdes; ils n'ont pour ainsi dire pas de pâte.

b   Les Trachites micacés amphiboliques, dans la pâte qui est visible, on distingue des cristaux de feldspath vitreux, de Mica, et d'Amphibole.

c   Trachite Porphiroïde. Roche composée de feldspath compacte et de cristaux, de feldspath vitreux et de Pyroxène; il ne contient ni Mica, ni Amphibole.

d   Trachite noir, composé d'une pâte noire, compacte, fusible en émail blanc tacheté de noir.

e   Trachite ferrugineux: pâte rouge terreuse brune, donnant un émail noir, contenant rarement des cristaux de Pyroxène, ni Mica, ni Amphibole.

f   Trachite Terreux: Cette roche est analo-

Variétés de Trachites.

à la Dômite: elle est terreuse; la pâte d'un gris clair contient des cristaux de feldspath vitreux, rares et beaucoup de cristaux de Mica.

g   Trachite demi-vitreux: Ces Trachites présentent une pâte demi-vitreuse qui donne un émail blanc.

h   Enfin les Trachites Cellulaires: on y observe des cellules nombreuses et allongées; on y trouve des blocs comme scoriacés.

2°. Porphires Trachitiques.

Les Porphires Trachitiques sont composés d'une pâte de Trachite et de cristaux différens: la pâte est difficilement fusible; on n'y voit pas de parties scorifiées; on n'y trouve ni Amphibole ni Pyroxène: le feldspath vitreux et le Mica noir y existent; ils contiennent quelquefois du Quartz: On distingue cette roche du Trachite Porphiroïde parce qu'elle constitue des groupes isolés et séparés les uns des autres. Mr. Beudant ne distingue ici que deux variétés de Porphire Trachitique;

a   Dans les uns il existe des grains de Quartz et de Mica noir.

b   Les autres ne contiennent ni Quartz ni globules vitroïdes; cette dernière variété est plus fusible que l'autre, quelques unes de ces variétés sont pourtant bien difficiles à fondre.

3°. Perlites.

Les Perlites sont nommés ainsi parce qu'ils sont souvent distinctement composés de l'agglutination de grains testacés ayant un éclat nacré; ils rappellent les Perles: Quelquefois les globules se fondent l'un dans l'autre et deviennent compactes en conservant leur éclat nacré: Ces roches sont souvent poreuses, fibreuses et cellulaires; elles passent ainsi à la Ponce, ce qui rapproche cette roche de celle des volcans brulants. Les variétés vitreuses, sont fusibles avec boursoufflement.

Variétés des Perlites.

Les variétés litoïdes donnent une fusion tranquille.

M.r Beudant a distingué sept variétés de Perlite.

a   Perlite Testacé; il est composé de globu- les vitreux, testacés, agglomérés; on y voit rarement une pâte analogue aux grains; le Mica y est abondant.

b   Perlite Sperolitique: C'est une pâte grise émaillée contenant des globules de feldspath résinite, non vitreux.

c   Perlite Porphirique: pâte de feld- spath vitreux avec cristaux de feldspath.

d   Perlite Résinite: Pâte vitreuse homogène analogue à l'Obsidienne, contenant des cristaux de feldspath comme l'Obsidienne des vol- -cans, et le Pechstein du Grès rouge: des cristaux de feldspath arrondis, du Mica noir, &c.ª.....

e   Perlite Litoïde Globulaire: Pâte Litoïde compacte mêlée de globules compactes, rayonnés mais non testacés: cette roche a son ana- -logue dans celle rapportée du Mexique, par M.r de Humboldt.

f   Perlite litoïde compacte: C'est une pâte légèrement vitreuse compacte sans globules, quelquefois avec des cristaux.

g   Perlite ponceux: Ce sont des masses ponceuses cellulaires qui contiennent du Mica noir, du feldspath et quelquefois du Quartz.

4.° Porphire Molaire.

M.r Beudant a désigné ainsi la 4.ième Roche Trachitique parce qu'elle est employée comme Meules: Elle est composée d'une pâte terne sans éclat, souvent terreuse, fort analogue à ce qu'on appelle Porphire argileux: Sa couleur est rouge de brique ou jaunâtre. Ces Porphires sont celluleux, les cellules sont très irrégulières, dans quelques variétés elles sont alongées dans un sens.

Ces cavités irrégulières sont souvent remplies de

concrétions siliceuses, de silex, ou de Calcédoine: il y a quelquefois des Géodes de Quartz; ces dépôts sont évidemment postérieurs à la masse; c'est à cause de ces filtrations siliceuses, que cette pierre est employée comme Meule. La pâte de ces Porphyres est formée d'une agglomération de grains qui se fondent les uns dans les autres, de façon qu'ils présenteraient une espèce de passage à la structure des Perlites.

5° Des Conglomérats.

Les Conglomérats sont des masses formées de débris de terrains analogues aux tufs des terrains de Basalte.

Les différentes roches indiquées par Mr. Beudant n'existent pas dans tous les Conglomérats; ce qui l'a conduit à distinguer cinq espèces de Conglomérats, qui sont; les Conglomérats de Trachite, de Perlite ou ponceux, de Porphyre Trachitique, de Porphyre Molaire et les Conglomérats porphyroïdes. Il est très difficile de distinguer les Conglomérats de Porphyre Molaire, des Conglomérats de Porphyre Trachitique.

Variétés de Conglomérats.

à Conglomérats de Trachite: formés de fragments de Trachite quelquefois considérables, d'autrefois au contraire presqu'imperceptibles: Ils sont agglomérés par une pâte qui contient des cristaux provenants de la décomposition des Trachites. Une chose singulière; c'est qu'on a trouvé de ces Conglomérats à des hauteurs considérables, supérieures même à celles des Trachites dont ils proviennent; ce qui fait penser à Mr. Beudant que les Trachites étaient plus élevés et qu'ils ont été détruits en partie. Les Conglomérats Trachitiques forment des Groupes assez alongées: les cristaux qu'on trouve dans la pâte sont des cristaux de feldspath vitreux; de Mica et d'Amphibole. Les Conglomérats sont quelquefois ferrugineux et assez riches pour être exploités.

6 Conglomérats de Porphyre Trachitique et de Porphyre Molaire: ils sont formés de débris

De ces dernières roches; ils présentent quelquefois l'apparence de roches homogènes porphyriques.

c   Les Conglomérats Ponceux, sont formés de Ponce et d'Obsidienne: Les fragments sont réunis par un ciment plus ou moins terreux; quand ils sont peu homogènes, ils ressemblent à des Domites. Dans d'autres cas ce sont des espèces d'argile blanchâtre ou jaunâtre, des Tripolis comme sur les flancs du Mont-d'Or. On y trouve quelques cristaux de Quartz, de Mica, et même de Grenat; des débris de bois opalisés, présentant quelquefois des troncs entiers. La structure ligneuse de ces bois est très distincte, ce sont principalement des Dycotylédons. Mr. Beudant a recueilli dans ces Conglomérats des coquilles marines appartenant au calcaire Parisien et recouvrant les Trachites, ce qui prouve la postériorité de ces roches.

d   Les Conglomérats Porphyroïdes, sont encore des Conglomérats ponceux mais entièrement porphyroïdes: La pâte de ces roches ressemble assez au feldspath compact, il est seulement peu fusible; on y trouve fréquemment de l'Alumine; il y existe des parties siliceuses concrétionnées. On y trouve du feldspath vitreux, quelquefois même du feldspath lamelleux en cristaux qui proviennent probablement aussi de la destruction des Trachites; il y existe des végétaux.

Nota. Il est assez probable qu'une partie des roches rangées par Mr. Beudant sous le nom de Conglomérats, ont été soulevées à cet état et que elles sont contemporaines des Trachites.

Pierre d'Alun
des Conglomérats.

C'est dans les Conglomérats ponceux qu'existent certaines roches aluminifères: on en exploite en Hongrie, à la Tolfa, en Italie et au Mont-d'Or en France: cette roche est dans toutes les localités identique; la seule différence qu'elle paraît présenter est qu'à la Tolfa, la pierre d'Alun forme des filons; en Hongrie elle est en petites veines. Les roches qui contiennent cette substance avec le plus d'abondance sous blanches et terreuses.

C'est dans les Conglomérats de Trachyte que l'on trouve l'Opale noble: elle y tapisse des cavités et se présente sous forme de concrétions, de même que les concrétions siliceuses des Porphyres Trachitiques. Dans les fentes des Trachites et dans celles des Conglomérats on voit de ces concrétions siliceuses qui ont été décrites sous le nom d'*Hyalite*.

Le minerai de fer est exploité dans ce terrain.

Mr. Beudant y rapporte des amas de mines d'Argent près de Kœnigsberg; ce sont des Pyrites, de l'Argent sulfuré et de l'argent rouge: Mr. Beudant pense que c'est dans le Conglomérat Ponceux.

Mr. de Humboldt a décrit un minerai d'argent aurifère à Vilalpendo dans un Conglomérat qui pourrait peut être se rapporter à celui qui nous occupe. Strabon indique du minerai d'argent dans l'île d'Ischia qui est Trachitique. Les anciens parlent aussi de Mines de Mercure exploitées dans la même localité où existe l'Opale noble.

Les Terrains de Trachyte de la Hongrie reposent sur des Terrains de transition composés de siénite et de Porphyres sur des Terrains secondaires. Ce qu'il y a de plus remarquable c'est que les Trachites et les Conglomérats trachitiques sont recouverts par des Grès analogues à la Molasse dans lesquels il existe des lignites: Dans quelques parties même ils sont recouverts par du Calcaire Parisien. MMrs de Humboldt et Beudant avaient mis ces terrains Trachitiques à la suite des Terrains de Transition et parallèlement aux Terrains secondaires. On ne voit pas la raison de cette supposition; il est aussi plus probable qu'ils sont plus modernes que les Terrains secondaires, puisqu'ils reposent également sur l'un et sur l'autre. Ces deux savants ont fait ce rapprochement principalement dans le but d'établir une relation entre les Terrains de Trachyte et ceux de Porphyre métallifère, qui existent au dessous, afin de pouvoir conclure que les Terrains de

Division des Roches Volcaniques suivant Dolomieu.

1.er Ordre.

Porphyre métallifère sont également dus à une action souterraine qui les auraient soulevés.

Maintenant que nous avons parcouru les différents terrains Volcaniques, nous allons indiquer la classification des roches d'après la méthode de Dolomieu; classification dans laquelle il a fait abstraction de la nature des Volcans.

Il distingue d'abord deux grandes classes ou ordres, ce sont les Laves Lithoïdes et non Lithoïdes. Les autres divisions sont les produits des altérations de ces deux grandes classes. Le troisième ordre comprend les substances qui doivent leur origine aux modifications opérées sur les substances volcaniques par l'action des feux volcaniques et qui ont été produites par la sublimation.

Le Quatrième Ordre comprend les produits volcaniques agglutinés par des actes postérieurs à leur déjection.

Le Cinquième ordre est formé des produits altérés soit par la calcination, soit par les vapeurs acides, soit par l'action atmosphérique, et les nouveaux produits résultant de cette action.

Enfin le dernier Ordre est composé des masses intactes rejetées par les Volcans.

Laves Lithoïdes. Dolomieu les partage en Laves Trappéennes, feldspathiques et Amphigéniques.

a. Les Laves Trappéennes, comprennent toutes celles qui donnent un émail noir par l'essai du chalumeau: Les Basaltes, quelques produits Trachitiques et quelques roches des volcans brulants possèdent ce caractère.

Les Laves Trappéennes se sous-divisent en homogènes, Porphyriques, Amygdaloïdes.

Les Laves Trappéennes Porphyriques sont très variées suivant les cristaux qui y existent: On les trouve soit avec des grains d'Olivine, soit avec des cristaux de Pyroxène, comme les Basaltes. Les Porphyres

sont beaucoup plus fréquents avec Amphibole, avec
feldspath et Péridot, feldspath et Pyroxène,
Péridot, Pyroxène et Amphigène.

Les Laves Amygdaloïdes sont rares dans les ter-
-rains volcaniques ; à l'exception des Basaltes conte-
-nans des noyaux d'arragonite, de chaux carbonatée, de
Apophylite et d'Amalcine. La plaspart des Amyg-
-daloïdes décrites par Dolomieu appartiennent à
des terrains bien plus anciens, qui paraissent à la
vérité devoir également leur origine à une action ignée,
mais que l'on isole des terrains volcaniques.

b *Laves Petro-siliceuses*, homogènes. Dolomieu
comprenait dans cette division les Phonolites et les Domites.
Laves Petro-siliceuses porphyriques avec cristaux
    de Feldspath
      Péridot
      Pyroxène
      Mica très fréquent
      d'Amphigène
      Feldspath et de Péridot
      Feldspath et d'Amphibole
      Feldspath et de Mica
      Pyroxène et d'Amphibole
      Feldspath, de Pyroxène et de Péridot
      Feldspath, de Pyroxène et de Mica
      Feldspath, d'Amphibole et de Mica
      Mica et de Pyroxène
        Mébilite et Amphigène
        Titane Siliceo-calcaire.
Les *Laves Petro-siliceuses homogènes et porphyroïdes*
sont à beaucoup près les plus abondantes ! :
Dolomieu y a ajouté les laves *Lithoïdes Granitiques*,
ce sont des Trachites dont la pâte n'est plus visible.

c Les *Laves Amphigéniques* existent près de
Rome.

Laves non Lithoïdes; Cet ordre comprend
   a les Laves vitreuses
   b ———— émaillées
   c ———— ponceuses

Laves Petro-siliceuses.

Laves Granitiques.

Laves Amphigéniques.

2. Ordre.

3ᵉ. Ordre.

d   Laves scorifiées
e   —— configurées
f   —— désagregées.

Dans les laves désagregées on distingue celles en cristaux isolés et celles réduites en petits fragments.

Produits de Sublimation : Il existe deux sortes de sublimation très difficile à distinguer ; d'abord les sublimations qui ont lieu pendant l'éruption, ou peu de jours après ; et celles qui se font postérieurement par des fissures comme les Solfatares.

Dans les sublimations de la première espèce on doit compter divers gaz qui ne sont pas des sublimations proprement dites ; tels que l'Acide Muriatique, l'Acide sulfureux, l'Hydrogène et la vapeur d'eau en assez grande quantité.

Les fentes qui se font dans le courant de lave, sont tapissées de Muriate de Soude, de Muriate d'ammoniaque ; on a recueilli ces deux sels en assez grande quantité lors des éruptions du Vésuve et de l'Etna. On trouve dans le cratère de Vulcano de l'Acide borique ; on ne sait d'où il provient. Quelquefois au Vésuve, du Muriate de chaux recouvre la surface des laves. Des Laves du Vésuve prises peu de temps après l'éruption et pilées ont donné une quantité notable de sel marin. La Lave de 1822 en a donné 9 p⁰/₀.

Le fer oligiste si abondant dans les terrains de Volcans à cratère et de Basalte, existe aussi dans les Laves du Vésuve : on a remarqué que les fentes de cette roche en étaient quelquefois tapissées.

On trouve aussi du Bitume reconnaissable à l'odeur ; on en voit suinter au pied du Vésuve ; on en a rencontré au pied de l'Etna, on en a vu nageant sur la mer, lors de la formation de l'île de Santorin.

Enfin le soufre remplit de petites fentes des Laves ; à l'île Bourbon, certaines laves poreuses sont remplies de soufre et présentent la structure d'une Amygdaloïde à noyaux de soufre : le soufre est souvent produit par les altérations des Volcans tranquilles.

4.ᵉ Ordre

Produits de l'Agglutination : L'Agglutina-tion peut se produire par la chaleur ou par l'eau.

Par la chaleur, l'agglutination n'a lieu que lorsqu'un second courant de lave vient en recouvrir un premier en le ramollir.

L'Agglutination au moyen de l'eau est plus impor-tante. elle comprend les éruptions boueuses et les tufs qui sont formés, soit pendant l'éruption, soit postérieurement. Quand les Volcans sont très élevés, comme l'Etna, il ar-rive, quelquefois, que les neiges qui les couvrent sont fondues, en produisent des masses d'eau énormes. D'où ré--sultent des phénomènes analogues à ceux que donnent les éruptions boueuses. Les Tufs Volcaniques sont, quel--quefois de véritables Poudingues; quelquefois ils sont à grains très fins et prennent de la solidité.

Peperino.

Il existe un tuf très solide, à grains fins, exploité pour les constructions que l'on appelle en Italie le Peperino.

Les Laves empâtent quelquefois des fragments de autres laves, ou des fragments de roches environnantes: Ainsi en Auvergne on voit fréquemment des fragments de Quartz empâtés dans la Lave; près de Montpellier, on trouve des fragments de calcaire enveloppés dans la lave.

5.ᵉ Ordre.

Produits altérés par la calcination, les vapeurs acides, l'eau, &c...

a Produits de la calcination: La calcination a lieu sur les déjections volcaniques, lorsque la chaleur se continue longtemps; il en est de même des roches volcaniques qui sont exposées à l'action de la cha--leur dégagée par des solfatares ou des fumaroles: Cette calcination tend en général à rendre la couleur des laves plus claire: Dans les roches Pyroxéniques, au contraire, la calcination tend à développer la couleur du fer qui existe en assez grande abondance dans le Pyroxène.

On attribue aussi à la calcination la formation des Tripolis: il est plus probable que ce sont des espèces de tufs.

6 Altérations par les vapeurs acides: Les vapeurs acides qui continuent à se dégager après l'éruption doivent nécessairement attaquer le tissu

Acide sulfurique dans les eaux.

des laves; elles les décolorent et les rendent ternes. Les parties vitreuses de ces laves quoique bien solides, conservent leur forme, deviennent très fragiles, presque friables; elles conservent leur forme à la vérité, mais elles se réduisent en poussière par le plus léger choc.

Il se forme de nouveaux produits; ainsi le soufre se change en acide sulfureux et celui-ci en acide sulfurique; plusieurs sources contiennent cet acide. Dans l'Amérique Méridionale la rivière appelée Rio-Vinaigre en contient une proportion très notable. Il se forme des concrétions de quartz analogues à celles que déposent certaines sources chaudes; la formation des roches alumineuses de la Tolfa, de la Hongrie et du Mont-d'or paraît due à des phénomènes de ce genre.

c   Altérations Atmosphériques: Ces altérations sont très variables; on peut distinguer celles qui ont lieu en place ou hors de place. Lorsque les laves sont entraînées, elles s'altèrent plus promptement; l'altération a lieu à leur surface, quelquefois elle se prolonge assez avant. On cite une lave de 1157 qui serait couverte de 12 pieds de terreau, résultant de la décomposition de la roche.

En Auvergne, au contraire, il y a des coulées de volcans à cratère qui conservent toutes les inégalités, toute la tortuosité des scories. Le terrain qu'elles recouvrent est entièrement stérile, si ce n'est dans quelques cavités. Enfin ces coulées y in remontent à une époque très reculée, peut-être antérieure à l'apparition de la race humaine sur la terre, sont telles que si elles venaient d'être produites; ce qui fait croire que les laves lithoïdes et les scories ont de la difficulté à se décomposer.

Les environs des volcans brûlants sont pourtant d'une fertilité inconcevable; elle est telle que les habitants quoique souvent en proie à leurs ravages, ne les abandonnent pas; cela tient probablement à la masse énorme de matières pulvérulentes que rejettent les volcans, et qui sont entraînées par les eaux.

Des Pouzzolanes.

Les Pouzzolanes dont j'ai parlé, ne sont autre chose que des scories volcaniques concassées et souvent même triées par les eaux. On distingue les Pouzzolanes noires qui sont plutôt pyroxéniques que feld-spathiques : on distingue aussi celles qui sont fraîches ou anciennes ; ces dernières sont à beaucoup près les meilleures pour la fabrication des mortiers. Les Pouzzolanes rouges sont regardées comme le produit d'une altération successive de la chaleur et des eaux qui ont entraîné les fragments de lave à une certaine distance du cratère.

On distingue aussi les Pouzzolanes blanches désignées, aux environs de Rome sous le nom de **Rapillo** ; ce sont des scories feldspathiques ou poreuses, moins estimées que les Pouzzolanes rouges.

d Substances infiltrées : Elles donnent lieu à des concrétions telles que les nids de chaux carbonatée, les noyaux de Quartz hyalin, les silex, &c........ Dans un Tuf des environs de Rome on trouve les cavités de Laves tapissées de cristaux d'Amphigène ; des Laves des bords du Rhin présentent la même substance ; on présume qu'elle a cristalisé au moment de l'éruption. La présence de ces cristaux dans les Laves a donné lieu à beaucoup de discussions ; quelques personnes les croyant antérieures à la Lave et empâtés par elle. On croit plus généralement qu'elle sont de sublimes ; l'éruption de 1794 en a fourni une preuve, on a trouvé des cristaux de Pyroxène sublimés sur les parois d'un mur.

6ᵉ. Ordre.

Substances intactes rejettées par les Volcans : Ce sont des fragments de roches environnantes ; elles dépendent de la nature du sol et par suite ne demandent aucune description.

Des Salces.

Les Salces, sont aussi appelés **Volcans d'air et de boue**. Elles sont produites par des gaz et de la vapeur d'eau qui s'échappant et viennent crever à la surface en produisant des détonations assez considérables. Quelques Salces donnent des jets qui ont jusqu'à 50 et 60 mètres de hauteur : On a cité des explosions qui ont rejeté (mais rarement) des masses de plusieurs quintaux.

Le gaz qui s'échappe est ordinairement de l'Hydrogène. On cite aussi du Gaz acide carbonique. Par suite de ces éruptions il se forme à la surface du sol des cônes très multipliés, qui n'ont en général que de 2 à 4 mètres de hauteur : Quelquefois l'. ces eaux contiennent un peu de Muriate de soude.

Une circonstance remarquable est que les Éruptions ne sont pas accompagnées de chaleur, excepté dans la Crimée. Quelquefois le gaz hydrogène s'allume accidentellement, et échauffe un peu le terrain environnant.

Des Fontaines ardentes.

L'inflammation de ce gaz a fait donner le nom de fontaines ardentes à ces dégagements de gaz ; ces phénomènes sont plus abondants après les pluies. Quelquefois il y a du bitume qui s'échappe et nage sur l'eau.

On observe ces phénomènes principalement dans la Toscane. Pallas en a cité dans la Crimée ; Dolomieu en a décrit dans la Sicile ; M. de Humboldt en a indiqué dans le Golfe du Mexique. Ces Éruptions ne donnent jamais de coulées de laves, et rarement des déjections, circonstances qui empêchent de les rapporter aux mêmes causes que les Volcans.

Cause des Phénomènes volcaniques.

Une question intéressante et bien loin d'être résolue est de déterminer les Causes des Volcans : On peut dans cette question distinguer deux choses ; la cause de la chaleur et la cause des éruptions volcaniques : Ces causes rentrent, il est vrai, l'une dans l'autre ; mais la cause de la chaleur peut être continue tandis que ce sont des causes accidentelles qui produisent les éruptions. Relativement à la cause productrice de la chaleur, quelques personnes ont pensé qu'elle pouvait être due à des Houillières embrasées : Cette hypothèse ne souffre pas la discussion ; car parmi les nombreuses mines de Houille en feu, aucune ne produit d'effet analogue aux volcans, et depuis Mr. Breislake a attribué cette cause à des dépôts de bitume ; mais nous ne voyons jamais de bitume que dans les terrains assez modernes, et les Volcans viennent presque tous du sein des terrains primitifs ou de transition.

La décomposition des Pyrites a paru a beaucoup d'autres pouvoir produire des effets analogues à ceux que nous observons dans les Volcans. L'expérience de L'Eymery avait donné quelque crédit à cette explication. [1] Il existe bien à la vérité une espèce de Pyrite désignée sous le nom de <u>Fer sulfuré blanc</u> qui se décompose avec facilité; mais nous ne voyons pas qu'elle se trouve réunie en grande abondance. L'inflammation des mines de houille est, s'il est vrai, le résultat de la décomposition de ces Pyrites; mais ces incendies ne produisent que peu d'effet: Et quelles masses énormes de Pyrites ne faudrait-il pas pour produire ces Éruptions réitérées!

Mr. Davy a pensé qu'on pouvait attribuer la cause des éruptions volcaniques à l'action de l'eau sur des masses de Potassium et de Sodium: Parmi toutes ces suppositions, celle qui paraît la plus probable est de regarder la chaleur de la terre comme la cause de la chaleur des Volcans. Par quels soupiraux cette chaleur agit-elle à la surface de notre Globe? nous ne le savons pas.

Cause des Éruptions.

Tout porte à croire que la force élastique de certains gaz est la cause des Éruptions: Il est probable qu'on ne doit pas attribuer ces effets à de l'air comprimé; car des éruptions même peu considérables sont produites par des forces de 300 à 400 atmosphères. On a pensé que l'eau de la mer s'introduisant dans le foyer des Volcans était immédiatement transformée en vapeur, et donnait naissance à une compression d'où résultaient les déjections.

Position des Volcans près de la mer.

On remarque en effet que les Volcans brûlants sont peu éloignés de la mer; si l'on excepte les deux que Mr. de Rémusat a fait connaître dans la

---

(1) L'Eymery avait fait un mélange de limaille de fer et de soufre, et l'avait entouré d'un linge mouillé et mis le tout en terre, quelques jours après, la terre fut soulevée avec force: cette espèce d'éruption fut accompagnée d'un dégagement d'hydrogène sulfuré.

grande Tartarie. Au reste d'après ce que M^r. de Rémusat en dit, ce ne sont pas des Volcans brûlants, mais seulement des Solfatares. Peut-être aussi la mer communique-t-elle par quelques canaux souterrains? Le grand dégagement d'acide Muriatique qui a été reconnu par MM^{rs}. Gay-Lussac et de Humboldt lors d'une éruption du Vésuve, la quantité de Sel marin découverte par Montichelli, les agitations très grandes que l'on observe dans la mer sans changement dans le Baromètre viennent à l'appui de cette supposition. La grande quantité de vapeur qui se dégage, les grandes pluies qui accompagnent les éruptions, les eaux jaillissantes que l'on observe sont également très favorables à l'hypothèse que l'eau de la mer joue un grand rôle dans les phénomènes Volcaniques. Enfin on pourrait invoquer l'existence de la Soude dans beaucoup de laves et roches Volcaniques, comme dans les Trachites et les Phonolites.